北京市属高校基本科研业务费项目
国际工程项目中腐败的多重致因路径及治理策略研究（X22020）

# 工程项目腐败的制度前因及作用机理
## ——基于二元视角下的研究

崔智鹏　著

中国建筑工业出版社

**图书在版编目（CIP）数据**

工程项目腐败的制度前因及作用机理：基于二元视
角下的研究 / 崔智鹏著 . -- 北京：中国建筑工业出版
社，2024. 9. -- ISBN 978-7-112-30134-8

Ⅰ . D924.334

中国国家版本馆 CIP 数据核字第 202425AG65 号

责任编辑：张智芊
责任校对：张惠雯

**工程项目腐败的制度前因及作用机理**
——基于二元视角下的研究

崔智鹏 著

*

中国建筑工业出版社出版、发行（北京海淀三里河路 9 号）

各地新华书店、建筑书店经销

北京雅盈中佳图文设计公司制版

建工社（河北）印刷有限公司印刷

*

开本：787 毫米 × 1092 毫米 1/16 印张：$15\frac{3}{4}$ 字数：262 千字

2024 年 8 月第一版 2024 年 8 月第一次印刷

定价：**68.00** 元

ISBN 978-7-112-30134-8

（43542）

# 目　录

# 第1章

# 绪　论

## 1.1　工程项目腐败研究的现实需求

据世界经济论坛估计，2030年全球建筑业总产值将增加至17.5万亿美元。但在全世界范围内，无论发展中国家还是发达国家的建筑业都面临严重的腐败问题。腐败问题不仅给工程项目带来成本超支、工期延误以及质量缺陷等负面影响，还阻碍了工程项目所承载的社会经济发展目标的实现。腐败问题历来受到各国政府和国际组织的重视。例如，美国和英国分别出台了针对商业贿赂等违规违法行为的《海外反腐败法》和《反贿赂法》。同样，中国也高度重视腐败问题，自党的十八大以来，中央纪委处理了多名高层级党政机关领导干部，于2015年8月至10月颁布了《中国共产党巡视工作条例》《中国共产党廉洁自律准则》《中国共产党纪律处分条例》等规章制度，致力于将反腐败工作成果制度化。与此同时，中国积极参与国际反腐败合作，2014年在亚太经合组织（APEC）第26届部长级会议上通过《北京反腐败宣言》，在2016年与二十国集团（G20）成员国共同推动并颁布了《二十国集团反腐败追逃追赃高级原则》等重要反腐败成果性文件。

在国际组织方面，针对工程项目腐败问题，世界银行集团（以下简称"世行集团"）成立廉政局对其资助的工程项目进行反腐败调查，以《世行集团制裁指南》为依据，通过其建立的两级反腐败制裁体系对参与工程项目腐败的公司和个人进行制裁。虽然各国和国际组织在腐败治理工作中付出了巨大的努力，并且也取得一定的成果，但是工程项目中腐败问题的现状并没有得到大幅改善。尤其是在以世行集团为代表的多边开发银行资助的项目中，近年来的主流腐败治理改革未能取得显著成效。如图1-1所示，根据世行集团制裁企业和个人名单的数据显示，近十年来世行集团对参与其投资项目中存在腐败行为的个人或企业的制裁数量仍然呈上升趋势，也就是说从2007年世行集团对制裁体系深化改革以来，其资助的项目中参与腐败的个人或企业数量并没有显著的下降，在总体上还呈现上升趋势。

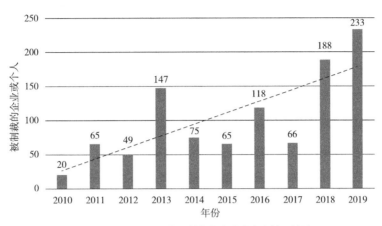

**图1-1 世行集团近十年制裁的企业或个人数量统计**
（数据来源：世行集团制裁企业和个人名单）

腐败问题一直以来受到管理学者的广泛关注，并呈现出跨学科的特点。虽然不同学科视角下对于腐败的定义并不统一，研究主体也存在着差异，但是其研究内容主要围绕分析腐败特征及分类、探讨腐败产生原因、腐败的测量方法、腐败的治理策略等方面展开。由于腐败治理的前提是清晰阐释腐败的形成机理，因此腐败的成因分析这一主题在管理学腐败研究中占据了主导地位。现有研究通过分析微观、中观、宏观三个层面的因素对个人腐败、公司腐败、国家腐败的影响取得了大量的成果。这些研究多数秉持着腐败一元性的取向，或是将腐败归类为公共部门的问题，或是将腐败视为私人部门的问题。然而，腐败[①]只有当公共部门和私人部门产生互动时才会发生，也就是说研究腐败问题必须同时考虑腐败的需求方和供给方，以腐败的二元视角去探索其形成机理。

虽然一元视角下的腐败研究忽视了腐败需求方和供给方的互动，但是，该视角下的腐败研究为揭示工程项目中腐败的形成机理提供了重要的分析框架，即"激励－机会"框架。现有一元视角腐败研究分析发现，腐败的发生是激励与机会共同作用的结果。其中，腐败的激励指的是那些使腐败参与者评估腐败

---

① 由于本研究中将腐败的研究范畴界定为政府官员和工程企业共同参与的贿赂行为，因此不考虑欺诈、贪污、挪用公款等形式的腐败。

行为收益 – 成本的要素。例如，腐败行为的商业收入、败露的可能性、惩罚的严重性、法治程度等，同时腐败的激励不仅是基于收益 – 成本计算意义上的货币回报，那些可以塑造机会或者限制的制度因素也是腐败激励的重要组成部分。腐败的机会则是指使腐败行动成为可能的有利条件组合。在已有研究中，腐败的机会因素根据研究情境的不同而不同，例如，在跨国公司研究中，公司的自身特征为其贿赂行为提供了机会；在工程项目腐败的研究情境下，工程项目的具体特征为腐败的发生提供了机会，例如项目的资本密集度、项目中的合同数量等。上述腐败研究的成果为分析工程项目的腐败形成机理提供了重要研究视角和分析框架，即工程项目腐败的发生是政府官员和工程企业在激励与机会因素共同作用下产生的结果，其中制度因素为项目中腐败参与主体提供了激励，而项目特征为腐败的发生提供了机会。

## 1.2　工程项目腐败理论研究的不足

（1）研究问题的提出

腐败问题不仅造成工程项目成本超支、工期延误、质量不达标，同时也会使工程项目所承载的社会经济目标难以实现。尽管各国政府和国际组织都出台了一系列反腐败的法律法规和政策规章来治理工程项目中的腐败问题，但是总体上来看效果并不尽如人意。治理工程项目中腐败的关键在于清晰揭示工程项目中腐败的形成机理，这一观点已经得到工程管理学者的广泛认可，但目前工程管理领域的腐败研究多数还集中在工程项目腐败的影响因素识别这一阶段，缺乏对工程项目腐败形成机理的深刻揭示。腐败理论研究表明制度因素对国家的腐败程度、企业参与腐败的程度以及社会中个人对腐败的容忍程度均具有影响，而工程项目嵌入在制度情境之下，制度因素对工程项目腐败同样会发挥重要作用。同时，某些工程项目特征会使其更容易招致腐败。虽然已有学者注意到工程项目所嵌入的制度情境和其自身的项目特征是造成腐败的重要因素，但鲜有研究以制度情境因素和项目特征因素为切入点揭示工程项目腐败的形成机理。虽然在管理学腐败研究中，已有大量研究探讨制度因素对个人、公司、国家腐败的影响，但是这些因素是如何作用于工程项目层面的却不得而知，而且这些制度因素之间和项目特征因素之间存在着复杂的关联性，到底哪些因素对于工程项目腐败最具解释力也尚未被揭示。因此，过多冗余的影响因素不仅使得工程项目腐败治理者面临不知从何下手的困境，而且也会造成治理腐败的成本过高，导致腐败治理者的脱耦行为。同时，现有研究多数从一元视角单独讨论腐败需求方（政府官员）或供给方（企业）的腐败行为机理，并不能全面揭示工程项目腐败的形成机理，加之本研究中所界定的工程项目腐败需要政府官员和工程企业的互动才能完成。因此，本研究所提出的研究问题是：在考虑政府官员和工程企业互动的情况下，制度因素和项目特征因素如何导致工程项目腐败。为了回答上述问题，本研究将重点研究以下四个子问题：

①存在关联性的制度因素和项目特征因素中，哪些对于工程项目腐败是最为重要的？

②制度因素如何影响工程项目中腐败的需求方——政府官员的腐败行为？

③制度因素如何影响工程项目中腐败的供给方——工程企业的腐败行为？

④政府官员和工程企业二元互动视角下，制度因素和项目特征因素如何导致工程项目腐败？

（2）研究范畴的界定

本研究针对工程项目中腐败发生的阶段、参与主体以及腐败类型进行了界定，即本研究中工程项目腐败指的是发生在项目招标投标阶段的由政府官员和工程企业共同参与的贿赂行为。之所以这样界定研究范畴，主要有以下三点原因：

第一，工程项目腐败包括贿赂、欺诈、贪污、勒索等多种类型，并且存在于项目周期的不同阶段。这就导致了不同形式的腐败在参与主体和影响因素这两方面均存在不同。同时，即便是同一种形式的腐败在项目不同的阶段，其参与主体和影响因素也可能不同。只有清晰地界定腐败类型并在此基础上分析其形成机理，才能做到治理腐败的"对症下药"。因此，有必要界定本研究中所关注的腐败是在项目周期中哪个阶段发生哪种形式的腐败。

第二，贿赂是最为普遍也是影响最为严重的腐败形式。世界经济论坛的调查显示，承包商和政府之间的贿赂问题是最突出的腐败问题。建筑工程领域的贿赂问题也最为严重，根据透明国际的贿赂指数显示，在19个商业部门中贿赂都是普遍存在的，建筑业得分为19个部门中最低5.3分（得分越低代表贿赂情况越为严重）。据计算，全球GDP的5%（约2.6万亿美元）流入了腐败环节，其中超过1万亿美元是通过贿赂的形式，而全球建筑业因为贿赂而损失的成本在 5%~20% 之间，有些则更高。

第三，工程项目招标投标阶段是腐败爆发最频繁的领域，该阶段也是腐败最严重、最广泛的环节。虽然腐败可以发生在项目周期的每一个阶段，但投标和合同授予阶段是腐败风险最高的项目阶段，并且腐败在项目周期越早的阶段发生就越有可能为后续阶段的腐败打开大门，所以这一阶段的腐败对整个项目后续的发展带来了破坏性的影响。

上述三点明确了界定工程项目中腐败类型和发生阶段的必要性，以及为何选择工程项目招标投标阶段由政府官员和工程企业共同参与的贿赂行为。故下文中政府官员腐败指的是政府官员索取贿赂的腐败行为，工程企业腐败则指的是工程企业提供贿赂的腐败行为。

## 1.3　本书的研究意义与创新之处

### 1.3.1　理论意义

本研究的理论意义主要体现在以下三个方面。

（1）本研究补充了工程管理领域中工程项目腐败形成机理方面的研究不足。本研究通过梳理工程项目腐败的相关研究，发现已有研究忽视了影响工程项目腐败的制度因素，并以此为出发点，在管理学有关制度因素与腐败关系的研究成果基础上，识别了与工程项目腐败最为相关的制度因素。在此基础上，本研究在"激励－机会"框架下，以腐败二元视角对制度因素与项目特征因素导致工程项目腐败的多重致因路径进行了分析，揭示了工程项目腐败的复杂形成机理和殊途同归路径。本研究既补充了工程管理领域腐败相关研究对制度因素的重视不足，又实证检验了项目特征因素对工程项目腐败的影响，并基于上述两点揭示了工程项目腐败的形成机理。

（2）本研究拓展了管理学中的腐败研究的研究层次，丰富了管理学领域腐败研究的理论视角。具体来说：第一，在已有管理学腐败研究中，研究主体一般为个人、公司和国家，本研究通过研究工程项目腐败的形成机理将制度因素对腐败的影响从个人、公司、国家层次拓展到项目层次；第二，现有管理学腐败研究中，研究者重点关注腐败供给方腐败行为的影响因素、形成机理以及治理策略，较少关注腐败需求方的上述研究问题。本研究将政治学中腐败形成的政治动力机制引入到管理学腐败分析的研究范式中，深刻揭示了政党体系制度化、问责制、新世袭主义对政府官员腐败的影响机理；第三，本研究分析了影响工程项目腐败需求方和供给方的政治因素和经济因素以及项目特征因素共同作用导致工程项目腐败的多重路径，以此融合管理学和政治学中腐败研究的相关成果和观点，更为全面地解释了工程项目腐败这一复杂现象。

（3）本研究丰富和深化了制度理论中组织同构机制的相关研究。首先，本研究通过将工程企业的腐败行为划分为主动贿赂和被动贿赂，同时引入制度能力作为组织同构机制的影响边界，突破了传统制度理论中组织同构机制仅能解释组织趋同现象而无法解释组织间差异现象的理论局限。其次，本研究的研究结论发现竞争同构、模仿同构、强制同构都会对工程企业腐败产生影响，同时支持了制度理论中经济学流派和组织社会学流派的观点，促进了制度理论中不同流派观点的融合。最后，本研究所得出的新世袭主义和问责制是导致工程项目腐败的最重要条件这一结论，实证支持了制度理论强场域中关键利益相关者由于掌握了重要资源而具有较大影响力的观点，深化了制度理论中场域类型对场域内集体行动影响的研究。

### 1.3.2　实践意义

除上述理论意义之外，本研究还具有如下三个方面的实践意义。

（1）本研究有助于工程项目投资方评估和监管工程项目腐败风险。一方面，以往工程项目投资方在评估项目腐败风险时大多依据透明国际、世行集团等国际组织机构发布的腐败指数、贿赂指数、腐败控制指数等国别腐败指数来评估项目所在国的腐败风险，虽然这些国家层面的腐败指数能够在一定程度上反映在该国从事工程项目的腐败风险，但终究还是国家层面的腐败风险评估，无法针对具体项目进行评估。因此，识别出影响工程项目腐败的制度因素和项目特征因素，有助于事先评估工程项目层面的腐败风险。另一方面，揭示制度因素和项目特征共同作用对工程项目腐败的影响机理，有助于工程项目投资方在项目实施工程中依据不同的制度因素选择不同的项目特征作为重点监管对象，以及时发现工程项目中的腐败迹象。

（2）本研究为旨在控制腐败的政党领袖和政府官员提供建设性意见。一方面，从政治角度出发，政党领袖应该注重保持政党间的竞争规律性和政党内部的稳定性，依靠问责制和为政府官员提供可预见的晋升空间降低政府官员的腐败激励。另外，政党领袖和政府官员都应该尊重法律理性，避免基于个人权威决策，减少政府内部的恩庇侍从关系。另一方面，从市场角度出发，政府官员应该在培育良好的市场氛围中发挥重要的作用，积极引导行业内形成不腐败的氛围，同时应该减少监管、审批、许可申请等流程的烦琐程度，减少行政官僚的繁文缛节，从而通过降低企业与政府打交道的交易成本来降低腐败的可能性。

（3）本研究为工程企业应对政府官员索取贿赂提供了指导性意见。本研究使工程企业意识到培育自身制度能力的重要性，在应对项目所在国的商业限制时可通过培育自身制度能力，即通过提升自身开拓网络关系和构建关系契约的能力提升竞争力，而不是被迫诉诸贿赂手段。工程企业可通过合法手段与政治领域和监管领域的关键行动者建立稳定的社会关系，通过关系契约构建能力，澄清自身合法行动的边界，降低交易中的不确定性。同时，工程企业还可通过雇佣具有和政府打交道经验丰富的管理人员，针对有关监管、审批、许可办理等相关议题培训企业员工提升企业整体制度能力，降低政府监管和行政官僚繁文缛节所带来的交易成本，从而降低从事贿赂的可能性。

### 1.3.3　研究创新点

为了揭示工程项目腐败形成机理，本书以腐败的二元性为研究视角，以制度理论为理论基础，在"激励－机会"框架下，首先讨论制度因素对工程项目中腐败需求方和供给方腐败行为的作用机理和边界条件，然后探讨在制度因素和项目特征因素共同作用下，工程项目腐败这一场域内集体行为发生的多重路径。本研究的创新点具体体现在以下三个方面。

（1）系统识别了文献中影响腐败的制度因素和项目特征因素，通过基于图的特征选择算法获得影响工程项目腐败的制度因素和项目特征因素的最优特征子集，精简了腐败影响因素的冗余，同时将制度因素对腐败的影响从个人、公司、国家层面拓展到项目层面。

现有工程管理领域内的腐败研究忽视了影响工程项目腐败的制度因素，同时，管理学腐败研究中关于腐败影响因素的研究主要关注个人、公司和国家层面的腐败。可见，对工程项目腐败的制度影响因素研究是管理学和工程管理领域内腐败研究共同的研究不足。本研究旨在系统梳理文献中作用于个人、公司、国家层面腐败制度影响因素，并验证这些影响因素是否会在工程项目层面发挥作用来补充这一研究不足。考虑到这些制度因素之间存在的复杂关联性，且在不同的制度因素维度下工程项目之间也存在不同的关联关系，仅识别出大而全的影响因素集合必然存在冗余，无法抓住工程项目腐败的重点。基于上述关联关系的考量，样本数据必然不满足传统统计学方法要求的独立同分布假设，同时腐败研究主题的敏感性造成可获得样本数量有限，因此，本研究采用了基于图的特征选择算法识别出影响工程项目腐败的制度因素和项目特征因素的最优特征子集，即影响工程项目腐败的最相关制度因素和项目特征。研究结果显示作用于政府官员的政治制度因素和作用于工程企业的经济制度因素是影响工程项目腐败的制度因素的最优特征子集，说明了选取腐败二元视角的必要性。同时，制度因素和项目特征因素均出现在最优特征子集中的研究结果初步支持了"激励－机会"分析框架，为后续关键问题的研究提供了支持。

（2）探讨了强制同构、模仿同构、竞争同构与工程项目中腐败供给方——工程企业主动贿赂和被动贿赂之间的关系以及工程企业制度能力对上述关系的调节作用，确定了制度因素对工程企业贿赂行为的影响关系以及作用边界。

现有研究已经注意到工程企业在工程项目腐败中发挥的重要作用，但主要关注点是公司董事结构、教育背景等组织因素对其贿赂行为的影响，忽视了工程企业所处的制度环境影响。制度理论中公司通过组织同构获得正当性的机制为本研究提供了理论基础，但现有实证研究中却呈现出一些相悖的研究结论。一方面，有些研究发现强制同构机制对企业的贿赂行为存在显著影响而有些则发现不存在显著影响；另一方面，有些研究发现竞争同构机制对企业贿赂有显著正向影响有些则发现有显著负向影响。为了解释同一机制下相悖的研究结论，本书将工程企业贿赂行为划分为主动贿赂和被动贿赂，分别构建了以商业限制为代表的强制同构机制、规范性贿赂信念为代表的模仿同构机制、市场竞争为代表的竞争同构机制对主动贿赂和被动贿赂影响关系的模型。同时，本研究还讨论了工程企业制度能力对组织同构机制影响工程企业贿赂行为的调节作用，从关系网络渗透能力和关系契约建构能力两个方面解释了工程企业在面对贿赂问题时制度能力所发挥的双刃剑作用。本书不仅解释了已有研究中相悖的研究结论，还促进了制度理论中经济学流派和组织社会学流派观点的融合，突破了传统制度理论中组织同构机制仅能解释组织趋同现象而无法解释组织间行为差异的理论局限，推进了制度理论的发展。更重要的是为实践工作中治理建筑业贿赂问题提供了政府培育良好行业氛围、减少监管和审批的烦琐流程、工程企业要培育并利用好自身制度能力的建设性意见。

（3）在腐败"激励－机会"分析框架下，讨论腐败二元视角下工程项目腐败需求方和供给方的制度因素和工程项目特征因素的交互影响，探究导致工程项目腐败的"殊途同归"路径，补充了工程项目腐败形成机理方面的研究不足。

现有研究已经指出讨论腐败的成因要同时考虑腐败的需求方和供给方，但是以个人、公司、国家为研究对象的腐败相关研究中，由于研究对象的局限，无法将腐败的需求方和供给方同时纳入同一分析框架中。而工程项目恰好为同时分析腐败的需求方和供给方的互动提供了载体。在"激励－机会"框架下，本研究讨论了影响工程项目中腐败需求方和供给方腐败行为的制度激励因素和工程项目特征机会因素的共同作用对工程项目腐败的影响，分析了影响工程项目腐败的充分条件和必要条件，通过定性比较分析方法深刻剖析导致工程项目腐败的"殊途同归"路径，全面揭示影响工程项目腐败的制度因素和项目特征因素之间包括互补、替代、加强关系在内的复杂互动。这一部分的研究结论不仅在理论上促进了管理学与政治学中腐败研究的相关成果和观点的融合，也补充了工程管理领域中工程项目腐败形成机理方面的研究不足，加深了对工程项目中腐败发生过程的理解。另外，本研究所得出的研究结论，包括需重点关注项目所在国问责制实现程度和新世袭主义程度、竞争压力和规范性贿赂信念存在替代关系、市场竞争激烈时需重点关注项目中重复中标，为更有效指导工程项目投资方评估和监管工程项目腐败风险、及时发现工程项目腐败问题的管理实践提供了建设性意见。

## 延伸阅读：建筑业腐败的成本

根据英国皇家特许测量师学会（RICS）的研究，建筑和基础设施行业特别容易受到腐败的影响。透明国际在其《腐败感知指数》中（包括行业部门）指出，建筑业在所有类型的贿赂（小额贿赂、大额贿赂和私人贿赂）中排名第一。

但腐败不仅限于贿赂，全球基础设施反腐败中心（GIACC）在其定义中包括了勒索、欺诈、卡特尔、滥用权力、挪用公款和洗钱。尽管腐败问题在发展中国家更为严重，但发达国家也并未幸免。英国皇家特许建造学会（CIOB）在

2016 年进行的一项调查显示，近一半的受访者认为腐败在英国很普遍。超过三分之一的受访者表示，他们至少曾经一次被要求行贿。另一项由 YouGov 在 2020 年进行的调查显示，97% 的英国中型建筑公司承认感到有违反反洗钱和反贿赂法律的风险。

那么为什么这个行业如此容易发生腐败呢？GIACC 认为，建筑项目的固有特征是主要原因，尤其是在大型项目中，承包商和分包商的复杂结构在每个合同中都创造了贿赂和勒索的机会。随着项目的推进，工程的一部分被覆盖。这提供了夸大材料数量和 / 或隐藏施工不良工作的机会，以换取贿赂。政府当局的介入也创造了腐败的机会。公务员可以为了个人利益偏袒某个项目，或者只是要求公司提供"礼物"以加快规划许可或授予合同的进程。此外，该行业通常缺乏透明度和有效的反腐措施，且变革缓慢。由于商业敏感性，项目资金来源和执行成本不公开，这使得难以发现潜在的欺诈行为。所有这些因素都创造了一个难以防范和揭露腐败的环境。

腐败可能发生在项目的每个阶段，从开始到完成。建什么和建在哪里的选择可能会受到公务员和土地所有者的私人利益影响，尤其是在规划工具薄弱或容易修改的情况下。一个虚构但非常有说服力的例子是 1963 年备受赞誉的电影《城市之手》。该片以意大利那不勒斯为背景，讲述了一位房地产开发商利用其政治影响力掩盖危险工程，推翻城市总体规划，并启动了一个有利可图的郊区开发项目。60 年后，规划、腐败和政治之间的联系在那不勒斯以及米兰并没有发生太大变化。在项目启动后，融资、设计、招标和执行阶段也存在洗钱、不公平竞争、价格卡特尔、记录伪造及其他欺诈行为。

一些业内人士可能会将行贿视为"做生意的成本"。然而，腐败在整个行业及其以外领域都有显著的负面影响，从提供不安全和不健康的建筑物到阻碍外国投资。准确量化建筑业因腐败造成的总体损失几乎是不可能的。腐败行为的本质使得难以发现每一个腐败实例并确定其全部影响。估计损失占项目成本的 10%~30%，在发展中国家甚至高达 45%。一些数据可以用于特定的行为和项目，例如，估计英国建筑公司每年因发票欺诈损失超过 18 亿英镑。在埃塞俄比亚，政府在修建一条农村道路的项目中节省了 350 万美元和 6 个月的工期，这得益于当地建设部门透明度倡议（CoST）分支机构推动的项目修订。若无重大干预，到 2030 年全球每年在建筑业中可能因腐败损失多达 5 万亿美元。

那么，如何才能开始打击建筑业的腐败并避免此类损失呢？根据全球基础设施反腐败中心（GIACC）的建议，首先，是充分承认问题的严重性，并认识到没有任何项目、利益相关者或组织可以免受其影响。其次，公共和私人组织都必须制定和实施反腐败计划，包括具体措施和培训，指导人们如何避免腐败、检测腐败并采取行动。例如，ISO 37001 是一项反贿赂管理系统标准，旨在供任何类型的组织使用，以预防贿赂并识别和处理任何发生的贿赂行为。改变建筑合同的授予方式也可以减少腐败的可能性。近年来，英国选择不再采用最低价中标的方式。证据表明，这种方法不仅没有节省成本，反而常常导致工期延长、成本增加以及施工质量差。承包商之间相互竞争，提出最低的报价，导致价格不切实际。这反过来迫使他们交付低质量的工程并进行欺诈行为，以获取利润。

在全球范围内，打击建筑业腐败的工作由 2012 年启动并迅速发展的建设部门透明度倡议（CoST）主导。CoST 支持公共、私人和非营利组织披露和分析基础设施项目数据，以识别腐败的机会和发生情况，如前述埃塞俄比亚的例子。CoST 目前在四大洲的 15 个国家开展业务，每年培训数千人使用基础设施数据，这使得全球 38514 个项目的数据得以公开。

打击建筑业腐败对于可持续的未来至关重要，不仅对该行业本身如此。建筑项目中的腐败对整个经济的全面影响显而易见。服务和基础设施提供不佳，必要的发展受阻，信任度下降，不平等现象加剧，劳动剥削和机会缺乏等问题也显而易见。而在自然环境中，生态系统往往因为建筑废料管理不善而受到严重破坏。

# 专栏案例：英国 Sweett Group PLC 因贿赂遭受处罚

Sweett Group PLC 是一家在英国 AIM 上市的测量公司，在全球各地设有办事处。SFO 于 2014 年 7 月 14 日开始对 Sweett Group PLC 进行调查，发现其子公司 Cyril Sweett International Limited 的一名前迪拜员工进行了腐败支付。贿赂支付给 AAAI 的副董事长兼房地产和投资委员会主席 Khaled Al Badie，以确保获得阿布扎比 Rotana 酒店的建设合同。

Sweett Group PLC 被判支付 140 万英镑罚款、851152 英镑的没收金额和 95000 英镑的起诉费用。

这是英国首次成功判定违反《反贿赂法》第7条的案件。第7条规定，公司未能防止其商业活动中的贿赂行为属于公司犯罪。该案件凸显了《反贿赂法》对在英国注册成立或注册为合伙企业并与英国以外实体进行交易的公司的重要影响（第7条的范围也可能扩展到在英国进行任何部分业务的非英国公司）。

公司对涉嫌违反第7条的唯一法定抗辩是证明公司拥有防止贿赂的适当程序、系统和控制。法官指出，被告故意忽视了2011年和2014年KPMG（毕马威会计师事务所）的两份报告，这些报告指出了公司系统和控制的弱点。

法官还提到，Sweett Group PLC 并不总是配合 SFO 的调查，最初 Sweett Group PLC 并未承认行贿或试图将检察官的注意力从公司某些业务部分转移开。在某个阶段，Sweett Group PLC 甚至联系了阿布扎比公司，寻求一封信函，澄清过去的支付是介绍费而非刑事贿赂。法官表示，这是故意误导 SFO 的行为，这可能也是 SFO 未向 Sweett Group PLC 提供延期起诉协议的原因之一，而去年对 Smith and Ouzman Ltd 则提供了该协议。

SFO 评论道："这一定罪和处罚是 SFO 在《反贿赂法》第7条下的首次成功判决，向英国公司发出了强烈信号，要求他们对员工的行为承担全部责任，并在商业活动中依法行事。"

Sweett Group PLC 的首席执行官表示："Sweett Group PLC 在中东的遗留问题已经结束，这标志着公司新战略实施的重要一步。过去一年，公司通过任命新领导团队，成功解决了业务面临的关键问题。我们加强了内部系统、控制和风险程序，并优化了战略，专注于盈利和现金流。"

随着 SFO 开始根据《反贿赂法》采取更积极的行动，公司应确保其具备健全的反贿赂程序，这些程序必须记录在案，并且公司必须实施相关培训、尽职调查、监控和纪律措施。

法官的评论还重新引发了关于公司是否应自我报告的问题。公司应考虑 SFO 对 Smith and Ouzman Ltd（提供了延期起诉协议）和 Sweett Group PLC（被起诉并成功定罪）不同处理方法的差异。与 SFO 合作可能对有罪一方有利，不仅基于潜在罚款的结果（在 Sweett Group PLC 的案例中罚款金额与 Smith and Ouzman Ltd 的 130 万英镑类似），还因为定罪和判决评论可能对公司声誉产生负面影响。股东对公司业务的道德、透明和合法性持有的担忧只会对业务不利。

第 2 章

# 工程项目腐败的理论基础

首先，本章从腐败的概念界定和分类、腐败原因分析、腐败测量、腐败控制四个方面系统梳理了管理学文献中腐败问题的相关研究。由于腐败原因分析是控制腐败的关键，因此管理学中对此进行大量的讨论。管理学者们分别以个人、组织、国家为分析对象，研究个人层次、组织层次、国家层次的影响因素单独对个人、组织、国家腐败的影响。但管理学者也逐渐认识到，腐败的成因是各个层次因素共同作用的结果，而现有研究多以单一层次分析为主，忽视各层次影响因素的共同作用，以及导致同一结果的多重路径。其次，本章分别按照一般管理研究中腐败研究的四类主题，系统梳理了工程管理研究中腐败问题的研究现状，力求通过比较工程管理领域和一般管理领域的腐败研究，借鉴一般管理研究中的理论和思路分析工程项目腐败问题，通过工程项目为载体将个人、公司等主体纳入同一分析框架内，探究个人、公司等主体是如何在工程项目中行为决策，从而导致工程项目发生腐败，力求在既保持工程管理领域问题的独特性基础上，又借鉴管理领域中的理论和方法，推进工程管理领域和管理学领域的腐败研究。

除此之外，本研究以制度理论为主要理论视角。首先，本章系统梳理了制度理论的发展脉络，对制度理论中的正当性、组织同构机制以及组织场域等概念进行总结。其次，本章通过梳理制度与工程项目的文献，论述制度理论在工程管理领域应用的必要性以及制度与工程项目互动的两条重要路径。最后，本章总结制度理论在腐败问题研究中的应用，梳理出腐败作为特定的制度因素和腐败作为制度的结果两类研究范式。借鉴制度理论中组织场域的分析框架，为本研究分析工程项目组织场域提供了结构性框架，以此将工程项目领域中与腐败相关的主要行动主体（政府官员和工程企业）纳入工程项目腐败研究的分析框架内。借鉴制度理论中"制度形塑行为"的核心思想，讨论制度因素对政府官员腐败的影响，以组织同构机制为基础讨论制度因素对工程企业腐败的影响机制。

## 2.1 腐败的概念界定与类型划分研究

### 2.1.1 腐败的概念界定

腐败是一个复杂的概念，已有研究并没有形成统一的腐败定义。根据《牛津法律大辞典》中的概念释义，腐败（Corruption）这一概念被定义为"从原本纯洁的状态中发生堕落"。但在管理学研究中，研究者根据研究问题的取向通常以腐败的主体为出发点对腐败进行界定。例如，Shleifer 和 Vishny 在其研究中认为腐败是政府官员为了获得个人利益而将政府财产出售的行为；透明国际（Transparency International）则直接将腐败定义为滥用公权力谋取私利的行为。上述这些研究选取政府官员为腐败的主体，从以公谋私的视角定义腐败，属于从腐败需求一方的视角定义腐败。Rose-Ackerman 和 Palifka 则认为腐败是为了个人或公司的利益向政府公职人员提供非法支付，而这一定义显然是从提供贿赂的个人或企业主体出发，属于腐败供给方视角下的腐败定义。Bahoo 等将腐败定义为公共部门（政府）或私人部门（企业）中持有权力的人为谋其个人私利而滥用职权和权力的一种非法活动（包括贿赂、欺诈、金融犯罪、滥用职权、造假、徇私、裙带关系、操纵等）。因此，显然腐败是一个多层次的概念，无法用单一的方式来描述，但也正如 Jancsics 所述，虽然不同学科视角下腐败定义不同，但腐败的共性特征有如下四点：第一，腐败是对本应正式分配的资源进行非正式或非法的秘密交换；第二，至少有一个腐败参与者必须与能够提供资源的组织有合同关系或者是在该组织中有正式的职位；第三，腐败的发生至少有两个参与主体参与；第四，腐败行为通常是偏离某种社会规则或某种社会期望。

### 2.1.2 腐败的类型划分

分析腐败的类型是探索腐败形成机理及治理策略的前提，现有研究中已积累了丰富的腐败类型划分研究成果。这些研究从腐败所具有的情境依赖、偏离规范、权力相关、隐蔽性、故意性、事后机会主义和可感知性等特点出发，采用不同标准对腐败进行分类。具体分类包括：个人腐败和团体腐败；随机组合型、权力体系型以及稳定型腐败，其中，第一种类型的形成依赖于社会关系，后两种类型的形成依赖于权力地位；组织中的腐败个人和组织腐败；个人腐败、集体腐败、组织腐败；决策腐败、执行腐败和监督腐败；公共部门腐败和私人部门腐败；行政腐败（又称为小腐败和下层腐败，Petty Corruption）和政治腐败（又称为上层腐败，Grand Corruption）；有组织腐败和无组织腐败；普遍性腐败和随机性腐败，以及商业腐败（Business to Business Corruption）和政商腐败（Business to Government Corruption）；企业的主动贿赂以及被动贿赂。显然，在不同的研究情境下腐败存在不同的类型划分方式。由于不同类型的腐败涉及的参与方和影响因素不同，因此，对腐败的研究不能将腐败视为一个不加区分的整体，必须锚定特定类型的腐败。

### 2.1.3  工程领域中腐败的概念界定和类型划分

在工程管理领域中，绝大多数研究将透明国际对腐败的定义奉为圭臬，即滥用公权力谋取私利的行为。而工程管理领域中对腐败行为的类别划分主要依赖两种方式，一是通过对实践的经验调查，二是通过对现有文献的系统梳理。在实践的经验调查方面，乐云等依据主体属性、腐败环节、行为结果3个特征的不同将我国工程项目腐败分为3种典型模式；王爱华等按照建设环节行为特征的不同将腐败划分为业主方腐败、承包商腐败、业主方和承包商合谋腐败3种腐败类型；崔晶晶依据工程项目各参与方的不同及相互作用关系将我国工程项目腐败模式分为地方党政领导、行业主管部门领导、非行业主管部门领导、关联组织、业主单位领导腐败、行业专业人士腐败6种腐败类型；肖俊奇按照腐败主体、权力支撑、涉及环节、腐败手段和腐败方式的不同，总结出我国公共工程项目的6种典型腐败类型；Ameyaw等通过对加纳的工程实践调查发现回扣、贿赂、合谋、操纵投标和欺诈是实践中最常见的腐败形式。在文献的系统梳理方面，Le等综述得到贿赂、欺诈、操纵投标、挪用公款、回扣、利益冲突、不诚实和不公平行为、敲诈勒索、空壳公司和裙带主义是工程项目中常见的腐败形式，并指出贿赂是工程建设行业中最为普遍也是最为严重的腐败形式；Brown和Loosemore发现澳大利亚建筑行业中腐败的主要形式是回扣、欺诈、贿赂；Chan和Owusu识别出28种不同形式的腐败并对其进行分类，其研究显示工程项目中最常出现的腐败类型为贿赂、欺诈、合谋、挪用公款、裙带关系、勒索。

## 2.2 腐败原因分析研究

腐败是复杂的社会现象，不同类型的腐败涉及不同的参与主体和影响因素，同时，各个参与主体的动机也是多方面的，这一现象是微观、中观、宏观因素共同作用的结果。现有腐败成因研究的研究对象以个人、公司、国家三个层面为主，下面 3 个小节将对讨论个人、公司、国家腐败原因的文献进行系统梳理。

### 2.2.1 个人层面的腐败成因分析

在研究对象为个人的研究中，学者们主要讨论工资水平、年龄、国籍、权力、价值观、国家文化等因素对个人腐败行为的影响。例如，Van Veldhuizen 研究公务员受贿与其工资水平的关系，其研究结果表明，低工资的公务员比高工资的公务员更有可能收受贿赂；Cameron 等研究不同的国家文化导致每个国家中个人对腐败的容忍程度和惩罚力度不尽相同；Sööt 和 Rootalu 的研究发现对制度的信任、年龄和国籍是影响公职人员对腐败的认识以及他们谴责腐败行为意愿的最重要个人因素；Pitesa 和 Thau 将腐败视为员工的道德决策，其研究结果发现，权力的影响作用于组织成员对自身的关注程度，使得组织中的个人更多地依据自己的偏好采取行动，在这种情况下，组织成员并不重视其行为结果在社会影响上是否道德；Lee 和 Guven 的研究发现过去贿赂的经验、性别、价值观都会对个人腐败产生传染效应；Rabl 和 Kühlmann 讨论了一系列腐败激励因素如何经过传导导致个体发生腐败行为，Brown 和 Loosemore 在此基础上将机会因素引入激励因素的传导链条中，并将机会因素作为该传导链条的最后一环，探究激励、机会因素如何影响个体腐败行为。

综上所述，以个人为研究对象的腐败文献探究了人口学特征、行为因素、道德因素、国家文化等因素对个体腐败行为的影响，也形成了个体层面腐败激励和腐败机会共同作用的分析框架。

### 2.2.2 公司层面的腐败成因分析

在研究对象为公司的研究中，学者们讨论了公司特征、文化距离、公司和政府关系等与公司参与腐败行为的关系。例如，Bahoo 等提出影响公司参与腐败行为的因素包括公司自身的特征因素、所在国的文化因素和经济因素；

Sampath 和 Rahman 指出文化距离和组织距离是跨国公司腐败的重要因素，当东道国和母国的腐败文化存在落差时，公司内部合法性和外部合法性之间的张力更加凸显，增加了公司在东道国腐败的可能性；Liu 认为腐败文化高的公司更有可能从事盈利管理、会计造假、期权倒卖和机会主义内幕交易等违规行为；De Jong 等研究个人关系对公司贿赂的影响，发现与中央政府官员存在关系羁绊会降低贿赂发生的可能性，而与地方政府官员存在关系羁绊会增加贿赂发生的可能性；Lopatta 等发现企业社会责任绩效与公司腐败之间存在负向关系，公司财政约束脆弱性与公司腐败之间存在正向关系，董事会独立性与公司腐败之间存在负向关系；Keig 等发现跨国公司腐败不仅受到所在国公共部门的影响，还包括所在国的文化因素；Biswas 发现印度制造业公司使用中间人与政府打交道的程度越高，公司则越有可能贿赂所在国政府；Frei 和 Muethel 在分析跨国公司贿赂行为时，将跨国公司贿赂行为的前因划分为激励因素和使能因素（Enablers），即机会因素。

综上所述，以公司为研究主体的文献主要探讨了公司特征、所处制度环境要素以及与政府关系三个方面因素对公司腐败的影响。与个人层面研究类似，公司层面腐败成因研究也发展出了激励因素和机会因素共同作用的分析框架。

### 2.2.3　国家层面的腐败成因分析

研究对象为国家的研究中，学者们主要关注广泛的政治、经济、法律、历史、文化、宗教等方面的制度因素对一个国家腐败程度的影响。例如，Lambsdorff 讨论了公共部门的大小、监管质量、经济竞争、政府结构、文化、性别比例、地理位置等因素对国家腐败程度的影响；Dimant 和 Tosato 认为官僚体制、行政管理水平、政治结构、经济自由程度、经济增长、种族多样性、性别比例、全球化程度、政府大小、政府结构、历史因素、司法体系、市场竞争、政治竞争、自然资源禀赋、政治稳定性、贫困程度、产权保护、宗教、贸易开放程度、透明程度、城市化程度、工资水平都与国家腐败息息相关；Gelbrich 等专门讨论了文化价值观与实践之间的区别对一个国家腐败程度的影响；López 和 Santos 研究了国家文化各个维度与国家腐败程度之间的关系；Mensah 讨论了文化和宗教信仰与国家腐败程度之间的关系。在文化方面，与盎格鲁－撒克逊文化传统相比，其他欧洲文化集群与较高的腐败率呈递增的正相关关系，但这一趋势被更有效的政治治理所抵消，从而导致德国和北欧文化的腐败水平在统计上与盎格鲁－撒克逊文化集群没有差别。所有的非欧洲文化集群都与明显较高的腐败倾向相关，但总体影响被更高的政治合法性（拉丁美洲、中东、加勒比和太平洋岛国）或更高的政治效力部分地减轻了；Weitzel 和 Berns 研究了一个国家中信息交流技术的可获得程度和国家腐败之间的关系，其研究结果发现越容易获得信息，国家的腐败程度越低。

综上所述，国家腐败程度的研究涉及复杂的制度因素，这些因素主要集中在政治、经济、法律、文化四个维度下，并且不同的制度因素之间存在着一定的关联性。

### 2.2.4　工程层面的腐败成因分析

工程管理领域中针对腐败原因的分析分别以个人、公司和项目为研究主体。第一，以个人为研究主体的研究主要关注个人层面的人口学特征以及行为因素对腐败行为的影响。例如，Brown 和 Loosemore 发现澳大利亚建筑行业中目标实现的高度可行性、有利的态度和支持性的主观规范以及对腐败行为被发现的高度感知控制是影响腐败的重要行为因素；Deng 等通过"欺诈三角"的三个维度（压力、合理化和机会）重点探讨了中国建筑业中欺诈的根源，确定影响腐败的行为因素；Yu 等分析了中国建筑业腐败案例中参与腐败的个人的人口学特征，其研究结果表明中国建筑行业的腐败现象与年龄相关，随着管理人员愈接近退休年龄，腐败案件的发生率也在上升。此外，大多数犯罪者在政府机构内活动，是直接接触项目的部门副职，并且从二线城市勒索的金额最大；李永奎等分析主体特征、权力特征和行为特征对工程项目腐败金额的影响，结果发现潜伏时间和土地环节对腐败严重性具有显著影响，主体特征、权力特征和行为特征中的其他因素对腐败严重性也有规律性影响，权力等级和行为特征的变化对腐败严重性的作用效果不同。

第二，以公司为研究主体的研究主要分析公司特征对腐败行为的影响。例如，Arewa 和 Farrell 研究英国建筑业和基础设施部门发现，建筑公司的组织文化促进腐败；Wang 等研究了中国台湾地区建筑公司董事会结构对建筑公司参与腐败行为的影响，发现董事的经验和知识信息是影响公司采取腐败行为必不可少的条件；Lee 等发现董事职位数量对腐败行为具有 U 形效应，经验多样性对公司腐败行为的预防有显著作用，教育多样性对公司腐败行为具有显著的正向影响；Van Den Heuvel 总结了荷兰建筑行业的腐败案例，认为建筑公司的社会网络关系尤其是与政府的社会网络关系是影响腐败的重要原因；Zhang 等调查了中国工程企业与政府之间的腐败现象，通过识别腐败原因并分析这些原因在招标过程中的影响，发现影响企业与政府之间腐败的六种主要原因，即缺乏监管体系、负面鼓励、缺乏职业道德和行为准则、非法收益、缺乏竞争性和公平的投标程序关系影响程度高。

第三，以项目为研究主体的研究主要以系统识别影响项目腐败的因素为主。例如，Owusu 等识别出影响项目腐败的 44 个因素，并将这些因素划分为社会心理原因、组织特点原因、监管原因、项目特征原因和法律原因五大类型；Le 等将腐败的原因归为有缺陷的规制系统和缺少积极的行业氛围；Shan 等的研究结果发现导致中国公共建设部门项目腐败的根本因素是不道德，其次是不透明、不公平、程序违法、合同违法；Ameyaw 等认为工程项目中腐败的驱动力来自于高度的政治关系、公共建设项目的过度和不计后果的独家采购、建筑公司缺乏解决腐败问题的承诺，以及建筑部门固有的特殊运作环境。除了系统识别影响项目腐败的因素外，现有研究也比较关注网络关系对项目腐败的影响。例如，张兵等分析商人与政府官员的关系对腐败的影响，其研究结果表明，腐败的潜伏时间受到腐败分子的家人关系以及其所处的部门类型保护；乐云等在其研究中发现，不同类型的网络关系中核心位置的参与主体是不同的，建设单位和总承包商处于合谋关系网络核心主体位置，合谋网络呈现多个中心性质；在结构洞位置，关键中间人通过收取建桥费获得高额合谋收益，而其他结构洞位置行为人通过收取过桥费获得合谋收益。合谋网络的核心结构行为人具有跨项目合谋特性，而其他行为人合谋具有单个项目性质。还有一些学者提出项目特征因素对项目腐败具有影响。例如，Stansbury 提出每个项目都有不同的特征，有些特征使项目更容易腐败，有些特征则使项目不容易发生腐败；Locatelli 等同样也指出有些项目更容易腐败而有些项目更不容易腐败正是由于项目特征不同所造成的；建筑业透明组织指出，项目规模、合同关系复杂、环节多、缺乏透明度、项目复杂性、缺乏单独的行业监管机构、缺乏尽职调查等特征是导致工程项目腐败的客观原因。

## 2.3 如何测量腐败

### 2.3.1 各种测量腐败的方法及优缺点

现有研究中对腐败的测量主要有三种方式。第一，通过问卷调查测量不同利益相关者（例如普通公民、专家、公司）的态度、感知以及经验，即主观感知测量法；第二，通过一些客观的代理指标来测量腐败程度，即客观代理指标法；第三，通过对单个案例的回顾和调查来测量腐败，即案例调查法。世行集团的腐败控制指数（Control of Corruption Index）、透明国际的腐败感知指数（Corruption Perception Index）、中山大学全国廉情调查均属于主观测量法。主观测量方法的调查数据主要由一些国际组织完成，以国家为单位，适用于跨国研究，但主观测量方法具有感知到的腐败与真实发生的腐败之间存在差异的缺点。客观代理指标法一般采用国家或组织控制腐败的制度特征来表示，或者是使用企业的招待费和差旅费占企业总收入的比值作为代理变量测量腐败程度，或使用官方或非官方公布的对腐败案件的处理数量来推算一个地区的腐败普遍程度。客观代理指标测量方法也存在着一定的问题，以国家或组织的腐败特征来测量腐败对于理解腐败的决定性因素很重要，但是在缺少准确测量结果变量工具的情况下，这一方法必须依赖于未经检验的理论。同时，客观测量指标使用官方公布的案件数据因为各国法律的不同难以进行跨国比较。案例调查法是对单个案例进行科学分析和审计的非常可靠的腐败测量方式。但是，由于可获得案例的数量通常较少，因此限制了这种方法在大范围比较中的应用。由于上述三类测量腐败的方法在不同方面都存在着一定的局限性，因此，建立腐败测量指标体系是目前腐败问题理论研究的热点，腐败的测量是腐败研究的基础设施，是探究腐败的成因、讨论腐败的影响结果以及对腐败治理效果评估的基础。鉴于主观感知测量和客观代理指标测量单独使用均存在缺陷，学者们开始在腐败测量问题上尝试新的方法。例如，任建明指出可通过新型的行为测量方法进一步准确地测量腐败；过勇和宋伟指出新型的腐败测量框架要结合主观和客观指标，同时要从多维度反映腐败的具体情况。

### 2.3.2 工程管理领域中如何测量腐败

工程管理领域中对腐败的测量主要采用两种方式。一种是基于问卷调查获得主观感知测量方式。例如，Owusu 等通过问卷收集受访者对项目腐败脆弱性的评估数据，采用模糊综合评价技术测量工程项目采购中的腐败脆弱性。Chan 和 Owusu 采用问卷的方式测量加纳建筑行业中腐败的程度和主要的形式。Shan 等通过问卷方法收集不道德、不公平、不透明、程序违规、合同违规 5 个维度的测量指标，采用模糊集测量模型计算工程项目发生腐败的风险指标。另一种是基于客观腐败数据的测量方式。例如，崔晶晶和邓晓梅利用工程项目腐败案例的判决书中真实发生的腐败数据作为量化腐败的标准；李永奎等利用中国权威部门公布的工程建设领域的典型案例数据，以腐败涉案金额作为测量项目腐败程度的指标；Olken 利用实际支出成本和独立工程师核算成本之间的差额来测量印度尼西亚道路工程中的腐败程度；Fazekas 等利用工程项目采购合同数据，结合大数据分析手段开发公共采购项目的腐败风险指标体系。综上所述，工程管理领域对腐败的测量虽然呈现出既采用主观感知测量法又采用客观腐败数据测量法的研究取向，但囿于数据的可获取性，已有研究仍然以采用主观感知测量法的研究居多。

## 2.4　如何控制腐败

### 2.4.1　如何控制政府官员的腐败

对于政府官员腐败的控制，现有文献主要讨论如何降低政府官员对贿赂的需求。例如，Goel 和 Rich 指出减少政府官员对腐败的需求取决于惩罚的严厉程度和被定罪的概率；Potter 和 Tavits 提出政府可通过减少官员的自由裁量权、决策去中心化、增加政府官员行为和决策的透明度来抑制腐败；Recanatini 认为应建立独立的腐败调查机构，并赋予这些机构足够的资源和权力，开通举报热线，同时，鼓励新闻调查记者披露腐败官员，从而增加腐败官员被曝光的概率。Cuervo-Cazurra 认为政府可以改变腐败的收益－成本平衡，增加惩罚、延长牢狱时间、增加罚款以及腐败资金追缴的力度，同时配合政府改革和司法系统改革，使法律法规更为公平有效；聂辉华和仝志辉提出治理"一把手"腐败的关键在于限权；陈国权和周盛认为控制腐败的方法包括提出完善公共利益表达机制，遏制利益集团控制公共决策议程，健全决策方案设计以防止私人利益进入，决策方案选择过程充分运用民主议决机制。宋伟和过勇提出强化权力运行制约和监督体系，发挥巡视监督的利剑作用，提高廉洁教育的正面引导作用，健全举报人机制，完善国家治理体系和法治程度；李摇琴和徐细雄讨论了正式的制度监管机制和非正式的宗教传统机制在治理腐败中发挥的不同作用，其研究结果发现上述两种机制之间存在着替代效应，因此，在治理腐败过程中不仅要发挥政治制度机制，同时还应该注重非正式制度中的公序良俗和优秀的传统文化所发挥的作用。

综上所述，已有研究认为对政府官员的腐败控制一般遵循两类路径：一是从自由裁量权和威慑两个方面改变政府官员腐败的收益 – 成本平衡；二是依靠文化和道德等非正式制度机制约束政府官员的腐败行为。

### 2.4.2　如何控制公司的腐败

对于公司的腐败控制，现有文献主要关注如何减少公司管理者向政府官员提供贿赂。值得注意的是，本书所讨论的公司的腐败仅包括公司管理者出于公司利益进行的贿赂，管理者出于个人利益的腐败行为不在本研究的讨论范围之内。例如，Cuervo-Cazurra 认为公司要避免其管理者认为贿赂所在国政府官员是一种合适的行为；Kaptein 调查了 200 家大型企业发现将近半数企业采用道德商业准则作为控制腐败的手段；Rodriguez 等认为跨国公司解决所在国政府官员的腐败问题，要从建立公司内部的行为准则、限制员工向政府官员贿赂的能力（例如，为管理人员设置支出审批）两个方面入手；Rose-Ackerman 和 Palifka 认为腐败是公司的道德责任，公司只有形成良好的道德准则才有助于抑制公司腐败；Osuji 强调公司要通过良好的企业道德和社会责任来控制公司腐败行为。与此同时，还有学者基于组织腐败的视角提出对于不同腐败类型应采取针对性的治理策略。例如，Luo 根据组织腐败的四种类型分别提出以"外科手术、专科手术、注射方式、药物治疗"为比喻的四种腐败控制策略；Lange 根据过程或结果导向（纵向）与社会文化或管理传导渠道（横向）的八个交叉区域，提出适用于不同腐败类型的策略：科层控制、惩罚、激励联盟、法律 / 法规制裁、社会制裁、监督控制、自我控制、协调控制。另外，组织腐败的治理还可以依赖组织变革的规范机制，治理的范畴应同时涵盖腐败的思想和行为，只有这样才能有效恢复组织的原有秩序。

综上所述，公司层面腐败控制的文献强调通过公司内部创建商业道德准则和行为准则来控制公司腐败，同时也提出针对特定类型腐败要采用特定类型治理策略的应对思想。

### 2.4.3 工程管理领域中控制腐败的措施

工程管理领域中腐败控制的研究大致遵循两种路径。第一，系统识别控制工程项目腐败的影响因素。例如，Le 提出透明机制、道德准则、项目治理、审计以及信息技术的应用是治理项目腐败的有效策略。Owusu 等系统识别工程管理文献中的反腐败措施并将识别出来的措施划分为监管措施、管理措施、促销措施、探测措施、合规措施、反应措施 6 个维度。Owusu 和 Chan 分别识别了发展中国家和发达国家中阻碍基础设施项目反腐败措施有效实施的因素，研究发现在发达国家中不熟悉道德准则、担心举报被抓和个人态度是主要影响反腐败措施有效实施的障碍，而在发展中国家中政府官员和专业委员会缺乏打击腐败的政治意愿和个人态度是阻碍反腐败措施有效实施的障碍。第二，针对某一特定因素对腐败的影响，专门讨论针对该因素的反腐败措施及作用机理。例如，Tabish 和 Jha 认为通过设计严厉的惩罚措施可以增加专业人员的畏惧以减少腐败发生。张兵等从腐败网络的视角提出腐败网络打击应结合个体和组织两个维度，其中腐败网络整体密度较低、结构存在对等性且具有稀疏网络特征对随机打击有一定的抗毁性，基于点度优先和中介度优先的重点打击能够快速瓦解腐败网络，而组织层面中建设单位对整个网络影响最大，因此，腐败治理策略的选择要结合腐败网络的特征。同时，还有学者提出以制度建设为预防工程项目腐败的根本战略。

综上所述，工程管理领域内腐败控制的研究尚以系统识别反腐败措施或影响反腐败措施实施的因素为主。少数研究从工程项目腐败的腐败主体视角出发讨论腐败控制的措施。而在管理学腐败研究中，腐败控制的研究则主要以分析特定主体（政府官员和公司）的腐败激励为出发点讨论控制策略。一般管理研究中已经意识到腐败控制的策略应建立在对不同主体不同腐败类型的详细划分以及成因机理分析的基础上提出，但工程管理领域内鲜有研究以这一思路分析腐败策略，多数研究在讨论腐败控制策略时仍是将不同类型的腐败视为一个不加区分的整体概念，同时，也忽视了从腐败成因机理的角度讨论腐败控制策略的有效性。

## 2.5　制度理论与工程项目腐败

### 2.5.1　制度理论概述

（1）管理学中制度理论发展脉络

制度被定义为人类设计的约束，这些约束构建了政治、经济和社会的互动关系。在不同的学科语境下制度理论分为不同的流派，例如，在政治学中，制度理论分为以传统政治学研究方法为代表的旧制度主义，以理性选择制度主义、历史制度主义、社会学制度主义与规范制度主义为代表的新制度主义。在组织管理研究中分为以塞尔兹尼克为代表的旧制度理论，以及以诺斯、斯科特、迪马济奥为代表的新制度理论。虽然在不同学科语境下制度理论的新旧流派不同，但制度理论是政治学、经济学、社会学中制度研究的融合，本研究主要借鉴组织管理研究中的制度理论研究成果作为理论基础。

组织的行为和决策受到制度的影响是制度理论的核心思想。在组织管理研究中，塞尔兹尼克的旧制度理论首次提出不能将组织视为简单工具，认为组织具有自身的社会属性和权力结构，其核心观点在于组织管理如何依外部制度环境的差异而进行权变，其核心问题是影响、联盟和价值竞争。新制度理论则分为经济学和组织社会学两个流派。诺斯作为新制度理论经济学派的代表人物，其学术观点的核心在于区分不同制度选择的效率，以及制度及其变迁对经济组织绩效的影响机制。诺斯将制度定义为约束组织行为及其相互关系的博弈规则，并将其划分为正式制度（宪法、法律、产权）和非正式制度（制裁、禁忌、风俗、传统和行为守则），认为制度环境是导致经济组织效率差异的决定性因素。斯科特、迪马济奥和鲍威尔是新制度理论组织社会学流派的代表，这一学派的核心思想认为制度是一种规则和规范，而这种规则和规范符合正当性行为，该核心思想突破了理性选择模型的内在局限。具体而言，组织的正当性来源于其对社会主流价值体系的遵从，具有正当性的组织能够获得外部的资源，同时具有正当性的组织在社会心理方面也能获得外部支持。但是获取正当性的过程中并不一定都是高效的，一些极端情况下有可能需要贿赂等损失效率的方式获得正当性。但是，在这种情况下通过效率与正当性的交换并不能使正当性长久地持续。因此，对于公司组织和战略的制度解释出现了从效率视角和组织社会学视角综合解释的理论倾向。

总而言之，在讨论新制度理论中经济学流派和组织社会学派的时候应该注意到，前者的出发点是基于效用最大化的效率诉求，而后者的行为逻辑在于通过遵守所处社会环境中大多数期待的被认为是适当的行为而获取正当性的过程。制度理论的组织社会学流派对制度的认识大体上存在两类路径：一是将制度视为组织行为的约束条件，二是将制度视为组织行为的结果变量。现有研究基本遵循上述两条研究路径讨论制度与组织之间关系的内在完整逻辑。组织外部的主体以正式或非正式制度作为标准评价组织行为，从而制度对组织行为起到了约束作用，此时组织采取相应的行为或重塑新的组织结构作为对外部制度压力的回应，从而获得社会性的支持。同时需要注意的是，在组织社会学制度理论研究中，学者们多采用场域中的行动者，即个体或者组织，作为分析的基本单位。场域中的行动者通过参与社会互动发挥其引导和驱动的作用从而推动制度的变迁。

（2）正当性（Legitimacy）[①]

正当性被定义为在社会互动过程中建构的标准、价值观和信仰，在定义的系统里，个体的行为被普遍认为是令人满意并且合理适当的感知和假设，是被客观拥有但主观创造的具体评价。正当性不仅对组织生存和发展起到决定性作用，同时，组织行为决策的重要条件也是获取和维持正当性。组织制度理论学者对个体行为的决策路径秉持着这样一种考量，即个体行为不仅以利益最大化作为决策的依据，同时个体也会出于对强制、规范和模仿的制度压力的回应在正当性机制下作出行为决策。正当性是通过向外部展示符号性价值而从环境中获取的特殊资源，由于正当性不属于为了获得特殊的产出而做出的投入，它与物质资源和信息资源并不相同。当组织场域内已经形成了一定的制度之后，这一制度就可以作为评价组织是否具有正当性的标准，这一机制约束着组织的行为和结构选择。具体而言，正当性的评价标准作用使其对组织行为和结构选择约束作用适用范围广泛，同时，正当性的约束作用使得组织在行为决策和结构

---

[①] 在已有中文组织管理学研究中，Legitimacy通常被翻译为合法性。本研究中讨论的腐败问题不仅含有合法性的意涵，同时还包括对社会制度的遵守。因此，Legitimacy在本文中的意涵超越了合法性的内涵。合法性在英文中通常用Legality。在组织管理研究中也有将Legitimacy作正当性的翻译方式，其概念内涵既包括了符合法律的要求，也涵盖了符合社会公众主流期待的含义。在本研究中，Legitimacy被翻译成正当性更能体现其本身所具有的"正确的、恰当的、被社会接受、被视为理所当然"的概念内涵。因此，本研究中将Legitimacy翻译为正当性。

选择过程中不得不考虑是否能够获得组织外部社会的支持，从而产生对制度的遵从行为。一旦组织的行为决策、结构选择以及组织目标与已经建构的社会规范发生偏离时，组织的生存和发展就会因为正当性机制发挥的作用而受到威胁。因此，制度与组织之间的关系由正当性机制作为纽带连接，同时，正当性也是对能够约束组织行为决策和结构选择的基础。

同时也要注意到，由于制度的变迁，基于某一种制度的正当性也是会发生动态改变的。当社会中的普遍认知认为一种新的制度规则更合理且可接受时，原有的制度规则就会被这一新的制度规则所替代。此时，基于新制度规则的正当性机制会约束场域中的行动者的行为决策和结构选择。同时，场域内的行动者亦可以通过一系列的行为和言论改变其他场域内行动者基于某种制度的正当性判断，从而使其他场域内行动者通过对正当性的判断接受和支持新的社会实践，通过这一路径可以使制度的变迁成为可能。

（3）组织同构（Organizational Isomorphism）

一般情况下，组织同构用来解释为什么处于同一组织场域内的组织间在结构和行为上表现出同质化现象。DiMaggio 和 Powell 将组织同构分为两种类型，即竞争同构（Competitive Isomorphism）和制度同构（Institutional Isomorphism）。

①竞争同构（Competitive Isomorphism）

竞争同构的理论起点来源于种群生态学，建立在强调市场竞争、生态位变化、组织适应度的系统理性基本假设之上。竞争同构的观点认为外在环境的相似性与组织的相似性高度相关，组织结构的塑造过程中，外在的环境发挥了关键作用。种群生态学观点中的组织同构现象解释基于优胜劣汰的机制，组织同构的现象是由于相同场域内的组织对稀缺资源的竞争，不能适应外部环境变化的组织失去获得稀缺资源的竞争力，从而被其他组织淘汰，而能够生存下来的组织则表现出在结构和行为方面的相似性。因此，这一过程就被描述为在相同场域内的组织，由于受到相似的制度环境约束，在其竞争获得外部稀缺资源的过程中会采取与同场域内组织类似的行为和结构实现生存和发展的目的，上述过程的结果就是使得同一场域内的组织变得越来越相似。

②制度同构（Institutional Isomorphism）

DiMaggio 和 Powell 认为竞争同构部分解释了韦伯所观察到的科层化现象，但并不能呈现现代组织的全部图景。因此，必须以制度同构来补充对组织现象的解读。同时，DiMaggio 和 Powell 认为组织的行为和结构还受到来源于外部制度环境的正式和非正式压力的影响，制度环境内一系列的正式或非正式的压力影响着组织的结构和行为，组织为了获得外部制度环境所赋予的正当性（被视为组织生存所需的支持和资源）而变得同质化。因此，制度同构就是指在不同场域中所特有的制约力量，通过个别组织所形成的制度压力，迫使场域内长远的行为逐渐显现出一致的现象。并且组织主要通过三种形式的同构（Isomorphism）获得正当性，即强制同构（Coercive Isomorphism）、规范同构（Normative Isomorphism）和模仿同构（Mimetic Isomorphism）。上述三种同构机制作用于斯科特所提出的制度三支柱，即规制、规范和认知的制度支柱。强制同构指组织外部具有权威或者强制力的重要机构强迫组织采用某种结构或者行为模式（如立法机构和政府颁布的法律法规就是一种强制同构机制）。若组织采用强制同构压力所强迫的某种结构或行为就会免受外部权威或具有强制力的机构的惩罚。规范同构指社会规范会产生共享观念或者共享的思维方式，组织在专业知识的形成及推广中逐渐接受这些社会规范，并相互间趋于相同。模仿同构指在环境中不确定性的诱导下，组织会解读并模仿组织场域中其他成功组织的行为和做法。事实上，制度的规制、规范和认知三支柱是组织同构力量的来源。由于规范制度所代表的强制性与制度理论经济学流派中的正式制度规则具有强相关性，同时，规范制度和认知制度在一定程度上又和经济学流派中的非正式制度规则具有一定的相似性。因此，就这一点而言，制度理论的经济学流派和组织社会学流派取得了一致性。

（4）组织场域（Organizational Field）

组织场域的概念最早来源于布尔迪厄对社会学问题的研究，其哲学基础是建构主义存在论。布尔迪厄将场域定义为某一社会或文化再生产领域中各种参与者的总和以及他们之间的动态关系。在管理学研究中，DiMaggio 和 Powell 将组织场域定义为由关键供应商、资源和产品消费者、管制机构以及其他生产相似产品或服务的组织等聚合在一起构成的一种被认可的制度性生活社区。后来的学者多沿用 DiMaggio 和 Powell 对组织场域的这一定义。这一定义可以从以下四个方面进行具体的解释。第一，该定义强调了场域内的构成主体，即利益相关者。这一定义的内涵在于场域内的参与者应该是全部的利益相关者，而不仅是行业内的竞争者、管制机构、顾客、供应商、中介组织、专业协会、金融机构等。第二，该定义给出了关注的焦点，即关键利益相关者。DiMaggio 和 Powell 强调场域中的参与者应该对与其有相似特征的组织给予特别的关注，同时更应该关注与其竞争相同资源的组织以及这类组织对场域的影响。第三，该定义强调了场域内参与者的互动关系。在这一定义下，场域的利益相关者通过一种有价值的方式相互影响、相互作用，从而使场域内的参与者形成了具有错综复杂关系的制度性社区。第四，该定义强调了制度环境对场域内参与者的影响。制度环境为组织场域提供了边界、标准以及成员的行为规范，而组织场域为参与者提供了稳定的制度环境，场域内的参与者必须对制度环境做出遵从性的回应，这些组织的行为决策和结构选择必须出于获得正当性的考量。基于上述解释，可以认为组织场域界定了组织运营的边界，使得组织研究可以与部门层次、社会层次以及国际层次的宏观环境联系起来。

在工程项目研究中引入组织场域的概念可以为组织研究提供更高层级的研究单位，即将工程项目中的参与方作为组织集合并置于关系和制度环境之中。具体而言，集聚在同一领域的组织可以通过组织场域串联在一起，形成一个新的研究层次，在工程项目情境下，组织场域内的参与者构成了包括权利位置、合作、竞争等复杂的关系系统。为了满足正当性机制的要求，场域的参与者需要在共同认可的外部制度环境下开展活动，通过共同认可的制度逻辑使得场域内参与者具有规范且稳定的行为，同时也可以清晰地厘清场域边界。工程项目中组织间关系的确立通过合同作为纽带，这些错综复杂的关系即成为场域内组织间的基本关系，随之会产生工程建设行为、工程管理行为、社会责任行为等场域内集体行为。在工程项目组织场域中，由于政府掌握了重要资源，因此，由政府以及与之建立直接合同关系的工程企业也构成了工程项目组织的强场域。在强场域中，由于关键利益相关者通常把持着场域内重要的资源，因此其在场域内具有较大的影响力，在该场域中，场域成员之间的地位和权力也呈现出较大的差距，该场域内的制度规则也往往具有强制性。基于上述特点，在强场域中，处于弱势地位的参与者只有通过遵从、满足关键利益相关者要求的制度和规则才能在强场域中生存和发展。在弱场域中，重要资源呈现出分散的特点，场域内参与者可获得资源的渠道较多，场域成员之间的地位和权力呈现出较为平等的特点，该场域内的制度规则往往也不具有强制性。因此，在弱场域中，参与者不必遵从所有的制度规则，这种场域特点赋予场域参与者更多依自身特点进行权变选择行为的自由裁量空间。

### 2.5.2　制度理论在工程管理领域的应用

（1）制度理论在工程管理领域应用的必要性

传统的项目管理研究中，项目往往被视为孤岛，很少关注项目如何与更广泛的制度环境互动。制度差异（法律法规、工作场所的规范和文化价值观的差异）使国际工程项目和跨国工程公司面临严峻的挑战，一方面制度差异增加项目各方的误解，另一方面制度差异造成项目的延误和成本增加。制度理论不仅可以全面描述国际工程项目所面对的跨国挑战，也有助于实践者更准确地对所遇到的跨国问题进行分类，确定冲突背后的原因，并判断每一类冲突解决的难易程度。同时，对这些制度因素的了解对于创建一个既能在当地持续发展，又能为公司带来利润的项目至关重要，国际工程企业增加制度知识有助于改善项目绩效。除此之外，制度不仅影响项目的产生，还影响如何治理和管理项目。Söderlund 和 Sydow 认为无论从实践挑战还是理论挑战出发，都有必要将项目与其所处的制度情境联系起来。从实践挑战看，一方面，越来越多的项目在平衡自主治理和制度压力的双重挑战下苦苦挣扎，许多项目之所以失败，正是因为未能满足制度对其提出的要求；另一方面，项目越发对变革起着广泛、深远的作用（例如巨型项目、大型工程项目），而制度变革是其中越来越重要的因素。从理论挑战看，一方面，对项目的理解需要牢牢扎根于任何项目所面临的社会现实，项目研究作为管理和组织研究中一个日益重要的领域，需要与更广泛的理论领域建立联系和互动；另一方面，对项目的研究也应着眼于对项目管理传统范围以外的文献作出贡献，如更广泛地对制度理论的文献作出贡献，这样一来，通过将项目管理实践与其制度情境变化以及动态性联系起来，项目的情境因素可能也是推进制度理论发展的一个重要因素。

（2）制度与项目互动的核心路径

制度与项目之间的关系存在两类核心互动路径，第一类路径主要讨论制度如何塑造影响项目的制度嵌入性以及社会特征，遵循该路径的研究主要关注制度情境对项目绩效、项目组织结构特征以及项目组织场域内行动者行为的影响。例如，Wang 等研究正式制度和非正式制度之间关系对项目绩效的影响，当项目的正式和非正式制度之间有较好的契合度（相互作用的程度）时，项目绩效会更好；Opara 等研究了制度环境对加拿大高速公路 PPP 项目结果的影响，分析了政治环境、商业环境、组织能力的影响，其结果表明制度环境对项目绩效具有显著的影响，场域中行动者的政治支持是重要因素，项目结果呈现出路径依赖的特点，制度环境的不同要素通过协同效应强化彼此的作用，对 PPP 项目的强有力的政治领导支持、有利的政策环境和有效的组织能力是成功实施 PPP 项目的先决条件；Miterev 等采用制度同构理论解释项目组织结构之间的模仿同构过程；Wang 等通过研究中国的巨型项目发现制度压力对项目人员的组织环境及公民行为（例如，分享防治污染知识，提出尽量减少浪费的建议等）的影响机理，其研究结果表明，模仿压力和规范压力具有重要影响，但是强制性压力并不存在显著作用效果；Cao 等研究三种制度同构压力对项目采纳建筑信息模型（BIM）技术的影响，结果发现强制压力和模仿压力显著影响项目中 BIM 的使用行为，规范压力不存在显著影响。业主支持在同构压力影响 BIM 使用过程中起着中介作用，其研究强化了将项目采用 BIM 技术视为一种复杂的社会化活动的必要性，这种活动不仅有参与者主动解决内部流程问题的理性需求，还受到与获取制度正当性相关的外部同构压力的驱动；Qiu 等研究港珠澳大桥的案例阐述制度复杂性如何影响项目和塑造行动者行为，其研究结果表明制度复杂性来源于外部（宏观层面）环境和内部行动者（微观层面环境），分别由监管、政治、社会复杂性和文化、演化、关系复杂性组成，来自宏观环境的制度复杂性将导致巨型项目组织的约束冲突，而项目各微观行动者的不同做法和身份将产生组织冲突。

第二类路径是项目如何影响制度，遵循该路径的研究将项目视为制度创业的工具或制度工作的场所，以及将其视为跨制度情境中处理相互冲突的制度压力和制度复杂性的工具。例如，Hall 和 Scott 以综合交付模式（IPD）项目为载体研究了创新的基础设施交付模式是如何出现并制度化的，以此来解释 Suchman 提出的制度化多阶段模型中，早期阶段中行动者在何种条件下实现产生新的规则、理解和相关实践的过程，有助于理解 IPD 等新制度的起源、逻辑；Van Den Ende 和 Van Marrewijk 应用新制度理论研究大型基础设施项目的实施者如何应对社区抵制，以使项目获得正当性嵌入在其环境之中，该研究展示了项目与其环境、制度转型过程和制度实践工作之间的动态互动关系，从而揭示如何转变制度化方法获得正当性使项目顺利嵌入在其实施的环境之中。Badewi 和 Shehab 根据新制度理论，建议一个组织越是将项目管理和效益管理作为实践和治理框架，就越能在企业资源规划项目中使用它们，因为它们已成为其管理项目的制度逻辑的一部分。Lieftink 等分析荷兰建筑行业识别三种关系制度工作，包括意识创造、选择性网络、构建合作，结果发现制度工作在合作供应商领域相对有效。Matinheikki 等揭示一个隧道建设项目的公共采购者如何形成一个多方项目联盟的混合组织来应对官僚国家、企业市场和多种专业的竞争逻辑并存的制度复杂性。Derakhshan 等研究了项目所处社区如何评价判断项目是否具有正当性，通过比较三个发展中国家的四个开采项目发现政府和媒体对社区的负面看法会影响他们对组织行为的判断，当社区个体得出对组织的正当性判断时，他们未来的认知将主要受这一决定的影响。Biygautane 等通过研究沙特阿拉伯的 PPP 项目中行动者的部署和战略发现，制度创业的过程远远超出了少数制度创业者的代理能力，需要多个制度领域的多个行动者的合作行为。

### 2.5.3　制度理论在腐败研究中的应用

制度理论为研究腐败现象提供了重要的理论视角，制度对控制腐败的重要性已经受到越来越多的学者关注。制度理论关注制度与组织之间的交互，认为组织的活动是这种交互的结果，政治、法律、市场方面的正式制度以及社会规范和文化的非正式制度都会影响组织行为。许多国家层面的制度因素都被认为与公司腐败行为有密切关系。Cuervo-Cazurra 指出反腐败的法律、公平有效的法律执行决定了腐败的程度。除了对组织行为的影响，制度还影响着组织中个人的行为，Cuervo-Cazurra 还认为公司管理者面临着不同的制度环境，如果在这些制度环境中，贿赂和腐败是社会和文化上可接受的规范，即便认知压力迫使他们要实施道德的、合法的行为，管理也会选择采取贿赂行为。

目前，以制度理论为基础的腐败研究存在着两类研究范式：一是将腐败视为一种特定的制度因素，讨论其对公司行为的影响；二是将腐败视为制度的结果，讨论政治、经济、法律、文化等因素对政府官员和公司腐败行为的影响。

（1）腐败作为特定的制度因素

这一研究范式下，学者们主要研究了跨国公司的母国和东道国的腐败程度对其进入模式、非企业社会责任、公司内部腐败控制措施以及公司绩效的影响。例如，Rodriguez 等将跨国公司东道国政府部门的腐败划分为普遍性腐败（Pervasiveness Corruption）和随意性腐败（Arbitrariness Corruption），讨论这一制度性因素如何通过正当性机制影响跨国公司进入模式的战略选择；Williams 和 Martinez-Perez 研究在发展中国家，腐败与公司绩效之间的关系，其研究发现，由于发展中国家正式制度的不完善（无效的公共管理制度以及较低的法治水平）导致在发展中国家腐败作为一种正式制度缺失的补偿方式反而有助于提升公司的绩效，正是这种正式制度的不完善导致了腐败在发展中国家的大流行；Keig 等探究了正式和非正式的腐败制度环境对跨国公司企业非社会责任（Corporate Social Irresponsibility）行为的影响；Hauser 和 Hogenacker 研究了瑞士的国际化公司在高腐败的国家从事业务时是否会主动培训他们的员工如何避免参与腐败活动，是否会要求他们的合作伙伴遵守法律和内部监管要求，作者比较了母国为经济合作与发展组织（OECD）的跨国公司和非经济合作与发展组织的跨国公司在东道国的腐败行为，以及本地合作伙伴对跨国公司腐败行为的影响关系。

（2）腐败作为制度因素的结果

这一研究范式下，学者们讨论了政治、经济、法律、文化等制度因素如何影响公司和政府官员的腐败行为。在研究公司腐败方面，Martin 等研究社会福利主义、政治约束的两个制度因素对公司贿赂行为的影响，其研究结果发现社会福利主义和政治约束对公司贿赂有显著的负向影响；Hauser 和 Hogenacker 研究了瑞士国家化公司在高腐败的国家从事业务时是否会主动培训他们的员工如何避免参与腐败活动，是否会要求他们的合作伙伴遵守法律和内部监管要求。Spencer 和 Gomez 发现跨国公司在东道国参与腐败行为与东道国和母国的制度环境都有关；Gao 研究中国公司在组织同构机制作用下的贿赂行为，其结果显示强制同构机制和模仿同构机制在影响公司贿赂上较为明显，而竞争同构机制则不显著；Yi 等研究了作为宏观机制的正式制度和作为微观机制的审计机制对控制跨国公司参与贿赂行为的有效性，其研究结果显示企业的贿赂行为与外资所有权有显著的正向关系，当外部正式制度薄弱的情况下，公司内部的治理机制对控制公司贿赂起着至关重要的作用。

在研究政府官员腐败方面，Fazekas 将官僚繁文缛节视为腐败的重要来源，在其研究中，唯一投标人用来表明公共采购过程中政府官员偏袒特定投标人的腐败，通过研究这种不公平方式限制其他投标人参与投标但只允许政府偏袒的投标人投标的现象，作者检验政府对商业监管的简政放权是否有助于抑制政府官员腐败，其结果发现，在商业活动的初始阶段的简政放权不但没有抑制政府官员腐败反而加剧了这种现象；Schleiter 和 Voznaya 讨论了政党体系制度化与政府官员腐败的影响关系，其研究发现，程度较低的政党体系制度化削弱了选民通过定期选举控制政府官员参与腐败激励的能力，定期选举对官员的腐败威慑必须建立在政党体系制度化的基础之上；Charron 研究政党体系、选举制度对政府官员腐败的影响，发现在唯一候选人选区选举方式为主的国家，两党制的平均腐败程度将低于多党制，而在比例候选人的国家两党制和多党制对腐败影响的差异则不显著；Gerring 和 Thacker 讨论了不同的政治制度对政府官员腐败的影响，认为中央集权和议会制的政府都能有效降低政府官员的腐败，作者分别讨论了这两种政治体制下开放性、地方政府和中央政府的竞争、本土性、政党间的竞争、决策规则、集体行动、公共管理七个方面对腐败作用的机制，其实证结果发现中心化的宪政制度有助于降低政府官员腐败；Zhu 和 Zhang 发现当一个领导在位很长时间，腐败就相对的可以预测，如果一个部门的领导经常更换，那么企业家就需要不断地与政府官员建立关系，从而面对的不确定性增加，也就是说腐败的可预测性受到政府领导稳定性的影响。

## 2.6　工程领域控制腐败的路径

本书系统综述了管理学和工程管理领域的腐败研究，发现治理工程项目腐败的关键在于清晰揭示工程项目腐败形成原因这一观点已经得到学者们的共识。但遗憾的是，已有工程管理研究尚不能清晰揭示工程项目腐败形成机理，具体表现在如下四个方面。

（1）已有研究在讨论工程项目腐败成因时，仅将腐败视为一个整体概念，并没有考虑不同类型腐败之间在影响因素和参与主体方面存在的差异

管理学研究中已经意识到腐败控制的策略应建立在对不同参与主体、不同腐败类型的详细划分以及形成机理分析的基础之上。虽然已有研究对工程项目中的腐败行为进行了类别划分，但是在研究其形成机理时，鲜有研究锚定特定类型的腐败进行讨论，而是将不同类型的腐败视为同一现象对待。工程项目中

的腐败包括贿赂、欺诈、贪污、勒索等类型，每一种类型的腐败的参与主体不同，同时，即便同一种类型的腐败在项目的不同阶段其参与方也有可能不同。例如，贿赂型腐败需要索取贿赂的政府官员和提供贿赂的企业同时参加才能完成，而贪污型腐败仅需要一个行为主体即可实现。除此之外，工程项目涉及多个阶段，即便同一种类型的腐败行为，在不同的阶段，其参与主体也有可能不同。例如，在招标投标阶段的贿赂行为可以是政府官员和工程企业的合谋，但在项目实施阶段的贿赂行为又有可能是承包商与分包商之间的合谋。因此，同一种影响因素对不同类型的腐败可能存在不同的影响，同样，即便是同一种影响因素在不同项目阶段对同一种类型腐败行为的影响结果也会存在不同。因此，在分析工程项目腐败问题时，必须将研究对象限定在工程项目某一阶段的某一种特定类型的腐败，避免采用大而全的腐败概念进行研究。

（2）已有研究在讨论腐败成因时多数秉持腐败一元取向，忽视了腐败是腐败需求方和腐败供给方共同作用的结果

现有研究通过分析微观、中观、宏观三个层面的因素对个人腐败、公司腐败、国家腐败的影响取得了大量的成果。但这些研究中多数秉持着腐败一元性的取向，或是将腐败归类为公共部门的问题，或是将腐败视为私人部门的问题。虽然已有学者指出腐败研究应该同时考虑腐败需求方——政府官员和腐败供给方——相关公司的腐败激励，鲜有研究同时将二者纳入到同一分析框架下讨论腐败问题。由于工程项目是多个参与主体（政府官员、承包商、分包商等）通过合同、科层、网络连接起来的临时性组织，因此，以工程项目为主体分析腐败问题，为同时分析腐败的需求方和供给方提供了载体，还有助于融合现有对个人、公司腐败机理分析的研究成果，促进现有理论的发展。遗憾的是，现有分析工程项目腐败的研究忽视了这一整合视角，割裂了个人、公司与工程项目的联系。而工程项目作为政府官员、工程企业共同参与的载体可以有效融合个体和公司层面影响腐败的微观、中观、宏观因素。由于工程腐败影响因素众多，致因机理十分复杂，因此有必要在腐败二元视角下讨论各种微观、中观、宏观因素引致工程项目腐败结果的多重路径，而这一点也正是管理学已有腐败研究中所忽视的方面。

（3）已有研究识别出大量工程项目腐败的影响因素，但忽视了制度情境和项目特征这两个重要因素

工程项目嵌入在制度情境之下，识别工程项目腐败原因的文献虽已识别出一些制度因素会发挥作用，但仍缺乏全面比较与深入分析。制度因素与腐败的关系已在管理学文献中得到大量的讨论，但是这些研究多数是以国家的腐败程度、公司参与腐败的程度或社会中个人对腐败的容忍程度为研究对象，鲜有研究聚焦于探索制度环境因素对工程项目腐败的影响关系，换句话说，那些已有经验证据表明与个人、公司、国家腐败存在关系的制度因素是否同样也能在项目层面发挥作用不得而知。而且，在工程管理领域中，大多数研究是基于单一国家的数据，或少数几个国家数据，缺乏针对制度因素对工程项目腐败影响的大范围国家数据比较研究。除此之外，虽然已有学者提出某些工程项目特征会使项目更容易招致腐败，但是项目特征发挥作用的机制并没有被揭示。管理学腐败研究已经指出腐败的发生是激励与机会共同作用的结果，这一点为本研究分析工程项目中的腐败问题提供了重要的分析框架，即"激励-机会"分析框架。同时，已有研究指出腐败的激励不仅是可以获得多少货币回报创造的，那些可以塑造机会或者进行限制的制度因素也是腐败激励的一部分。在工程项目中，制度情境因素为项目中腐败参与者提供了激励，而项目特征为腐败的发生提供了机会。工程项目中的腐败不可能在只存在主体激励而无机会的条件下发生。因此，必须将为腐败提供发生机会的工程项目特征因素纳入对工程项目腐败形成机理分析的整体框架之中。

（4）已有研究多采用主观感知测量法评估工程项目腐败，由于感知腐败与真实腐败之间存在差异，容易造成研究结论不准确

已有研究一般采取主观感知测量法、客观代理指标法、案例调查法测量腐败。在工程管理领域中，腐败测量方法多数采用主观感知测量方法。主观测量方法具有感知到的腐败与真实发生的腐败之间存在差异的缺点。与此同时，由于腐败问题的敏感性，以问卷为主的主观测量可能难以获得受访者真实的数据（由于存在受访者本身就是腐败参与者的可能性），测量的不准确造成研究结论不准确，则基于这些研究结论所分析的腐败成因和治理手段也存在不准确性。鉴于上述原因，工程管理领域就腐败这一研究问题应尽量采用基于客观事实的案例来测量工程项目中的腐败，避免采用感知数据，以保证研究结果的可靠性。在这一方面乐云等、张兵等、Fazekas 等的研究为采用客观案例数据测量工程领域的腐败提供了研究思路，即获取并深度挖掘公开披露涉及腐败的工程项目信息。

基于上述四个方面的论述，并结合对制度理论及其在腐败和工程管理研究中应用的梳理，本研究发现工程管理学者已经意识到制度因素在项目管理中的重要性，并从如下两条路径讨论制度与项目的互动关系：第一，制度如何塑造影响项目的制度嵌入性以及社会特征；第二，项目如何影响制度情境。第一条路径为分析工程项目中的腐败形成机理提供了思路，第二条路径则为如何通过项目应对外部的腐败环境提供了新的研究视角。虽然，现有研究中存在大量以制度理论为基础分析腐败现象的研究，但其研究对象以个人、公司和国家为主，鲜有研究以制度理论为基础分析工程项目中腐败现象的形成机理。工程项目中腐败的发生涉及多个参与主体共同行动。制度理论以组织场域为分析单元的思路为分析工程项目中腐败问题提供了结构性框架，即确定了工程项目组织场域内与腐败问题最为相关的关键行动者为政府官员和工程企业。同时，制度理论中"制度形塑行为"的核心思想以及组织同构机制为分析政府官员和工程企业的腐败提供了理论基础。

## 延伸阅读：欧盟数字吹哨人

DIGIWHIST——The Digital Whistleblower（数字吹哨人），是一个由欧盟 Horizon 2020 资助的项目，汇集了六个欧洲研究机构，旨在赋能社会，打击公共部门腐败。

*"想象一下，尽管几个月前才修复过的道路上，仍满是坑洼。*

*DIGIWHIST 将允许你立即识别相应的政府合同（例如，使用地理定位），施工公司及所涉及的公共资金金额。*

*此外，你可以拍摄坑洼的照片并将其附加到合同或组织的资料中，从而为劣质工程提供证据。*

*通过 DIGIWHIST 的移动应用程序和网页门户，你可以将与合同、获胜公司和承包机构有关的采购信息报告直接提交给相应的公共机构。然而，我们不允许进行一般的举报或上传文件。*

*我们相信，将大数据分析与公民的丰富本地知识相结合，将大大提高政府及其承包商问责的能力。"*

数字吹哨人项目的目标是增加对政府的信任，并提高整个欧洲公共支出的效率。它将通过系统地收集、整理、分析和广泛传播关于公共采购和提高公共官员问责机制的信息来实现这一目标，这些信息覆盖欧盟及一些邻国。

该项目将使用来自个别公共采购交易和获胜公司的财务及所有权结构信息编制和评估微观数据。这些数据将与资产和收入申报的汇总数据相关联，以检测公共采购系统中的潜在利益冲突，更具体地说，是识别各立法及其执行中的系统性漏洞。该项目的范围涉及 35 个司法管辖区，包括 28 个欧盟成员国、欧洲委员会、亚美尼亚、格鲁吉亚、冰岛、挪威、塞尔维亚、瑞士。该项目的合作伙伴包括英国剑桥大学、德国赫尔蒂治理学院、匈牙利政府透明度研究所、捷克 DATLAB、德国开放知识基金会、意大利犯罪研究所（意大利圣心天主教大学）。

该项目的主要进行如下的工作：

- 收集有关公共采购、利益冲突、收入和资产披露以及信息获取的法律和监管规范；
- 收集微观层面的公共采购数据，结合公司和其他数据集，以开放、结构化和标准化的格式与公司和公共组织数据相链接；
- 开发衡量透明度、腐败风险和行政质量的指标；
- 创建一系列互动网页门户和移动应用程序，以便访问数据；
- 开发数据收集算法，定期更新数据库，使其在项目生命周期之外仍保持相关性。

基于该项目的研究成果，研究团队还开发了如下的监督工具：

- digiwhist.eu
- opentender.eu
- EuroPAM.eu

## 专栏案例：第三位被告在加州运输部持续调查中认罪

一家建筑公司的老板成为第三位在涉及加利福尼亚州运输部（Caltrans）改善和维修合同的串标和贿赂案中认罪的人。

根据在加利福尼亚州萨克拉门托的美国东区地方法院提交的认罪协议，Bill R. Miller 从 2015 年 4 月到 2019 年 12 月至少参与了一项共谋，多次阻碍 Caltrans

合同的竞争性投标程序，以确保由共谋者或他自己控制的公司提交中标并获得合同。作为共谋的一部分，Bill R. Miller 招募他人提交虚假投标，包括共谋者 William D. Opp，一名前商业伙伴，他在 2022 年 10 月 3 日对此案认罪。

除了对串标认罪外，Bill R. Miller 还承认向前 Caltrans 合同经理 Yong 行贿。Yong 代表 Caltrans 管理涉案合同，Caltrans 是一家接受大量联邦资金的加利福尼亚州政府机构。2022 年 4 月 11 日，Yong 因在串标和贿赂计划中的角色认罪。根据 Yong 的认罪协议，他以现金支付、葡萄酒、家具和家庭装修服务的形式接受贿赂。Yong 收到的贿赂款项和利益总值超过 80 万美元。

"这位建筑公司老板是第三位认罪的人，也是面对司法部反垄断司在 Caltrans 进行的贿赂和串标调查中最高级别的承包商。"司法部反垄断司助理检察长 Jonathan Kanter 说道，"交通基础设施对我们国家至关重要，因此，惩罚针对公共工程的串标和贿赂计划仍然是本司及其采购串谋打击部队合作伙伴的首要任务。"

"加州有许多使用纳税人资金的政府项目，因此，根除腐败并保护合同程序的完整性非常重要。"加利福尼亚州东区美国检察官 Phillip A. Talbert 表示，"我们办公室致力于调查和起诉那些试图贿赂公职人员或进行其他破坏公众对政府信心的公共腐败行为的人。"

Bill R. Miller 于 2023 年 2 月 6 日由美国地区法官 Kimberly J. Mueller 判刑。在串标共谋罪上，Bill R. Miller 面临最高 10 年监禁和高达 100 万美元或两倍于犯罪所致总经济损失的罚款。在涉及接受联邦资金项目的贿赂罪上，Bill R. Miller 面临最高 10 年监禁和高达 25 万美元或两倍于犯罪所致总经济损失的罚款。然而，实际刑期将由法院在考虑任何适用的法定因素和美国量刑指南后自行决定。除了认罪外，Bill R. Miller 还同意支付赔偿。

# 第 3 章

# 影响工程项目腐败的制度因素和项目特征

　　工程管理学者虽试图通过识别工程项目腐败的影响因素找到治理工程项目腐败的有效方法，但忽视了影响工程项目腐败的两个重要因素，即工程项目所嵌入的制度环境因素和工程项目特征因素。与此同时，各个制度因素之间以及工程项目特征因素之间存在着复杂的关联性。尽管传统统计学方法如因子分析等在项目特征因素识别方面取得了一定进展，但该类方法要求研究对象的样本数据服从特定的概率分布，即样本数据应该是独立同分布的。由于各个制度因素和项目特征因素之间具有错综复杂的关联关系且包含许多冗余的信息，预先估计的数据分布往往并不符合实际情况。此外，由于腐败问题属于敏感主题，可获得的样本数量往往十分有限。因此，很多优秀的传统统计学方法在处理这种小样本问题时很难取得理想的分析结果。与统计分析方法不同，机器学习方法并不严格要求样本数据是独立同分布的，且具有良好的非线性学习能力和处理能力，其通过寻找一个令模型结构化风险最小的策略来建立最优预测函数进行分析。基于这一原则，该类方法能够在有限信息的条件下取得最优的结果，具有很好的泛化能力。因此，机器学习方法可有效解决小样本和预测变量之间存在错综复杂关联性的数据分析问题。基于这一特点，机器学习方法也越来越受到腐败研究者的关注。有鉴于此，本章基于世行集团廉政署公布的工程项目腐败案例信息，采用机器学习中的特征选择方法，从存在错综复杂相关关系的多种制度因素和项目特征因素中识别出与工程项目腐败最为相关的一组特征因素集合。

　　本章首先从政治、经济、法律和文化四个维度系统识别了文献中讨论的影响腐败的制度因素，同时还识别了影响腐败的项目特征因素。其次，本章通过基于图的特征选择算法识别出与工程项目腐败最为相关的制度因素和项目特征因素集合，这些因素分别是问责制、新世袭主义、营商环境、政党体系制度化、市场竞争、项目规模、承包商数量、合同数量。本研究验证了管理学文献中影响个人、公司、国家腐败的制度因素是否对工程项目腐败仍能发挥作用，将管理学文献中制度因素对个人、公司、国家腐败的影响拓展到项目层次。同时，本章研究结果显示，与工程项目腐败最为相关的制度因素是政治因素（问责制、新世袭主义、政党体系制度化）和经济因素（营商环境和市场竞争）。相比于政治因素和经济因素，法律因素和社会—文化因素对工程项目腐败的影响稍弱。本章研究结果也显示了项目规模、承包商数量、合同数量三个项目特征是与工程项目腐败最为相关的项目特征因素。由于政治因素主要作用于工程项目腐败的需求方（政府官员），经济因素主要作用于工程项目腐败的供给方（工程企业），因此，本章的研究结果一方面支持了工程项目中腐败二元性的理论预期。同时，本章的研究结果发现制度因素和项目特征因素同时对工程项目腐败的重要影响也初步支持了工程项目中腐败分析的"激励－机会"框架，从而使研究结果为进一步分析工程项目中腐败的形成机理提供了初步的支撑。除此之外，由于实践中对腐败的监管和治理需要投入大量的资源，造成相当的腐败治理成本，本章从众多具有相关关系的影响因素中识别出与工程项目腐败最为相关的因素，有助于腐败的治理方集中精力和资源，以较小的成本准确地识别工程项目中的腐败风险并提出相应的治理方法。

## 3.1　系统识别影响腐败的制度因素

制度理论认为政治、法律、市场方面的正式制度以及社会规范和文化的非正式制度都会影响个人和组织行为，许多国家层面的制度因素都被认为与腐败行为有密切关系。现有研究中存在大量的文献讨论制度因素对个人、公司以及国家腐败的影响，学者们也对影响腐败的制度因素进行了总结和维度划分，其中比较有代表性的是四维度划分方法。例如，Judge 等将腐败的制度因素划分为经济、政治、法律以及社会文化四个维度；Rose-Acerman 和 Palifka 将影响腐败的制度因素划分为政治、法律、法治和文化四个维度；Dimant 和 Tosato 将腐败归因为政治、司法、社会和经济四个维度。基于上述学者对影响腐败的制度因素的维度划分，本研究采用政治制度因素、经济制度因素、法律制度因素以及社会文化制度因素四个维度对现有关于制度因素与腐败关系的研究进行了识别和梳理，总结出文献中上述四个维度下影响腐败的 28 个制度因素变量，其中政治制度因素包括 11 个变量，经济制度因素包括 8 个变量，法律制度因素包括 4 个变量，社会文化因素包括 5 个变量。在按照政治制度因素、经济制度因素、法律制度因素和社会文化制度因素四个维度识别影响腐败的制度因素同时，本研究也总结了这些制度因素作用的研究对象，通过分析发现，政治制度因素作用的研究对象涉及范围最广，包括了个人、公司和国家，其中个人层面的研究对象主要是政府官员。经济制度因素、法律制度因素以及社会文化制度因素作用的研究对象主要涉及公司和国家。本研究中识别的政治制度因素、经济制度因素、法律制度因素以及社会文化制度因素维度下的变量以及这些因素作用的研究对象，具体如表 3-1 所示。

表3-1 影响腐败的制度因素

| 维度 | 编号 | 变量 | 研究对象 |
| --- | --- | --- | --- |
| 政治制度因素 | C01 | 政府效率 | 国家 |
| | C02 | 政治稳定性 | 公司 国家 |
| | C03 | 民主程度 | 个人 国家 |
| | C04 | 新闻自由 | 个人 公司 国家 |
| | C05 | 政府规模 | 国家 |
| | C06 | 政党体系制度化 | 个人 国家 |
| | C07 | 政治竞争 | 个人 国家 |
| | C08 | 问责制 | 个人 国家 |
| | C09 | 新世袭主义 | 个人 国家 |
| | C10 | 政权类型 | 国家 |
| | C11 | 政治开放 | 国家 |
| 经济制度因素 | C12 | 经济增长 | 国家 |
| | C13 | 经济水平 | 国家 |
| | C14 | 经济自由 | 国家 |
| | C15 | 市场竞争 | 公司 国家 |
| | C16 | 监管质量 | 国家 |

续表

| 维度 | 编号 | 变量 | 研究对象 |
|---|---|---|---|
| 经济制度因素 | C17 | 营商环境 | 公司 |
| | C18 | 经济不确定性 | 国家 |
| | C19 | 商业自由 | 公司 |
| 法律制度因素 | C20 | 法律来源 | 国家 |
| | C21 | 法治程度 | 公司<br>国家 |
| | C22 | 产权保护 | 国家 |
| | C23 | 司法独立 | 国家 |
| 社会文化因素 | C24 | 权力距离 | 公司<br>国家 |
| | C25 | 个人主义 /<br>集体主体 | 公司<br>国家 |
| | C26 | 男性主义 /<br>女性主义 | 公司<br>国家 |
| | C27 | 不确定性规避 | 公司<br>国家 |
| | C28 | 长期导向 | 公司<br>国家 |

## 3.2 系统识别影响腐败的项目特征

本研究除了对影响腐败的制度因素进行系统识别外，同时还识别出文献中所涉及的影响工程项目腐败的项目特征因素，最终识别出 8 个影响工程项目腐败的项目特征因素，具体项目特征因素如表3-2所示。

表3-2 影响腐败项目特征因素

| 维度 | 编号 | 变量 | 研究对象 |
|---|---|---|---|
| 项目特征 | P01 | 项目规模 | 项目 |
| | P02 | 项目成本 | 项目 |
| | P03 | 合同数量 | 项目 |
| | P04 | 承包商数量 | 项目 |
| | P05 | 承包商国家数量 | 项目 |
| | P06 | 涉及部门数量 | 项目 |
| | P07 | 采购方式数量 | 项目 |
| | P08 | 平均签约时间 | 项目 |

## 3.3 影响工程项目腐败的关键制度因素和项目特征

### 3.3.1 数据来源

（1）数据集收集和处理过程

首先，本研究从世行集团廉政局发布的世行集团制裁体系年报（The World Bank Group System Annual Report）中获取 2014—2019 年度每一年受世行集团制裁的个人和企业清单，并结合世行集团制裁清单（World Bank Listing of Ineligible Firms and Individuals）、资格暂停与取消主管办公室发布的制裁审理通知，以及制裁委员会的制裁决议补充 2014—2019 年与制裁个人、企业相关的项目名称信息。然后，通过世行集团项目数据库（World Bank Project & Operation）补充涉及腐败项目的项目信息，并最终获得 114 个发生腐败的世行集团项目样本。其次，本研究对世行集团项目数据库中没有发生腐败的项目样本进行随机抽样，获得了 114 个没有发生腐败的项目样本，并通过项目数据补充全部 228 个工程项目的项目特征信息。最后，本研究通过整合世行集团世界发展指数数据库（World Development Indicator）、世行集团世界治理指数数据库（World Governance Indicators）、经济学人信息社（Economist Intelligence Unit）、斯德哥尔摩大学政府质量数据库（The Quality of Government）、民主多样性数据库（Variety of Democracy）、政体资料集 IV 数据库（Polity IV）、苏黎世联邦理工大学经济中心全球化指数数据库（KOF Globalisation Index）、世行集团企业调查数据库（World Bank Enterprise Survey）、联合国统计数据库（UN Data）、传统基金会数据库（Heritage Foundation）、世行集团营商环境数据库（World Bank Doing Business）、世界经济论坛竞争力指数数据库（World Economic Forum）以及霍夫斯坦的文化视野数据库（Hofstede Insight）的数据补充项目所在国的制度因素数据。由于霍夫斯坦的文化视野数据库中所涉及的国家少于已获得项目样本的项目所在国的国家数量，但霍夫斯坦的文化视野数据库中提供了西非、东非以及阿拉伯地区国家的各个文化维度下的区域平均数值，因此，对于项目所在国属于西非、东非以及阿拉伯区域的国家，又在霍夫斯坦的文化视野数据库没有的国家，本研究采用霍夫斯坦的文化视野数据库中西非、东非以及阿拉伯地区国家各个文化维度下的区域均值来代替。对于其他变量中的缺失值本研究做了删除处理，最终在删除掉含有缺失值的样本后，本研究获得有效样本 192 个，其中发生腐败的项目样本 110 个，没有发生腐败的项目样本 82 个。本研究数据的收集以及整合过程如图 3-1 所示。

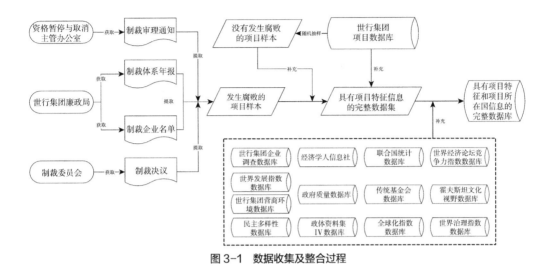

图 3-1　数据收集及整合过程

（2）变量定义和数据来源

本研究中各个变量的定义以及数据来源如表 3-3 所示。

表3-3　变量定义及数据来源

| 编号 | 变量名称 | 变量定义 | 数据来源 |
|---|---|---|---|
| C01 | 政府效率 | 反映公共服务的质量、官僚机构质量、公务员能力、公务员不受政治压力影响的独立性以及政府对政策承诺的可信度的复合指标 | 1 |
| C02 | 政治稳定性 | 当权政府被包括国内暴力或恐怖主义等非选举或暴力方式推翻的感知程度 | 1 |
| C03 | 民主程度 | 国家的民主程度，主要包括五个方面：选举程序与多样性、政府运作、政治参与、政治文化和公民自由 | 2 |
| C04 | 新闻自由 | 一个国家的新闻自由程度 | 3 |
| C05 | 政府规模 | 政府一般性支出占 GDP 的比例 | 1 |
| C06 | 政党体系制度化 | 政党体系的稳定性程度，包括党派之间的竞争规律性和党内的组织稳定性 | 4 |
| C07 | 政治竞争 | 国家政治竞争的类型 | 5 |
| C08 | 问责制 | 问责制实现的程度 | 4 |
| C09 | 新世袭主义 | 规则基于个人权威制定的程度 | 4 |
| C10 | 政权类型 | 考虑到获得权力的竞争性（多头制）以及自由主义原则对政治体制的分类 | 4 |
| C11 | 政治开放 | 通过与其他国家和国际组织的互动传播政府政策的程度 | 6 |

续表

| 编号 | 变量名称 | 变量定义 | 数据来源 |
|---|---|---|---|
| C12 | 经济增长 | 国内生产总值的增长率 | 13 |
| C13 | 经济水平 | 人均国内生产总值 | 13 |
| C14 | 经济自由 | 经济自由程度 | 8 |
| C15 | 市场竞争 | 来自同行的竞争压力 | 14 |
| C16 | 监管质量 | 价格控制或银行监管不力等不利于市场的政策的发生率，以及对外贸和商业发展等领域过度监管造成的负担 | 1 |
| C17 | 营商环境 | 市场主体在准入、生产经营、退出等过程中涉及的政务、市场、法治、人文等有关外部因素和条件的总和 | 9 |
| C18 | 经济不确定性 | 通货膨胀率的标准差 | 13 |
| C19 | 商业自由 | 政府对企业监管效率的综合指标 | 8 |
| C20 | 法律来源 | 公司法和商法的法律渊源 | 3 |
| C21 | 法治程度 | 法律在多大程度上得到透明、独立、可预测、公正、平等的执行，政府官员的行为在多大程度上符合法律规定 | 4 |
| C22 | 产权保护 | 公民享有私有财产的权力 | 4 |
| C23 | 司法独立 | 司法系统"在裁判上独立""在制度上独立"的程度 | 10 |
| C24 | 权力距离 | 权力距离即在一个组织当中，权力的集中程度和领导的独裁程度，以及一个社会在多大的程度上可以接受组织当中这种权力分配的不平等 | 11 |
| C25 | 个人主义/集体主体 | "个人主义"是指一种结合松散的社会组织结构，其中每个人重视自身的价值与需要，依靠个人的努力来为自己谋取利益。"集体主义"则指一种结合紧密的社会组织，其中的人往往以"在群体之内"和"在群体之外"来区分，他们期望得到"群体之内"的人员的照顾，但同时也以对该群体保持绝对的忠诚作为回报 | 11 |
| C26 | 男性主义/女性主义 | 男性度与女性度即社会上居于统治地位的价值标准 | 11 |
| C27 | 不确定性规避 | 在任何一个社会中，人们对于不确定的、含糊的、前途未卜的情境，都会感到面对的是一种威胁，从而总是试图加以防止 | 11 |
| C28 | 长期导向 | 长期取向的价值观注重节约与坚定；短期取向的价值观尊重传统，履行社会责任，并爱"面子" | 11 |
| P01 | 项目规模 | 项目计划获得的投资金额 | 13 |
| P02 | 项目成本 | 项目实际的成本支出 | 13 |
| P03 | 合同数量 | 项目中合同的数量 | 13 |
| P04 | 承包商数量 | 项目中承包商的数量 | 13 |
| P05 | 承包商国家数量 | 项目中承包商来自不同国家的数量 | 13 |
| P06 | 涉及部门数量 | 项目中所涉及的部门数量 | 13 |
| P07 | 采购方式数量 | 项目中所使用的采购方式的数量 | 13 |
| P08 | 平均签约时间 | 项目中全部合同的从发出招标公告到签约时间的平均值 | 13 |

注：1. World Governance Indicators；2. Economist Intelligence Unit；3. The Quality of Government；4. Variety of Democracy；5. Polity IV；6. KOF Globalisation Index；7. UN Data；8. Heritage Foundation；9. World Bank Doing Business；10. World Economic Forum；11. Hofstede Insight；12. World Development Indicator；13. World Bank Project & Operation；14. World Bank Enterprise Survey。

### 3.3.2　基于图的特征选择算法

（1）算法应用的必要性和适用性

由于本研究所要识别的影响工程项目腐败的制度因素之间，以及项目特征因素之间均存在复杂的相关关系，因此，不符合传统统计学分析方法中要求样本数据独立同分布的要求。而特征选择算法可以有效处理包含大量重复且冗余特征的数据，不仅可对该类数据直接进行特征与问题之间的关联分析，还可以为其他机器学习方法选择一组与问题最相关的、冗余度最低的特征，从而使其他方法以最小的计算复杂度达到最佳的性能。因此，特征选择算法特别适合分析和处理类似本研究中具有关联性的工程项目腐败制度因素以及项目特征因素的识别研究。然而，传统的特征选择算法仅考虑了两两特征之间的相关性，忽视了在同一特征维度下样本之间的关联性的影响。这导致大部分特征选择算法在分析问题时，不可避免地造成一定的信息损失，进而影响该类算法的分析效果。而本研究中的工程项目腐败问题，两个工程项目（即样本）之间也存在不同的关联关系，且在不同的特征因素下，两个项目之间的关联关系亦不完全相同。举例来说，当考虑到民主程度时某两个工程项目之间可能存在较高的关联性，但是当考虑到文化因素时这两个项目之间的关联性可能就较低。例如，尼日利亚和印度这两个英联邦国家的工程项目在民主程度这一政治制度因素维度下存在较高的关联性，但由于尼日利亚主要以基督教文化和伊斯兰教文化为主，而印度则是以印度教文化为主，二者在文化因素维度下的关联性就必然较低。

近年来，已有学者提出了一种全新的基于图的特征选择算法并将其应用于与腐败类似的借贷违规影响因素的识别研究。与经典的特征选择算法不同，该算法考虑了样本与样本之间在某个特征维度下的关联关系对特征选择结果的影响，取得了比传统特征选择算法更好的分析效果。因此，本研究将其应用于识别对工程项目腐败影响最为重要的制度因素和项目特征因素研究，从而降低影响工程项目腐败的特征维数，即从具有复杂关联性的制度因素和项目特征因素中识别出一组与工程项目腐败最为相关的制度因素和项目特征因素。

（2）算法基础原理和主要计算步骤

1）稳态随机游走的概率分布（Distribution of steady state random walk）

随机游走是一种数学统计模型，它由一连串轨迹所组成，其中每一次都是随机的，能用来表示不规则的变动形式。随机游走可以在空间上进行，包括图、向量空间、曲面等。稳态随机游走的概率分布指的是随机游走过程收敛到平稳分布时的概率分布。假设 G（V，E）是顶点集合为 V，边集合为 E 的图，权重为 $\omega: V \times V \to R^+$。当 $\omega(u, v) > 0$ 时，称（u，v）为图 G 的一条边。假设边 $u \in V$ 和 $v \in V$ 是相邻的两条边，顶点的度（Vertex degree）矩阵 **G** 就是一个如公式（3-1）所示的对角矩阵。

$$D(u, v) = d(v) = \sum_{u \in V} \omega(u, v) \tag{3-1}$$

基于 Bai 等的研究，稳态随机游走访问每一条边的概率如公式（3-2）所示，概率越高说明节点所代表的样本与其他样本之间的关联程度高。

$$p(v) = d(v) / \sum_{u \in V} d(u) \tag{3-2}$$

由概率分布 $P = \{p(1), \cdots, p(v), \cdots, p(|V|)\}$，我们可以直接计算出图 G 的香农熵（Shannon Entropy），如公式（3-3）所示。

$$H_S(G) = -\sum_{u \in V} p(v) \log p(v) \tag{3-3}$$

2）詹森—香农散度（Jensen–Shannon Divergence，JSD）

在信息论中，詹森—香农散度是用来测量结构化数据（树状结构、图结构等）的概率分布之间差异性的方法。考虑到两种（离散型）概率分布 $P = (p_1, \cdots, p_m, \cdots, p_M)$ 和 $Q = (q_1, \cdots, q_m, \cdots, q_M)$，那么 P 和 Q 之间的 JSD 如公式（3-4）所示。

$$\begin{aligned} D_{JS}(P, Q) &= H_S\left(\frac{P+Q}{2}\right) - \frac{1}{2}H_S(p) - \frac{1}{2}H_S(Q) \\ &= -\sum_{m=1}^{M} \frac{p_m+q_m}{2} \log \frac{p_m+q_m}{2} + \frac{1}{2}\sum_{m=1}^{M} q_m \log q_m \end{aligned} \tag{3-4}$$

其中，$H_S(.)$ 代表概率分布的香农熵。需要注意的是，JSD 方法是信息论中用来测量图之间差异的方法，而本研究中关注的是特征之间的相似程度，因此本研究中将 JSD 转化为负号的形式，并计算相关的指数数值，计算方法如公式（3-5）所示。

$$S(P, Q) = \exp\{-D_{JS}(P, Q)\} \tag{3-5}$$

（3）基于图的特征选择算法

1）基于图的特征建模

本研究中首先将影响工程项目腐败的制度因素和工程项目特征因素的数据

由向量特征转化为图特征（带有权重的图），具体如图3-2所示。其中 $m$ 表示样本数量，$n$ 表示特征数量，在本研究的情境中 $m$ 代表工程项目的数量，$n$ 代表影响工程项目腐败的制度因素和项目特征因素数量的综合。为了示例由向量特征转化为图特征的过程，在图 3-2 中本研究假设 $m=5$，$n=5$。使用图特征表达方式的优势在于图特征的表达方式包括了样本原始向量特征之间的关系，导致更少的信息损失。

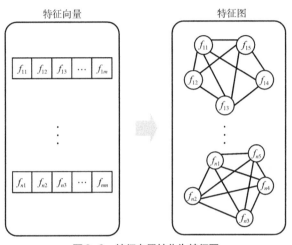

图3-2　特征向量转化为特征图

本研究中用 $\chi=\{f_1,\cdots,f_i,\cdots f_N\}\in R^{M\times N}$ 表示所研究的样本数据集，该数据集包含 $M$ 个样本以及 $N$ 个特征，$f_i$ 代表第 $i$ 个特征向量。借鉴 Cui 等的研究方法，本研究首先将每一个特征向量 $f_i$ 转化为相应的图特征 $G_i$（$V_i$，$E_i$）（如图3-2所示）。该图中的每一个节点 $v_a\in V_i$ 代表该特征维度下的第 $a$ 个样本 $f_{ia}$。每一对节点 $v_a$ 和 $v_b$ 通过带有权重的边 $e$（$v_a$，$v_b$）$\in E_i$ 连接，其权重 $\omega$（$v_a$，$v_b$）可通过如公式（3-6）所示的欧式距离计算得到。

$$\omega\left(v_a,\ v_b\right)=\sqrt{\left(f_a-f_b\right)\left(f_a-f_b\right)^T} \tag{3-6}$$

同样，如果样本的目标特征 $Y=\{y_1,\cdots,y_a,\cdots y_b,\cdots,y_M\}$ 是连续的，那么它的图特征 $\hat{G}=$（$\hat{V}$，$\hat{E}$）可以通过公式（3-6）来计算，每一个顶点 $\hat{v}_a\in\hat{V}$ 代表了第 $a$ 个样本 $y_a$，但是有的时候样本 $y_a$ 的目标特征 $Y$ 可能是离散的取值情况，如 $c=1$，$2$，$\cdots$，$C$。在这种情况下，对于样本的每一个特征 $f_i$ 首先计算基于图的目标特征 $\hat{G}_i=$（$\hat{V}_i$，$\hat{E}_i$），此时每条边（$\hat{v}_{ia}$，$\hat{v}_{ib}$）$\in\hat{E}_i$的权重 $\omega$（$\hat{v}_{ia}$，$\hat{v}_{ib}$）如公式（3-7）所示。

$$\omega(\hat{v}_{ia}, \hat{v}_{ib}) = \sqrt{(\mu_{ia} - \mu_{ia})(\mu_{ia} - \mu_{ia})^T} \tag{3-7}$$

其中 $\mu_{ia}$ 是所有样本的特征 $f_i$ 的均值。根据 He 等的研究，计算特征 $f_i$ 的 Fisher 值 $F(f_i)$ 如公式（3-8）所示。

$$F(f_i) = \frac{\sum_{c=1}^{C} n_c (\mu_c - \mu)^2}{\sum_{c=1}^{C} n_c \sigma_c^2} \tag{3-8}$$

其中 $\mu_c$ 和 $\sigma_c^2$ 分别是样本对应的离散取值 $c$ 的均值和方差，$\mu$ 是特征 $f_i$ 的均值，$n_c$ 是特征 $f_i$ 中第 $c$ 个样本所对应的样本数。根据公式（3-8），我们观察到 Fisher 值 $F(f_i)$ 反映了特征 $f_i$ 转化为基于图特征 $\hat{G}_i$ 的质量，换句话说，Fisher 值越高意味着更好的目标特征图，因此，$\hat{G}(\hat{V}, \hat{E})$ 可以通过公式（3-9）来识别，其中 $i^*$ 如公式（3-10）所示。

$$\hat{G}(\hat{V}, \hat{E}) = (\hat{V}_i^*, \hat{E}_i^*) \tag{3-9}$$

$$i^* = \arg \max_i F(f_i) \tag{3-10}$$

2）基于相关图特征的特征选择

本研究的目的是筛选出能够解释工程项目腐败的制度因素和项目特征因素的最优子集。具体来说，就是通过测量图特征之间的詹森—香农散度，计算相关特征的矢量特征区分度（Discriminant Power）。对于一个含有 $N$ 个特征 $f_1, \cdots, f_2, \cdots, f_j, \cdots f_N$ 的集合以及与其相关的连续或者离散的特征 $Y$，特征 $f_j$ 对于 $Y$ 的相关度（Relevance Degree）或者区分度（Discriminant Power）如公式（3-11）所示。

$$R_{f_i, Y} = S(G_i, \hat{G}) \tag{3-11}$$

其中，$G_i$ 和 $\hat{G}$ 是 $f_j$ 和 $Y$ 相对应的基于图的特征表示，$S$ 是公式（3-5）中基于 JSD 的两个特征图之间的相似度测量。根据公式（3-11）可以计算出连续型特征 $f_j$ 关于目标 $Y$ 的相关度，根据公式（3-9）可以计算出离散型特征 $f_j$ 关于目标 $Y$ 的相关度，据此，我们可以对原始的向量特征进行降序排列，然后筛选出最为相关的特征子集，该特征子集代表了与工程项目腐败最为相关的制度因素和项目特征因素。

## 3.4　研究结果及讨论

本研究使用 MATLAB 7.0 实现上述算法。具体步骤如下：

第一步，对数据进行预处理，剔除无效样本；

第二步，对数据进行归一化处理，其中连续型数据全部转化为 0~1 之间的数据；

第三步，将工程项目腐败设定为离散逼近目标特征（Target feature）；

第四步，导入上述数据；

第五步，使用 MATLAB 7.0 编程实现基于图的特征选择算法；

第六步，运行算法，设定特征选择的阈值；

第七步，输出相应的特征选择结果；

第八步，将上述结果转化为工程项目中影响腐败对应制度因素和项目特征因素。

基于上述步骤分析工程项目腐败的样本数据，最终获得研究结果，如表 3-4 所示。根据文献中的一般性选择方法，本研究中选择特征得分大于 0.9 的特征作为工程项目腐败的最优特征子集。根据表 3-4 我们可以发现，问责制、新世袭主义、营商环境、政党体系制度化、市场竞争、项目规模、承包商数量以及合同数量是影响工程项目腐败的最重要的制度因素和项目特征因素。这一结果显示政治制度因素和经济制度因素是影响工程项目腐败的最重要的制度因素，而项目特征中的项目规模、承包商数量以及合同数量是影响工程项目腐败的最重要项目特征。同时，从特征得分的总体排序情况发现制度因素对工程项目腐败影响的重要性大于项目特征因素。其中，政治制度因素在整体上对工程项目腐败的重要性大于经济制度因素。

表3-4　影响腐败的制度因素和项目特征因素排序

| 排序 | 特征得分 | 特征名称 | 排序 | 特征得分 | 特征名称 |
| --- | --- | --- | --- | --- | --- |
| 1 | 0.945 | 问责制 | 10 | 0.893 | 平均签约时间 |
| 2 | 0.932 | 新世袭主义 | 11 | 0.887 | 项目成本 |
| 3 | 0.930 | 营商环境 | 12 | 0.883 | 经济增长 |
| 4 | 0.922 | 政党体系制度化 | 13 | 0.874 | 经济水平 |
| 5 | 0.919 | 市场竞争 | 14 | 0.865 | 政治稳定性 |

续表

| 排序 | 特征得分 | 特征名称 | 排序 | 特征得分 | 特征名称 |
|------|---------|---------|------|---------|---------|
| 6 | 0.907 | 项目规模 | 15 | 0.859 | 监管质量 |
| 7 | 0.904 | 承包商数量 | 16 | 0.852 | 权力距离 |
| 8 | 0.902 | 合同数量 | 17 | 0.851 | 不确定性规避 |
| 9 | 0.897 | 法治程度 | 18 | 0.844 | 新闻自由 |

（1）理论贡献

本章的理论贡献主要体现在如下三个方面：第一，本章研究补充了工程管理领域中制度因素对工程项目腐败影响研究方面的不足。工程项目嵌入在广泛的制度环境之中，项目中的各参与主体的腐败行为必然受到项目所处制度环境的影响。现有工程管理领域中的腐败研究虽然已经意识到制度因素的重要性，但是缺少研究系统识别影响工程项目腐败的制度因素。第二，本章将管理学腐败研究从个人、公司、国家层次拓展到项目层次。管理学中的腐败研究虽然大量讨论了制度因素对腐败的影响，但是这些研究的主体分别是个人、公司以及国家层面的腐败现象，鲜有研究关注项目层面的腐败现象。本章通过识别影响工程项目腐败的制度性因素，检验了在现有研究中可在个人、公司和国家层面发挥作用的制度因素哪些可以在项目层面对工程项目腐败发挥作用。第三，本章在考虑了制度因素之间、项目特征因素之间均存在关联性，以及不同制度因素维度下项目之间存在不同关联性的情况下，识别出影响工程项目腐败最重要的制度因素和项目特征因素。通过从数据中发现规律，得到与工程项目腐败最为相关的制度因素是政治制度因素和经济制度因素，不仅与已有一些研究中所论述的正式制度的差异是造成腐败的主要原因的结论相一致，同时，也解释了已有研究中指出的存在多种具有相似文化和历史的国家或地区腐败程度却大相径庭的观点。因此，本章的研究发现有助于精简现有腐败研究中制度影响因素的理论冗余。

（2）实践意义

本章的实践意义有如下三点：第一，本章的研究结果有助于工程项目投资方根据项目所在国的制度特征和项目特征对工程项目的腐败风险进行评估。以往工程项目投资方在评估项目腐败风险时大多依据透明国际、世行集团等国际机构发布的腐败指数、贿赂指数、腐败控制指数等国别腐败指数来评估项目所在国的腐败风险，虽然这些国家层面的腐败指数能够在一定程度上反映在该国从事工程项目的腐败风险，但终究还是国家层面的腐败风险评估，无法针对具体项目进行差异化评估。因此，识别出影响工程项目腐败的制度因素和项目特征因素，有助于投资前系统评估具体某个工程项目的腐败风险。第二，本章识别出与工程项目腐败最为相关的制度因素和项目特征因素，有助于节省工程项目腐败治理的资源投入，节约工程项目腐败治理成本。已有研究指出当腐败治理成本高于腐败治理收益时，腐败的治理方存在脱耦现象，即出现治理方仅是出于满足投资方和公众预期的压力象征性投入有限资源治理腐败的现象。究其原因在于，现有研究指出了过于庞杂的与腐败相关的制度影响因素和项目特征影响因素，加之这些因素之间存在关联关系，使得治理腐败时要么无从下手，要么过度投入资源，使得治理方面临两难困境。本章的结论不仅为工程项目腐败的治理方提供了最为相关的制度因素，同时还提供了最为相关的项目特征因素，使腐败治理方能够找到监管、治理腐败的重要抓手，集中资源针对最为相关的要素进行治理。第三，传统的腐败治理策略更注重对工程项目中腐败的供给方实施制裁，从而威慑腐败供给方参与腐败行为，以解决工程项目的腐败问题。例如，世行集团对其资助项目中参与腐败的工程企业和个人实施制裁。但是本章研究结果表明政治因素和项目特征因素同样是影响工程项目腐败的重要因素。这一结果既解释了为何单纯制裁工程企业无法取得理想的治理效果，也为世行集团等项目资助方治理腐败提供了新的思路，即应该加强对腐败需求方的控制，加强与所在国政府合作，以所在国问责制水平改善作为资助项目的条件之一，从而发挥问责制对腐败需求方——政府官员的威慑作用。同时，也可以在工程项目实施过程中对关键的项目特征进行监管，从而及时发现项目腐败苗头，减少项目腐败带来的损失。

## 延伸阅读：来自世行集团的提示，采购中的欺诈和腐败警示信号

### 1. 投诉

投诉可能来自各种不同渠道，世行集团对所有投诉都严肃对待。投标者、世行工作人员、项目官员或者中标企业的不满员工都可能提出投诉，这有助于预防和识别欺诈和腐败问题。例如，某项投诉可能与采购有关——比如招标文

件规定的技术指标只有一个投标机构能达到，这可能意味着存在投标串通或合谋。

2. 很多小额合同

有时大型招标项目会被拆分，以便使很多本地小企业能通过竞争赢得合同。但是，有些合同拆分是为了避免大公司参与竞争，从而为欺诈、腐败或串通创造机会，因为较小合同通常不需要经过更严格审查。无论将大项目拆分为多个小合同是出于什么目的，这种做法都会带来更多行政管理负担，并且可能给项目造成严重压力。

3. 定价过高

调查显示，用于行贿的资金通常来自通过简单欺诈行为对合同进行过高定价，因此确保物有所值（Value for money）有助于减少廉政风险。

例如：

- 一个国际承包商雇用本地代理商协助开展市场营销，但代理商用承包商支付的费来替承包商行贿。

- 订购办公设备的价格看似合理，但卖方提供劣质或二手设备，其非法获利被用来贿赂项目人员。

- 项目办公室的租金非常昂贵，但其中一部分实际上会流到高级官员的口袋，作为他们向关联公司提供优惠待遇的酬谢。

4. 规律性投标模式

一组合作投标的公司有时被称为"串通团伙"。串通投标团伙可以事先选择（或"指定"）中标者，这些公司秘密合作，使投标看起来是一个竞争性过程。有些时候，事先指定的中标者可能会为团伙里其他投标者准备投标文件，甚至决定其出价。另外一些时候，指定中标者可能会用虚假公司或者自己的子公司或附属机构来提交肯定会在评估过程中失败的投标。串通行为可能导致合同成本大大高于合理估算，如果放任不管，则会破坏竞争并扰乱整个市场。

- 公司可能不愿意浪费大量时间来准备会失败的投标，因此，往往会大量复制投标文件内容。所以，通过认真审查投标文件常常可以发现不同标书之间存在本来不太可能发生的相似之处，例如文件格式完全相同或出现同样的语法和拼写错误。有的时候，同一些人的姓名会出现在不同标书的关键职位上。

- 另外一些警告信号包括：投标的报价异常相似性（例如投标报价的差别是一个精确百分比）；无法解释的虚高价格（即投标总价或其中某部分的价格无理由地高于成本估算）；不同投标者对很多项目使用相同单价；或投标者在最后一刻提供极大折扣。
- 某些舞弊迹象只能通过综合考察多个招标项目才能发现，例如，某个（某些）未中标者成为其"竞争者"的分包商，或者串通团伙中的公司明显是在轮流赢得合同。

5. 可疑投标者

虚假公司或"空壳"公司是那些只在名义上存在的公司，通常没有正式注册号和实质性资产，也没有永久性业务设施或员工。有些调查发现了由项目工作人员成立的虚假公司。

- 很多虚假公司通过一些简单核查就可以发现——例如搜索公司网站、在电话簿中查找公司名称或通过公司登记系统核实其法律地位等。
- 如果通过这类搜索找不到公司的信息，那么公司可能就存在问题。
- 准雇主应与目标公司所列举的前任雇主联系核实有关信息：要给他们打电话，并视情况发送电子邮件跟进。

6. 可行投标被拒绝

如果在没有正常理由的情况下拒绝投标，这可能意味着有人试图操纵投标过程。可能有公司贿赂了某个官员向评标委员会施加压力，要求其改变评分或为拒绝投标寻找借口。有时这种压力来自代表某个高层官员，他可能代表亲友向评标委员会施压。

物有所值很重要，而最低出价不一定总是最优标。因此，必须对所有投标进行认真、公平的评估。招标投标过程中不应出现以下任何一种情况：可行投标在无合理原因的情况下被拒绝，技术合格水平相对较差的投标被接受，或是质量较低投标的缺陷被忽略。

7. 一家公司得到多项合同

如果一家公司赢得许多合同，除非它的市场优势十分明显，否则这意味着可能存在严重问题。这可能是缺乏竞争所致，也可能是客户由于以前的经验而总是偏爱某一家公司，但对这些情况需要进行非常仔细的审查——尤其是在客户要求对已经批准的采购计划作出例外安排，以便某个投标人可在一个项目中获得多个合同的情况下。如果招标投标过程看起来总是偏向一家公司，或是某个投标者屡屡竞标失败，则有可能是由于欺诈、腐败、串通甚至是胁迫造成的。

8. 合同条款和金额变更

合同授予后再对合同作出重大变更有可能是有正当理由的，但对这类变更一定要仔细检查。可能被不当变更的方面包括：服务的数量或种类；合同金额；特定组件或某个方面的产出或服务数量；单位成本增加。有些时候，价格毫无理由地上涨；另外一些时候，虽然成本保持不变，但是产出的质量或数量从原先商定的水平降低。在一个案件中，项目中原来包括的一项内容被取消，而中标者对这项内容的出价比其他投标者低得多，因为他事先就知道最后实际上不需要提供这项内容。发出"变更单""更改单""合同修订"或"附录"往往被视为正常做法，不对它们进行认真审查。这可能导致效率低下，也可能创造欺诈和腐败机会。如果某个合同出现多个计划外的变更或延期，则需格外引起关注。

9. "先诱后转"

招标过程可能需要很长时间才能完成，而在此期间公司的员工、设备或设施可能不得不有所改变。然而有些时候，一家公司可能会进行虚假投标，承诺交付自己明知无法交付的东西，这是欺诈。例如，一家咨询公司可能会承诺由某个特定团队来开展工作，但实际上他们知道这些人没有时间来执行合同。这种欺诈行为通常被称为"先诱后转"，在合同签署后不久后发生，表明他们事先就有替代意图。客户往往不得不继续执行合同，原因在于重新招标或重新选择要经过高层审查或花费很长时间。

10. 程序不清或未被遵守

除紧急情况外，招标过程应遵循原来计划或商定的步骤。其中一个或多个步骤过快或过慢都可能表明存在不当行为。这方面严重警示信号的例子包括评标过程十分漫长或故意拖延；总体拖延时间过长，导致投标保证书需要多次延期。对政府团队来说，好的做法是对采购过程的所有步骤规定具体天数，并明确分配各方的职能和责任，从而在采购过程中可以经常开展例行对照检查。

11. 工程或服务质量低下

所有合同都要避免产生不必要的风险，例如与健康、安全和破坏环境相关的风险。存在欺诈、腐败、串通或胁迫的情况下往往会出现这类风险。调查中有很多案例显示欺诈和腐败与质量低下风险有密切关联，比如，一个承包商通过贿赂赢得合同，然后通过提供低于合同条款所规定质量的服务来收回行贿成本。

良好的合同管理对于降低欺诈和腐败风险至关重要。从合同授予到合同完成的整个过程都必须建立有效监控，对质量和数量进行适当检查。作出正确的授标决策还需要警惕异常低价投标。如果报价过低，承包商或供应商是否能按报价交付合同就值得怀疑。他们会试图削减成本，降低健康、安全、环境和／或质量标准，或者提出有助于收回成本、保障利润的其他要求。

## 专栏案例：体育器材销售专业人员对长期串标方案和欺诈公立学校的共谋罪认罪

一名前生产和销售橄榄球头盔及其他体育器材的制造商和经销商销售员工今天认罪，承认其在三起独立的共谋中所扮演的角色——两起违反《谢尔曼法》的串标共谋和一起电汇欺诈共谋——这些都与密西西比州及其他地方学校的体育器材相关。这些共谋的受害者包括密西西比州及其他地方的至少100所学校。

根据法庭文件，Trimm与两名未具名的体育器材经销商及众多个人共谋，从2020年8月至2022年11月和从2021年5月至2023年2月分别进行了串标。Trimm及其共谋者同意向位于密西西比州及其他地方的学校提交互补性投标，以获取学校体育器材及相关服务的采购合同。Trimm还与未具名的共谋者共谋，从2016年5月至2023年7月，通过向位于密西西比州及其他地方的学校提交虚假投标来进行电汇欺诈。作为该计划的一部分，Trimm等人未经授权使用了一名未具名的个人身份，包括伪造该个人的签名。

"这些被指控的犯罪计划通过颠覆公立学校的采购程序并提供虚假的竞争假象来侵害纳税人的资金，"司法部反垄断司助理检察长Jonathan Kanter说道，"反垄断司及其合作伙伴将继续保护全国各地的纳税人和学生，打击任何我们发现的政府采购中的串标和欺诈行为，无论是在州还是地方层面。"

"共谋者通过串标影响学校支付体育器材的价格，利用了密西西比州的学校，"密西西比州南区美国检察官Todd Gee表示，"司法部致力于起诉这些反竞争行为，确保学校和其他买家能够在公平和公开的市场中获得商品和服务。"

"Trimm 及其共谋者的行为欺诈性地剥夺了公立学校支持学生的宝贵资源，"FBI 杰克逊分局代理特工主管 Rebecca Day 说道，"FBI 致力于与我们的合作伙伴一起，让像 Trimm 这样的人对他们的行为负责。"

如果被判定违反《谢尔曼法》，Trimm 面临最高 10 年监禁和 100 万美元的刑事罚款。罚款可能增加到犯罪所得的两倍或受害者遭受损失的两倍。如果被判定欺诈罪，Trimm 面临最高 20 年监禁、刑事罚款和法院命令的赔偿。联邦地区法院法官将在考虑美国量刑指南和其他法定因素后决定任何刑罚。

# 第 4 章

# 政党体系制度化对政府官员腐败的影响机理

　　第 3 章研究结果发现，影响工程项目腐败的制度因素主要包括政治因素（政党体系制度化、问责制、新世袭主义）和经济因素（营商环境和市场竞争）。在本研究中政府官员是工程项目腐败中重要的参与者，被界定为索取贿赂的腐败需求方。但现有研究主要从经济视角和制度视角分析政府官员腐败。一方面，采用经济视角的研究主要分析政府官员腐败行为的成本－收益，得出政府官员腐败的原因在于高收益低风险；另一方面，采用制度视角的研究分析政府规模、政府行政结构、政府支出结构、政治制度（中央集权和议会制）、商业监管制度、宗教文化等制度因素对政府官员腐败的影响。另外，还有一些学者讨论了工资水平、道德信念等个人特征与政府官员腐败的关系。虽然经济视角和制度视角下的研究在一定程度上解释了政府官员腐败的原因，但事实上政府官员腐败与社会政治背景最为相关，也就是说影响腐败的关键问题在于政治动力机制。因此，本章将从政府官员腐败的政治动力机制出发，进一步探究政党体系制度化、问责制、新世袭主义对政府官员腐败的影响机理。第 3 章的研究结果确定了影响工程项目腐败的制度因素范围，通过本章研究可进一步确定政治因素对工程项目腐败需求方影响的方向和程度，为第 6 章在腐败需求方和供给方互动视角下探究工程项目腐败的多重致因路径提供实证基础。

　　本章主要揭示政党体系制度化对政府官员腐败的影响机理，以问责制为中介变量，以新世袭主义为调节变量，构建了一个被调节的中介作用模型。本章研究补充了管理学中腐败研究重腐败供给方轻腐败需求方的研究不足，从腐败需求方的政治动力机制角度分析制度因素如何影响政府官员的腐败。本章得到如下研究结论：①政党体系制度化对抑制政府官员腐败具有积极的作用；②问责制对政府官员腐败的抑制作用被新世袭主义程度削弱；③问责制在政党体系制度化与政府官员腐败之间起着中介作用；④政党体系制度化通过问责制影响政府官员的间接作用只有在新世袭主义程度中等和高的情况下才存在。本章的研究结论不仅补充了管理学中腐败研究忽视腐败需求方成因的研究不足，还促进了管理学中腐败行为机理研究与政治学中腐败政治动力机制研究的融合。同时，本章对旨在控制腐败的政府官员、政党领袖、工程项目的资金提供者以及项目中的工程企业在预防和应对政府官员腐败方面具有实践意义。

## 4.1 政党体系制度化、问责制、政府官员腐败

政党体系制度化往往是解释政府官员腐败中一个被忽视的因素。政党体系制度化的核心特征是政党间竞争的规律性和政党内组织的稳定性。现有研究虽然发现了政党体系制度化和政府官员腐败之间存在关系，但是二者之间的影响机制仍被视为黑箱处理。已有学者指出政府官员的自由裁量权是其腐败的重要根源。这一观点说明腐败问题的关键还是在于对权力的限制，而问责制恰好是实现监督、限制权力的重要途径，问责制可以使政府官员在使用自由裁量权时考虑因腐败被问责所造成的不再拥有权力的后果，这对政府官员是一种强威慑，因此，在问责制实现程度高的条件下，政府官员的腐败就不再是一种高收益低风险的行为。已有研究发现政党体系制度化和问责制之间存在相关关系，而问责制又是影响政府官员腐败的重要因素。因此，本章试图构建政党体系制度化通过问责制影响政府官员腐败的作用路径，揭示政党体系制度化对政府官员腐败的影响机理。

为了全面探索政党体系制度化通过问责制对政府官员腐败的影响机理，需要厘清其边界条件。根据政治学理论中新世袭主义助长腐败削弱问责制的观点，本章选择新世袭主义作为影响问责制与政府官员腐败之间关系的调节变量。新世袭主义这一概念虽然来源于政治学，但已经受到管理学者的关注。这一概念来源于马克斯·韦伯对于政治领袖如何施加政治权力的研究。存在新世袭主义的国家中，基于法律理性的官僚制度规则受到以个人间责任、忠诚和互惠为基础的恩庇侍从（Patron-client）关系的影响。具体而言，正式规则被大量用来进行寻租或者回报受到自己庇护的人员。在这样的制度中，真正的挑战并不是缺少法律，而是恩庇者选择性地执行成文的法律法规，故反而不如不成文的潜规

则具有效力。因此，对于保障问责制度的法律法规通常就会被新世袭主义所削弱，也就是说，问责机制有可能受到"大人物干预"的影响。恩庇侍从网络代替了合法的国家机器，通过非正式的私人关系随意分配资源并摧毁问责制，削弱了对各个级别政府官员的问责。也正是因为新世袭主义有如上的负面作用，透明国际将其描述为一种毒瘤，认为它妨碍了问责制的发展和实现，导致分配资源的不公平和不公正。

（1）政党体系制度化与政府官员腐败

政党体系制度化刻画了政党体系的稳定性和可预测性，其核心特征是竞争的规律性和政党组织结构的稳定性。具体而言，制度化程度较高的政党体系内，党派之间关系保持稳定；相反，制度化程度较低的政党体系呈现出新政党或政治联盟频繁崛起、既有政党和政治联盟消亡、政党平均年龄低、选举波动大以及政客频繁更换政党等特征。因此，本研究将从政党间竞争的规律性和政党内的稳定性两个方面讨论政党体系制度化与政府官员腐败的关系。

第一，政党间竞争的规律性有利于控制政府官员腐败。制度化程度高的政党体系有利于溯及既往和追究责任，促进在野党对政府官员的监督。制度化程度高的政党体系中，任何政党都有能力构建明确的声誉，选民能清晰辨别执政党和在野党的声誉。同时，较高的制度化程度提高政党标签（例如，廉洁或腐败）的信息价值和其政策承诺的可信性，选民具备归责和令腐败执政者下台的条件，即选民知道谁应该为腐败负责，并通过手中的选票使责任人在下次选举中不能再次当选。因此，执政党和在野党之间存在稳定的竞争机制，给予政府官员不腐败的激励。相反，制度化程度低的政党体系，削弱了选民通过定期选举控制政府官员的能力，并且遏制了政党内部整顿政府官员腐败的能力。

第二，政党内的稳定性有助于控制政府官员腐败。制度化程度高的政党体系中，稳定的政党制度为政府官员提供了稳定且清晰可辨的政治生涯晋升路径，使政府官员的政治生涯目标和政党目标更加一致，促使其着眼未来，愿意控制腐败行为。另外，制度化程度高的政党体系为不腐败的政府官员提供可预测的政治生涯晋升空间形成奖励不腐败的规范，从而在长期内抑制党内政府官员的腐败激励。相反，制度化程度低的政党体系中，政府官员仅有在短期内获得尽可能多的利益的激励，因此便会在短期内诉诸腐败行为谋取私利。除此之外，制度化程度高的政党体系中，政党领袖关注政党组织的发展和赢得忠诚的支持基础，注重政党的声誉。政党声誉成为政党成员的集体资产，从而制度化程度高的政党体系帮助政党积累政治资本。因此，出于维护政党声誉和政治资本的目的，制度化程度高的政党体系产生政党内部监督政府官员的激励，政党组织内部会训诫政府官员的腐败行为甚至将他们驱逐出政党。现有的少数实证研究也提供了政党体系制度化和政府官员腐败之间呈现负相关的证据。

综上所述，提出假设 H1：政党体系制度化对政府官员腐败具有负向影响。

（2）政党体系制度化与问责制

已有学者提出，政党体系制度化通过其对问责程度的影响成为有效控制腐败的一个重要因素。问责制指一个公职人员工作时，对某个政治共同体或者特定地域内的选民负有责任。简言之，他要对别人有交代，要承担自己政治行为的后果，干得不好通常就要走人。问责制在一定程度上取决于选民判断政党政绩的能力，选举有效性是其重要的工具，问责是否有效依赖于选民是否有能力辨别谁应该负责。

制度化程度高的政党体系中，政党通常表现为长期执政，为选民的判断提供更好的信息环境，因此选民能够明晰责任，并有效地进行归责、追责，当政府管理不善或者腐败时，可将责任精准归咎于政党。相比之下，制度化程度低的政党体系，往往难以建立问责机制。原因在于制度化程度低增加了选民所面对的不确定性，上一次选举时执政党和在野党之间清晰的界限不复存在，政客、政党、政治联盟的声誉混合在一起。这样一来，责任就模糊了，政党和政治联盟改变了自己与之前执政记录的联系，他们将自己的声誉从原来的政治联盟或政党中分离出来，然后再和新政党或政治联盟的声誉混合在一起。这使选民不能分辨到底谁应该负责，谁应该受到惩罚。与此同时，如果一个新的政党或政治联盟中包含了之前有污点的政客，那么他们关于减少腐败的政治承诺的可信性也会被削弱。这样制度化程度低的政党体系就阻碍了对政府官员腐败的选举惩罚。根据上述分析，制度化程度高的政党体系可以提升问责制实现的程度，从而使政府官员更清廉地使用公共权力。相反，制度化程度低的政党体系中，政党存在时间不稳定，政客们经常在不同的政党之间摇摆，从而激励政客们从事腐败行为，因此，制度化程度低的政党体系不利于问责制。

综上所述，提出假设 H2：政党体系制度化对问责程度具有正向影响。

（3）问责制的中介作用

虽然已有学者发现政党体系制度化和政府官员腐败之间存在相关关系，但是二者之间的关系仍被视为"黑箱"处理。因此，政党体系制度化对政府官员腐败的作用机理仍然有待揭示。政治学和经济学文献讨论问责产生良政善治（腐败治理）的实践已久，问责制使腐败的政府官员受到惩罚，从而使政客的偏好与选民的偏好保持一致。问责制是控制腐败的有效手段已经得到学者们的一致同意。例如，Lyrio 等研究表明随着问责程度的增加腐败的程度将会下降；Lederman 等提出问责是控制腐败的重要渠道；Araral 等指出政府官员腐败与缺乏有效的问责机制密切相关；Cavill 和 Sohail 以及 Sohail 和 Cavill 认为问责制通过减少官僚程序、提高服务标准、明确监管政策制定和执行的责任等，进而有效减少工程项目中的腐败；Ferraz 和 Finan 提出增加问责的选举制度在制约腐败行为方面发挥了重要作用，即使在腐败盛行的环境下也是如此。根据上述文献的观点，问责制能限制政府官员的腐败行为。

综上所述，提出假设 H3：问责制的实现程度对政府官员腐败有负向影响。

问责程度取决于三种政治制度特征，政治体系的竞争性、政府各机构的制衡性以及政治体系的透明性。政党体系的制度化提供了政党之间竞争的规律性和稳定性，稳定的政党结构使责任能够清晰地划分，从而便于归责、追责，稳定的竞争关系使各个政党存在监督其他政党的激励，因此制度化的政党体系有助于问责制实现。另外，制度化的政党体系能够带来结构上的稳定性，有助于建立稳定的制衡体系，从而帮助问责制的实现。最后，制度化的政党体系能提供良好的信息环境，满足了问责制发挥作用的透明性条件，从而有助于问责制的实现。例如，Ferraz 和 Finan 发现在腐败行为被曝光概率更大的环境下，问责对减少腐败的作用越强；Lyrio 等认为电子政务系统是改善公共部门问责制的潜在因素。这都反映了信息透明性对问责发挥作用的重要性。相反，制度化程度低的政党体系破坏了问责发挥作用的核心，即责任的明确性。根据 Tavits 的观点，责任的明确性是通过问责制控制腐败的最关键因素。制度化程度低的政党体系中，政党存在时间短，政客频繁改换门庭，不利于对个别政党和政客的责任进行具体界定，因此，在这种情况下，问责制对腐败的政府官员不具有威慑力。

综上所述，提出假设 H4：问责制的实现程度在政党体系制度化与政府官员腐败的关系中起到中介作用。

## 4.2 新世袭主义的调节作用

新世袭主义（Neo-patrimonialism）是一种混合的统治模式，非正式的政治关系和利益交换充斥于整个国家的管理之中。行政长官及其代理人主要通过个人偏好和物质激励而不是通过意识形态和法治行使权力。世界上所有政体之中都能发现新世袭主义的特征，但是该行为仍然是发展中国家尤其是非洲国家的主要特征。新世袭主义表现为非正式的政治权威与科层体系共存，恩庇侍从关系充斥于以法律理性为基础的政治和行政管理体系之中，呈现出恩庇化和官僚化共存的特征。具体而言，政治权利被国家领导人及其政治集团所垄断和支配，一些精英寻租集团通过民主的合法方式限制自由竞争以便为自己谋利。

问责制对腐败起到抑制的关键在于问责制可使政府官员失去腐败的来源，即权力。但是在新世袭主义程度高的国家中，公共部门工作职位被统治者当成资源向被庇护者提供恩惠，从而获取或维护政治支持。对精英寻租集团来说政治忠诚比技术能力在任命官僚中更为重要。因此，在非正式权力和特权网络弥散的新世袭主义国家中，只要政府官员为其恩庇者保持政治权力的目标作出了贡献，保持对恩庇者政治上的忠诚和支持，他们可以保证不受腐败指控的惩罚，问责制对他们造成的威慑就微不足道。这样一来，政府官员占据官僚职位的目的就不是为了提供公共产品和服务，而是为了个人的财富和地位。已有研究也表明，新世袭主义程度越高，政府官员索取贿赂的倾向就越强烈。除此之外，新世袭主义的领导人力图将自己包裹在民主的合法外衣中，在国家宪法规定的一定周期内参加选举，但是又经常通过选区划分、恐吓、收买选票或操纵选举，从而限制了问责制抑制政府官员腐败的作用。

综上所述，提出假设 H5：新世袭主义负向调节问责程度与政府官员腐败之间的关系，即新世袭主义削弱了问责制对政府官员腐败的负向影响。

根据上述的讨论，本研究将通过构建一个被调节的中介模型全面揭示政党体系制度化与政府官员腐败之间的关系。被调节的中介作用模型如图4-1所示。首先，本研究提出问责制是政党体系制度化与政府官员腐败之间的中介变量，即政党体系制度化通过问责机制对政府官员腐败产生影响。其次，本研究提出问责制对政府官员腐败的影响随着一个国家政体中新世袭主义的程度不同而不同。具体而言，政党体系制度化通过问责制对政府官员腐败的间接影响随着一个国家政体中新世袭主义的程度不同而不同。

综上所述，提出假设 H6：政党体系制度化通过问责制对政府官员腐败影响的间接作用受到新世袭主义程度的调节。

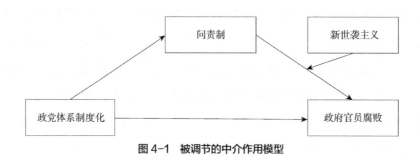

图 4-1　被调节的中介作用模型

## 4.3　研究过程与研究发现

### 4.3.1　研究过程

（1）数据收集和样本

本研究的数据来源于瑞典哥德堡大学政治学系的民主多样性（Varieties of Democracy，V-Dem）数据库，该数据库提供世界上 202 个国家从 1789—2018 年与国家民主相关的指标。V-Dem 数据库以尽可能客观和可靠的方式编制数据，该数据库中约有一半的指标是基于可从宪法和政府记录等官方文件中获得的事实信息；另一半是对政治实践和遵守法律规则等主题的主观评估。在这些问题上，通常由五位专家提供评级。同时，V-Dem 数据库还定期提供特定国家最重要的政治趋势，以及关于问责制、加强立法和行政腐败等主题的政策研究。本研究从该数据库获取数据后进行了数据清洗，剔除掉含有缺失值的样本后，最终本研究获得涉及全球 165 个国家从 1996—2016 年的 2858 个样本。

（2）变量测量

本研究中的自变量为政党体系制度化，采用 V-Dem 数据库中的政党体系制度化指数来测量，该指标反映了一个国家政党体系制度化的程度如何。

本研究中的因变量为政府官员腐败，采用 V-Dem 数据库中行政管理人员腐败指数进行测量，该指标反映了行政管理人员或其代理人通过给予好处以换取贿赂、回扣或其他物质回报的程度。该指标数值越低，表示情况越好（所在国政府官员腐败程度越低），数值越高，表示情况越差（所在国政府官员腐败程度越高）。

本研究中的中介变量为问责制，采用 V-Dem 数据库中的问责指数进行测量，该指标反映了政府问责在多大程度上得以实现，体现了对政府使用权力的约束，通过要求为其行动和可能的制裁提供理由，来体现政治权力。该指数数值越低，表示问责制实现的程度越低，数值越高，表示问责制实现的程度越高。

本研究中的调节变量为新世袭主义，采用 V-Dem 数据库中新世袭主义程度指数，该指数反映了规则多大程度上基于个人权威。新世袭主义反映了个人主义权威统治思想在一个政体中普遍存在的程度。该指数数值越低，表示情况越好（新世袭主义程度越低），数值越高，表示情况越差（新世袭主义程度越高）。

本研究还选取人均国内生产总值和法治程度作为控制变量，其中人均国内生产总值来自 V-Dem 数据库中整合的数据，该数据已经进行自然对数转换，用来反映一个国家的经济发展水平，该数值越低说明经济发展水平越差，数值越高说明经济发展水平越好。法治程度通过 V-Dem 中法治指数来进行测量，该指标反映了法律在多大程度上得到透明、独立、可预测、公正、平等的执行，政府官员的行为在多大程度上符合法律规定。该指标数值越低说明法治程度越差，数值越高说明法治程度越好。

（3）假设检验方法

本研究对中介作用的检验主要参照 Baron 和 Kenny、温忠麟和叶宝娟的研究方法，具体步骤如图 4-2 所示。第一步，检验自变量对因变量直接作用的系数 c 是否显著；第二步，检验自变量对中介变量直接作用的系数 a 和中介变量对因变量作用的系数 b 是否显著，如果 a 和 b 同时显著，则间接作用显著，转到第四步，若 a 和 b 至少有一个不显著，则进行第三步；第三步，采用 Bootstrap 方法检验零假设 ab=0，如果显著，则间接作用显著，否则间接作用不显著，停止检验；第四步，检验自变量通过中介变量影响因变量的系数 c' 是否显著，c' 不显著说明直接作用不显著，说明只有中介作用，如果显著，直接作用显著，进行第五步检验；第五步，比较系数 ab 和系数 c' 是否同号，若同号，属于部分中介作用，报告中介作用占总作用的比值 ab/c；若异号，则存在遮蔽作用，报告间接作用与直接作用比值的绝对值 |ab/c'|。

本研究中使用多元层级回归分析检验新世袭主义对问责制与政府官员腐败

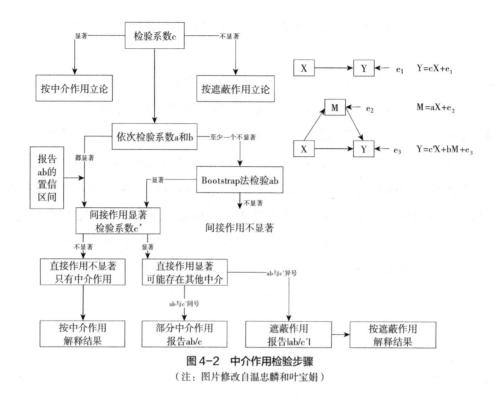

**图4-2 中介作用检验步骤**
（注：图片修改自温忠麟和叶宝娟）

的调节作用。参照温忠麟等的建议，在检验调节作用之前对变量进行中心化处理。本研究参照 Hayes 的条件过程模型检验方法，检验被调节的中介作用模型。本研究中的概念模型属于 Hayes 条件过程模型中的模型 14，该模型的概念模型图和统计模型如图 4-3 所示，统计模型计算过程如公式（4-1）和（4-2）所示，其中 X 为自变量，M 为中介变量，W 为调节变量，Y 为因变量。

$$M=i_M+aX+e_M \tag{4-1}$$

$$Y=i_Y+c'X+b_1M+b_2W+b_3MW+e_Y \tag{4-2}$$

其中公式（4-2）还可以改写成 $Y=i_Y+c'X+（b_1+b_2W）M+b_3MW+e_Y$，其中中介变量 M 对因变量 Y 的影响为 $\theta_{M\to Y}=b_1+b_3W$，而自变量 X 通过中介变量 M 对因变量 Y 的影响为 $a\theta_{X\to Y}=ab_1+ab_3W$。对于中介作用的检验，同上述图 4-2 中的中介作用检验步骤，在加入调节变量 W 后，根据 Hayes 的条件过程模型检验方法需要计算被调节的中介作用指数，通过 Bootstrap 方法检验后，如果该指数的95% 置信区间不包括 0，这说明被调节的中介作用存在，若包括 0，则说明被调节的中介作用不存在。

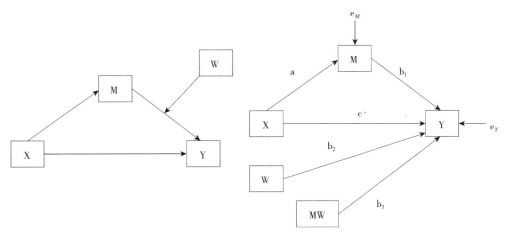

图4-3　被调节中介作用概念模型及统计模型

### 4.3.2　数据分析

（1）描述性统计和相关性分析

本研究首先对样本的国家以及区域分布进行了描述性统计，其中来自东欧和中亚地区的样本有514个，占总样本数量的17.98%，来自拉丁美洲及加勒比海地区的样本有412个，占总样本数量的14.42%，来自撒哈拉以南非洲地区的样本有806个，占总样本数量的28.20%，来自西欧及北美地区的样本有432个，占总样本数量的15.12%，来自亚太地区的样本有352个，占总样本数量的12.32%，来自中东及北非地区的样本有342个，占总样本数量的11.96%。具体国家地区分布及区域国家数量如表4-1所示。

表4-1　样本国家地区及区域分布描述性统计*

| 区域 | 国家数量 | 样本数量 | 样本占比 |
| --- | --- | --- | --- |
| 东欧和中亚地区 | 30 | 514 | 17.98% |
| 拉丁美洲及加勒比海地区 | 24 | 412 | 14.42% |
| 撒哈拉以南非洲地区 | 46 | 806 | 28.20% |
| 西欧及北美地区 | 24 | 432 | 15.12% |
| 亚太地区 | 21 | 352 | 12.32% |
| 中东及北非地区 | 20 | 342 | 11.96% |

注：* 国家的区域划分采用政治－地理区域划分方法。

在假设检验分析之前，本研究统计了各变量的均值和标准差，并分析了变量之间的相关关系。表4-2展示了各个变量的均值、标准差和相关系数。研究结果显示，政党体系制度化、问责制、新世袭主义均与政府官员腐败之间均存在显著的相关关系，政党体系制度化与中介变量问责制之间也存在显著相关关系。

表4-2　描述性统计和相关分析结果

| 变量 | 均值 | 标准差 | 相关系数 | | | | | |
|---|---|---|---|---|---|---|---|---|
| | | | 1 | 2 | 3 | 4 | 5 | 6 |
| 1. 政府官员腐败 | −0.13 | 1.54 | 1 | | | | | |
| 2. 政党体系制度化 | 0.63 | 0.25 | 0.56*** | 1 | | | | |
| 3. 问责制 | 0.76 | 0.87 | 0.66*** | 0.64*** | 1 | | | |
| 4. 新世袭主义 | 0.46 | 0.31 | −0.83*** | −0.67*** | −0.89*** | 1 | | |
| 5. 国内人均生产总值 | 9.00 | 1.24 | 0.58*** | 0.46*** | 0.34*** | −0.53*** | 1 | |
| 6. 法治程度 | 0.56 | 0.32 | 0.87*** | 0.65*** | 0.83*** | −0.97*** | 0.59*** | 1 |

注：* $p<0.05$，** $p<0.01$，*** $p<0.001$。

（2）假设检验

在进行假设检验之前，本研究进行了多重共线性检验，所有自变量的方差膨胀因子VIF值均小于10，说明本研究中不存在多重共线性问题。本研究参考Baron和Kenny、温忠麟等以及温忠麟和叶宝娟的方法，检验问责制在政党体系制度化和政府官员腐败之间的中介作用。采用分层回归的方法检验了新世袭主义对问责制与政府官员腐败之间关系的调节作用。最后，根据Hayes的条件过程模型分析方法分析了政党体系制度化对政府官员腐败影响的被调节中介模型。

表4-3展示了本研究的回归结果。其中模型1中只纳入了控制变量对因变量政府官员腐败的影响，模型2纳入了控制变量和自变量政党体系制度化对政府官员腐败的影响。根据模型2的结果，政党体系制度化对政府官员腐败具有显著的负向影响（ $\beta=-0.155$， $p<0.05$ ），因此，假设H1得到支持。

模型7纳入了控制变量与和自变量政党体系制度化对问责制实现程度的影响关系，结果显示政党体系制度化对问责制的实现程度具有显著的正向影响（ $\beta=0.681$， $p<0.001$ ），因此，假设H2得到支持。

模型3在模型2的基础上纳入了问责制对政府官员腐败的影响，结果显示问责制实现的程度对政府官员腐败有显著的负向影响（ $\beta=-0.386$， $p<0.001$ ），

表4-3 问责制中介政党体系制度化与政府官员腐败关系的回归结果分析

| 变量 | 政府官员腐败（因变量） | | | | | | 问责制（中介变量） |
|---|---|---|---|---|---|---|---|
| | 模型1 | 模型2 | 模型3 | 模型4 | 模型5 | 模型6 | 模型7 |
| 控制变量 | | | | | | | |
| 人均国内生产总值 | 0.123*** | 0.127*** | 0.067*** | 0.123*** | 0.071*** | 0.025*** | −0.155*** |
| 法治程度 | 3.969*** | 4.039*** | 4.927*** | 3.969*** | 4.943*** | 4.827 | 2.300*** |
| 自变量 | | | | | | | |
| 政党体系制度化 | | −0.155* | 0.108 | | | | 0.681*** |
| 中介变量 | | | | | | | |
| 问责制 | | | −0.386*** | | −0.417*** | 0.023 | |
| 调节变量 | | | | | | | |
| 新世袭主义 | | | | | 0.470* | 0.435* | |
| 交互项 | | | | | | | |
| 问责制 × 新世袭主义 | | | | | | −0.646*** | |
| 统计量 | | | | | | | |
| F | 4708.721*** | 3144.535*** | 2526.818*** | 4708.721*** | 2529.230*** | 2106.709*** | 2762.170*** |
| $R^2$ | 0.767 | 0.768 | 0.780 | 0.767 | 0.780 | 0.787 | 0.744 |

注：+p < 0.1，* p<0.05，** p<0.01，*** p<0.001。

因此，假设 H3 得到支持。

根据模型 2、模型 3 以及模型 7 的结果显示，自变量政党制体系制度化单独对因变量政府官员腐败具有显著的负向影响（β=−0.155，p<0.05），自变量政党制体系制度化对中介变量问责制的具有显著的正向影响，中介变量问责制对因变量政府官员腐败具有显著的正向影响（β=0.681，p<0.001），但是在模型 3 中自变量政党体系制度化对因变量政府官员腐败不具有显著的正向影响（β=0.108，p>0.1）。根据温忠麟和叶宝娟的中介作用检验方法判断，本研究模型中只存在间接中介作用效果。间接中介作用效果值为 −0.263，其 95% 的置信区间为 −0.3346 至 −0.1970，该置信区间内不包括 0，因此显著，假设 H4 得到支持。

模型 4、模型 5 以及模型 6 是检验新世袭主义的调节作用的分层回归模型，根据模型 6 的结果显示，问责制与新世袭主义的交互项结果显著（β=−0.646， p<0.001），说明新世袭主义对问责制与政府官员腐败之间的关系存在显著的负向调节作用，因此假设 H5 得到支持。

新世袭主义对问责制与政府官员腐败关系的调节作用如图 4-4 所示，随着新世袭主义程度的增加，问责制对政府官员腐败的负向影响被削弱。

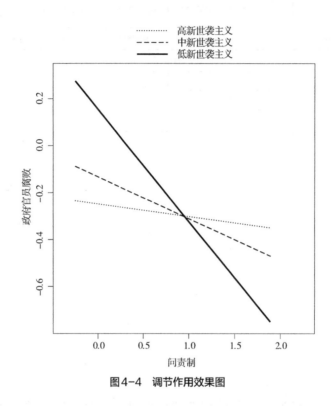

图4-4　调节作用效果图

本研究采用 Hayes 的方法对被调节的中介作用进行检验，采用 SPSS 25.0 PROCESS 插件中的模型 14 对本研究中的被调节中介模型进行检验。在使用 Bootstrap 方法的过程中，重复抽样次数设定为 5000 次。数据结果显示，间接中介效果的模型系数为 –0.4678，95% 置信区间为 –0.5996 至 –0.3493 不包括 0，因此显著，说明本研究中的被调节中介作用模型得到支持，因此假设 H6 得到支持。

为了分析不同的新世袭主义程度下政党体系制度化通过问责制实现程度对政府官员腐败的影响。本研究中对新世袭主义取高、中、低三个程度的数据进行分析，也就是取新世袭主义程度的均值加一个标准差、均值、均值减一个标准差进行 Bootstrap 检验。具体结果如表 4-4 所示，当新世袭主义程度低时，政党体系制度化通过问责制对政府官员腐败的影响程度为 –0.3202，95% 置信区间为 –0.1232 至 0.0618，包括 0，因此不显著。当新世袭主义程度中等时，政党体系制度化通过问责制对政府官员腐败的影响程度为 –0.1749，95% 置信区间为 –0.2546 至 –0.0982，不包括 0，因此显著。当新世袭主义程度高时，政党体系制度化通过问责制对政府官员腐败的影响程度为 –0.0296，95% 置信区间为 –0.4090 至 –0.2369，不包括 0，因此显著。这说明在新世袭主义程度中等或者高时政党制度化通过问责制对政府官员腐败的影响更大。图 4-5 展示了政党体系制度化通过问责制影响政府官员腐败的间接作用效果随着新世袭主义程度变化而变化的过程。

表4-4 被调节中介作用检验结果

| 调节变量 | 程度（数值） | 重复抽样次数 | 影响效果 | 标准误 | 95%置信区间 | |
| --- | --- | --- | --- | --- | --- | --- |
| 新世袭主义 | 低（0.1515） | 5000 | –0.3202 | 0.0469 | –0.1232 | 0.0618 |
| | 中（0.4620） | 5000 | –0.1749 | 0.0405 | –0.2564 | –0.0982 |
| | 高（0.7725） | 5000 | –0.0296 | 0.0435 | –0.4090 | –0.2369 |

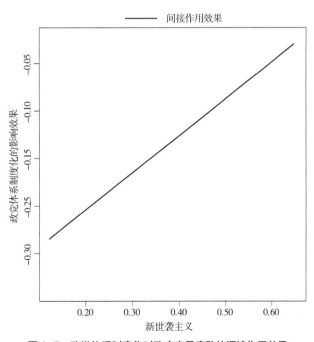

图4-5 政党体系制度化对政府官员腐败的间接作用效果

综合上述数据结果，本研究中假设检验结果汇总如表4-5所示。研究结果显示本研究提出的研究假设均得到数据的支持。

表4-5　政党体系制度化与政府官员腐败的中介作用检验结果汇总

| 路径关系 | 序号 | 假设描述 | 结果 |
|---|---|---|---|
| 政党体系制度化→政府官员腐败 | H1 | 政党体系制度化对政府官员腐败具有负向影响 | 支持 |
| 政党体系制度化→问责制 | H2 | 政党体系制度化对问责程度具有正向影响 | 支持 |
| 问责制→政府官员腐败 | H3 | 问责制的实现程度对政府官员腐败有负向影响 | 支持 |
| 政党体系制度化→问责制→政府官员腐败 | H4 | 问责制的实现程度对政党体系制度化和政府官员腐败的关系具有中介作用 | 支持 |
| 问责制 × 新世袭主义→政府官员腐败 | H5 | 新世袭主义调节问责程度与政府官员腐败之间的负向关系 | 支持 |
| 政党体系制度化→问责制 × 新世袭主义→政府官员腐败 | H6 | 政党体系制度化通过问责制对政府官员腐败的间接作用受到新世袭主义程度的调节 | 支持 |

（3）稳健性检验

在文献中稳健性检验一般有三种类型：一是从数据出发，根据不同的标准调整分类，检验结果是否依然显著；二是从变量出发，将研究中的某些变量进行替换然后进行检验；三是从计量方法出发，采用不同的计量方法对研究中数据进行分析，比较结果是否与原结果一致。本研究的稳健性检验基于第一种类型，即将样本数据中的东亚地区样本单独选取出来作为稳健性检验样本。具体的稳健性检验结果如表4-6和表4-7所示。经计算间接中介作用效果值为 -0.0381，其95% 的置信区间为 -0.0932 至 -0.0463，该置信区间内不包括 0。整体模型的被调节中介系数为 -0.0564，其95% 的置信区间为 -0.1045 至 -0.0173，该置信区间内不包括 0。稳健性检验结果与原结果基本保持一致，因此说明本研究的研究结论具有稳健性。

表4-6　亚太地区样本的问责制中介政党体系制度化与政府官员腐败关系的回归结果分析

| 变量 | 政府官员腐败（因变量） | | | | | | 问责制（中介变量） |
|---|---|---|---|---|---|---|---|
| | 模型1 | 模型2 | 模型3 | 模型4 | 模型5 | 模型6 | 模型7 |
| 控制变量 | | | | | | | |
| 人均国内生产总值 | -0.024*** | -0.009** | 0.007 | -0.024*** | 0.009 | -0.007 | 0.086*** |

续表

| 变量 | 政府官员腐败（因变量） | | | | | | 问责制（中介变量） |
|---|---|---|---|---|---|---|---|
| | 模型1 | 模型2 | 模型3 | 模型4 | 模型5 | 模型6 | 模型7 |
| 法治程度 | −0.731** | −0.706*** | −1.013*** | −0.731** | −1.060*** | −1.025*** | 0.304 |
| 自变量 | | | | | | | |
| 政党体系制度化 | | −0.100** | −0.032 | | | | 2.105*** |
| 中介变量 | | | | | | | |
| 问责制 | | | 0.090*** | | −0.091*** | 0.118*** | |
| 调节变量 | | | | | | | |
| 新世袭主义 | | | | | 0.037*** | 0.077*** | |
| 交互项 | | | | | | | |
| 问责制 × 新世袭主义 | | | | | | −0.075** | |
| 统计量 | | | | | | | |
| F | 810.715*** | 551.509*** | 516.320*** | 810.715*** | 936.772*** | 748.115*** | 189.045*** |
| $R^2$ | 0.907 | 0.909 | 0.925 | 0.907 | 0.947 | 0.948 | 0.755 |

注：$^+p < 0.1$，$*p<0.05$，$**p<0.01$，$***p<0.001$。

表4-7 亚太地区样本被调节中介作用检验结果

| 调节变量 | 程度（数值） | 重复抽样次数 | 影响效果 | 标准误 | 95%置信区间 | |
|---|---|---|---|---|---|---|
| 新世袭主义 | 低（0.2323） | 5000 | −0.0774 | 0.0127 | −0.1035 | −0.0534 |
| | 中（0.4978） | 5000 | −0.0624 | 0.0103 | −0.0844 | −0.0432 |
| | 高（0.7633） | 5000 | −0.0475 | 0.0110 | −0.0711 | −0.0277 |

### 4.3.3 研究发现与讨论

本章揭示了政党体系制度化对政府官员腐败的影响机理，讨论了政党体系制度化通过问责制影响政府官员腐败的作用路径。首先，本章研究结果发现政党体系制度化对政府官员腐败的负向作用。该研究结果表明政党体系制度化所提供的政党间竞争的规律性和政党内的稳定对抑制政府官员腐败具有重要作用。一方面，政党间竞争的规律性有助于政党之间的监督，从而增加政府官员腐败被发现的可能性；另一方面，政党内部的稳定性为政府官员提供了可见的政治生涯晋升空间，使其为了长期职业生涯利益而放弃短期内的腐败行为获利。其次，本章研究发现政党体系制度化通过问责制的中介作用影响政府官员的腐败。该研究结果表明，政党体系制度化有助于问责制的实现。究其原因在于政党体系制度化通常表现为政党长期执政，也不会频繁出现政府官员改换政党门庭的现象，这就为问责制发挥作用提供更明确的归责、追责信息。同时，这一结论支持了已有研究中问责制可以有效控制腐败的观点，证实了问责制对政府官员是一种强威慑。问责制的实现提高了政府官员腐败的成本，改变了政府官员腐败的高收益低成本性质，从而控制政府官员腐败。再次，本章研究发现新世袭主义负向调节问责制对政府官员腐败的负向影响关系，即随着新世袭主义程度的增加，问责制对政府官员的控制作用被削弱。这一结论说明基于法律理性的官僚制度规则受到以个人间责任、忠诚和互惠为基础的恩庇侍从关系的影响，以个人权威为决策规则的非正式制度对以法律理性为基础的问责制这一正式制度的破坏。新世袭主义程度高的情况下体现出更多的恩庇侍从关系，政府官员更看重的是下级对上级的政治忠诚和上级对下级的保护而非下级是否真的参与了腐败行为。最后，本章研究发现政党体系制度化通过问责制对政府官员腐败的间接中介作用效果随着新世袭主义程度的增加而减小。这一结论说明，虽然政党体系制度化提供了政党间竞争的规律性和政党内的稳定性，但是在新世袭主义程度较高的国家中，上述两个特征反而加强了新世袭主义所体现的恩庇侍从关系，使政府官员上下级之间的保护和效忠关系更为牢固，反而不利于对政府官员腐败的控制。

（1）理论贡献

本章对管理学中腐败研究的贡献主要有以下几点：首先，管理学腐败研究中多数研究以腐败的供给方为研究主体，忽视了腐败的另外一个重要参与者——政府官员。本章通过比较不同国家政党体系制度化、问责制、新世袭主义程度三个政治制度因素对政府官员腐败行为的影响机理，弥补了管理学腐败研究中只关注腐败供给方的研究局限。其次，已有管理学腐败研究主要讨论了工资水平、政府规模、政府行政结构、宗教文化、道德信念等因素对政府官员腐败的影响，忽视了政府官员腐败的政治动力机制。由于政府官员能够向公司索取贿赂的根本原因在于拥有自由裁量权，而政治动力机制视角下的政党体系制度化、问责制、新世袭主义恰好都与政府官员使用这种自由裁量权有着密切的关系，因此，从政治动力机制视角讨论政府官员的腐败行为就显得尤为必要，而这一点也恰好是已有管理学腐败研究中所忽视的。有鉴于此，本章通过全面揭示政府官员腐败的形成机理，丰富了管理学中腐败研究的研究视角。最后，本章将政治学理论中的政党体系制度化和新世袭主义概念引入到管理学分析腐败行为的研究范式之中，不仅揭示了政党体系制度化对政府官员腐败的作用机理，同时，也探究了该影响机理的边界条件，从而为政府官员腐败的政治动力机制提供了全面的解释，促进了管理学中腐败行为机理研究与政治学中腐败政治动力机制研究的融合。

（2）实践意义

本章的实践意义主要体现在以下几个方面。首先，本章通过分析政府官员腐败的政治动力机制，为世行集团等工程项目的投资方提供了新的决策依据和看待问题的视角。传统意义上，世行集团等项目投资方可以通过观察问责制的实现程度来预测政府官员的腐败程度，但若将新世袭主义程度也纳入考虑范畴，即便项目所在国问责制度健全，也很有可能受到"大人物干预"。因为在新世袭主义程度高的国家中，基于法律理性的规则很有可能被用来进行寻租或者回报受庇护者，此时，问责制只是恩庇者为了获得正当性才披上的外衣。因此，这一结论提醒诸如世行集团等项目投资方，不能仅凭借一国的问责程度来预测与其打交道的政府官员的腐败程度，还应该综合考虑该国新世袭主义的程度。其次，本章中政党体系制度化对政府官员腐败有负向影响的结论，为控制政府官员腐败指明了一条新的方向。政党之间竞争的规律性有利于溯及既往和追究责任，是其他在野党对政府官员腐败监督的关键。而政党内部的稳定性为党内的官员提供可以预见的晋升空间，从而使政府官员目标与政党目标保持一致。因此，政党的管理者应该尽力塑造和维持政党内的稳定性，使党内的结构和升迁机制保持稳定，同时，还应该保持与其他党派之间有规律的竞争关系，促进互相监督，从而抑制政府官员腐败。最后，本章中新世袭主义削弱问责制对政府官员腐败的控制作用的结论表明，政党领袖应该尊重以法律理性为基础的正式规则，应该尽量避免在决策时依赖个人权威，从短期看虽然个人权威决策以及恩庇侍从关系有助于个人政治权力的巩固，但从长期来看，由于新世袭主义削弱问责制对腐败的控制，会造成贪墨横行反而使执政者失去执政的民意基础，从而导致失去政治权力。

## 延伸阅读：政党体系制度化

### 政党体系制度化的核心概念

政党体系制度化（Party System Institutionalization）是指政党体系在社会和政治结构中变得稳定和持久的过程。这一概念通常包括以下几个方面。

1. 稳定的政党竞争模式：政党体系中的主要政党能够在选举中保持相对稳定的竞争地位，没有频繁的重大变化或剧烈的党派变动。

2. 政党的深厚根基：政党在社会中有广泛而深厚的支持基础，与选民群体之间建立了稳定的联系和忠诚度。

3. 政党的组织化水平：政党具有较高的组织化水平，拥有明确的结构、纪律和内部程序，能够有效地动员和协调其成员和资源。

4. 政党体系的合法性：政党和政党体系被社会和政治体系广泛接受和认同，政党竞争被视为合法和正常的政治活动。

在一些地区和国家，政党体系的制度化水平较低，表现为政党不稳定、政党和选民之间的联系薄弱、政党组织松散、政党体系的合法性受到质疑等。这种情况可能导致政治体系的动荡和不稳定。相反，在政党体系高度制度化的国家，政党在政治生活中扮演着稳定和持久的角色，有助于维持政治体系的连续性和稳定性。

关于政党体系制度化的研究，有许多学者对这一主题进行了深入探讨。以下是一些在这一领域具有代表性的学者及其贡献。

### 政党体系制度化研究的代表学者

1. Scott Mainwaring

Scott Mainwaring 是研究拉丁美洲政党体系和政党制度化的重要学者之一。他的研究集中于解释拉丁美洲各国政党体系的变化和制度化水平的差异。例如，他与 Edurne Zoco 合作的论文 Political Sequences and the Stabilization of Interparty Competition: Electoral Volatility in Old and New Democracies（2007）以及与 Timothy R. Scully 合作编辑的书籍 *Building Democratic Institutions: Party Systems in Latin America*（1995）都是该领域的经典文献。

2. Kenneth Janda

Kenneth Janda 是美国著名的政治学家，他在政党研究方面的贡献主要体现在对政党组织和政党制度化的系统分析上。他的著作 *Political Parties：A Cross-National Survey*（1980）被认为是跨国政党研究的重要参考文献。

3. John H. Aldrich

John H. Aldrich 的著作 *Why Parties? The Origin and Transformation of Political Parties in America*（1995）探讨了政党的起源和转变，并分析了政党在现代民主中的功能。他的研究对理解政党体系制度化提供了理论基础。

## 专栏案例：结构性损害——震动行业的丑闻

加拿大安大略省的绿带丑闻正在迅速发酵。但这并不是建筑行业唯一的重大事件，当然也不是最大的。不过，考虑到刑事调查才刚刚开始，这一点要持保留态度。同时，看看最近其他一些在加拿大范围内成为头条新闻的丑闻。

温尼伯市在一宗民事案件中胜诉，案件涉及前首席行政官被指控与建筑商合谋操纵采购、抬高成本并排除不受欢迎的承包商，以推进市中心警察总部项目。法庭发现，Phil Sheegl 为了让 Caspian Construction 受益，延长了截止日期，降低了保证金要求，泄露了机密信息并取消了一项设计合同。该民事案件是在加拿大皇家骑警对 Caspian Construction 进行了五年的调查后提起的，调查未导致任何刑事指控。尽管调查时间漫长，官员们认为证据不足。Phil Sheegl 对民事案件的上诉失败，被判支付 110 万美元。与该丑闻相关的其他被告同意以不低于 2150 万美元的金额和解诉讼。

这起丑闻涉及 SNC-Lavalin 在利比亚的商业交易中存在的腐败、欺诈和贿赂指控。这家总部位于魁北克的大型建筑和工程公司今年重新命名为 AtkinsRéalis。揭露的信息显示，该公司为了获取利比亚的合同而涉嫌行贿，违反了加拿大法律。2015 年，加拿大皇家骑警指控 SNC-Lavalin 在 2001 年至 2011 年间向利比亚官员支付超过 4800 万美元的贿赂，并涉及腐败和欺诈。特鲁多政府因试图通过立法让 SNC-Lavalin 避免刑事审判而受到批评，该法案将允许公司进入延期起诉协议（DPA）。该丑闻导致多名高层政府官员辞职。2019 年，经过刑事审判，该公司被判欺诈和腐败罪名成立。

沙博诺委员会是魁北克省于 2011 年设立的一项公共调查，旨在调查该省建筑行业在腐败、串标和勾结方面的日益担忧。该委员会发现，有组织犯罪集团已经渗透到建筑行业，施加影响并试图从腐败行为中获利。调查还揭示了腐败行为与政治融资之间的联系，表明建筑公司为了获得合同上的优待，向政党捐款。委员会呼吁在公共合同授予过程中增强透明度，改进监管和监督，并采取措施防止腐败和勾结。很难夸大该委员会的影响力，随之而来的大规模打击行动导致许多建筑业领导人和政府官员被逮捕和定罪。

早在 2011 年，新民主党批准了 1.6 亿美元贷款，用于为温尼伯蓝色轰炸机队建造一个新体育场。这个项目随后引发了诉讼，建筑质量差的指控以及数百万美元的维修费用，这些问题已经拖延了多年。各方在法庭上争论谁应对建筑中由于排水不足引起的水损害、隔热不充分、混凝土普遍开裂以及其他几十个问题负责。项目完工比预期晚了一年，之后该省又批准了 3500 万美元的贷款用于修复。

麦吉尔大学健康中心（MUHC）贿赂丑闻围绕魁北克省的大型医疗设施MUHC 的建设展开。该项目估计耗资超过 10 亿美元，旨在将几家医院设施集中到一个最先进的医疗综合体中。SNC-Lavalin（现称 AtkinsRéalis）被指控为获得合同而行贿。蒙特利尔医生兼医院 CEO Arthur Porter 在授予合同前从该公司获得了超过 2200 万美元的咨询费。他在巴拿马监狱等待引渡回加拿大期间死于癌症，总共有九人被指控。

一位魁北克法官称这是加拿大法院审理过的最严重的市政腐败案例之一。案件围绕公共合同授予中的腐败和勾结指控展开。建筑巨头 Tony Accurso 被指控参与一个企业家网络，该网络通过串标和贿赂等欺诈行为获取建筑行业的公共合同。这项回扣和欺诈计划从 1996 年持续到 2010 年，并涉及前魁北克省拉瓦尔市市长 Gilles Vaillancourt，他最终对与欺诈相关的指控认罪，并被判处六年监禁。2018 年，Tony Accurso 因多项腐败和欺诈指控被判有罪，并被判处四年监禁。今年，他对此案的上诉被驳回。这只是源于沙博诺委员会打击行动的几个重大案件之一。

安大略省的绿带是一个特殊区域，旨在保护农田、社区、森林、湿地和流域。它还保护文化遗产，并支持安大略省大金马蹄地区的休闲和旅游活动。为了应对该省日益严重的住房问题，官员们决定开放部分绿带进行开发。然而，尘埃落定后，审计长发现这些交易仓促进行，没有遵循适当的程序，严重偏袒少数开发商，并且未考虑环境影响。该丑闻导致数名内阁成员辞职，交易被取消，并引发了加拿大皇家骑警的调查。

# 第 5 章

# 组织同构对工程企业腐败行为的影响模型

第 3 章研究结果发现经济因素中的营商环境和市场竞争是影响工程项目腐败的重要因素。工程企业作为工程项目中腐败的供给方，其腐败行为受到所处制度环境中的经济因素影响。但现有研究仅讨论了公司的董事结构、高管的学历背景等企业特征对工程企业参与腐败行为[①]的影响，忽视了工程企业所处的外在制度环境对其参与腐败行为的影响。本章研究以制度理论中的组织同构机制为理论基础，旨在探究强制同构、模仿同构、竞争同构三种机制对工程企业贿赂行为的影响关系。根据已有研究成果上述三种同构机制分别可以用商业限制、规范性贿赂信念、市场竞争来表示。为了解释已有研究中组织同构机制对企业贿赂行为影响关系不一致的结论，本章中将工程企业的贿赂行为划分为主动贿赂行为和被动贿赂行为，同时将工程企业制度能力纳入组织同构机制对工程企业贿赂行为的影响关系之中，确定组织同构机制发挥作用的边界条件，以此解释在面对相同组织同构机制时组织间表现出的差异化行为。本章的研究结果可进一步确定经济因素对工程项目腐败供给方影响的方向和程度，为第 6 章在腐败需求方和供给方互动视角下探究工程项目腐败的多重致因路径提供实证基础。

本章主要讨论制度如何通过组织同构机制影响工程企业的贿赂行为，通过将工程企业的贿赂行为划分主动贿赂和被动贿赂，解释了既往研究中组织同构机制对腐败影响不一致的结论。通过将制度能力纳入分析框架内，弥补了组织同构机制仅能解释组织间相似行为的不足，勾勒了组织同构机制对工程企业贿赂行为的影响边界，解释了工程企业在面对相同制度情境的差异性行为。本章研究结果如下：①强制同构机制对工程企业被动贿赂存在显著正向影响；②模仿同构机制对工程企业的主动贿赂和被动贿赂均存在显著正向影响；③竞争同构机制对工程企业被动贿赂存在显著负向影响；④制度能力仅在强制同构机制

---

① 本研究中的工程企业腐败指的是工程企业向政府官员提供贿赂的行为，工程企业高管的贪污、受贿、欺诈等腐败行为不在本研究的讨论范畴之内。

对工程企业被动贿赂行为的影响关系中起到调节作用。本章通过分别检验组织同构机制对工程企业主动贿赂和被动贿赂的影响机制，拓展了公司层面腐败研究的制度性解释。同时，通过引入制度能力确定组织同构机制对工程企业贿赂行为的作用边界，丰富了制度理论中组织同构机制对组织间差异行为的解释，融合了制度理论中竞争同构、制度同构以及战略选择三种观点，从而促进了制度理论的发展。同时，本章的研究结果也为政府和工程企业有效应对腐败行为提供了重要的实践指导。

## 5.1　组织同构对工程企业贿赂行为的影响

制度理论认为组织行为受到制度环境影响，在制度压力下，组织选择相似的组织结构与行为以获得社会的普遍认可，即组织通过同构机制获得正当性，从而获得外部环境中的资源以保证组织的生存和发展。企业处于制度环境之中，其行为必然会受到制度环境的塑造和影响。根据 Meyer 和 Rowan 的观点，组织的各种行为常常是为了获得正当性，即组织的行为被制度环境中利益相关者接受和认同的程度。制度环境要求组织服从正当性机制，采取那些在制度环境中被"广为接受"的组织形式或做法。虽然，符合正当性不一定使组织变得更有效率，但如果组织的行为与这些被"广为接受"的形式或做法相悖，组织就可能出现正当性危机，这对组织的发展将带来不利的影响。组织同构是组织获得正当性的重要途径，它被定义为不同组织面对同样的制度压力时所呈现出的结构和实践方式上的相似性。制度通过组织同构机制影响组织行为，组织同构具有两种重要类型，制度同构和竞争同构。制度同构强调组织之间相互关系的重要性，竞争同构则强调整体制度环境的作用。获得正当性是企业获得生产资源、构建竞争优势的前提，无论是制度同构还是竞争同构，企业的最终目的依然是提高经济效益，并基于正当性建立竞争优势。

制度同构包括三种类型：强制同构、模仿同型和规范同构。强制同构来源于政治影响和正当性问题，模仿同构来源于对不确定性的回应，规范同构则与专业化有关。值得注意的是，规范同构源于规范化和专业化对组织行为的影响，主要产生于职业规范和专业化网络，重要形成力量包括大学、专业培训机构、职业团体等，虽然规范同构对企业行为具有较强的约束力，但往往具有一定的自愿性。相较而言，建筑行业着重于对技术标准等规范的关注，而忽视腐败、企业社会责任等规范。除此之外，在理论上同时囊括模仿同构和规范同构时会形成内部冗余，进而会造成模型的多重共线性问题。综上所述，考虑到建筑业行业的特点和模型多重共线性问题，本研究暂不将规范同构机制纳入工程企业贿赂行为的讨论范畴之中。

根据上述理论基础，一个企业是否参与腐败活动取决于他们所处的制度环境。已有研究初步探讨了组织同构机制对组织贿赂行为的影响，但这些研究却得到了不一致的研究结论。例如，Gao 验证了强制同构机制对中国公司贿赂行为具有显著的正向影响，而 Venard 的研究中则发现强制同构机制对俄罗斯的公司没有显著影响。除此之外，现有研究讨论组织同构机制对贿赂行为的影响多是基于一个国家或一个地区的制度进行研究，缺乏更为广泛的制度比较。本研究将工程企业的腐败行为分为主动贿赂和被动贿赂，其中主动贿赂定义为工程企业为避免不确定性，使其能够从所处环境中获得资源以保障公司生存而进行的主动向政府官员行贿的行为；被动贿赂定义为工程企业为使其与其所处环境的中的其他同行行为一致，为避免自己"从游戏中出局"而被迫向政府官员行贿的行为。

（1）强制同构对工程企业贿赂行为的影响

强制同构来源于政治影响和正当性问题。DiMaggio 和 Powell 认为强制同构来源于组织所依赖的其他组织和所处社会的文化期待对其施加的正式和非正式压力。由于组织之间的权力关系是影响强制同构作用程度的重要因素，因而组织的行动受制于其他更有权力的组织，体现为场域内居于核心位置的组织通常会以权力影响其他组织的行为。在强制同构的压力下，组织为了求得生存必须对这些强制力量加以回应并服从。简而言之，对企业来说强制同构是其对那些能够给予它正当性的组织所施加压力的遵守性回应。依赖政府合同来获得公司大部分收入的行业更容易参与腐败行为，而工程企业的收入正好大部分依赖于政府合同，其正当性受到政府强制性压力的影响，因此工程企业必须关注来自政府对其正当性的影响。

政府不仅可以直接通过规章制度、政策、法规施加影响，在政府官员具有自由裁量权的情况下，还可以间接通过提供期待的政府资源来施加影响。研究显示，政府施加的影响可体现为官僚的繁文缛节、法律质量、经济限制、政治不稳定等。政府施加的影响以国家商业系统为载体，包括政治系统、法律系统、基础设施以及与市场管制、资源分配相关的政策，而国家商业系统是影响公司行为的重要渠道。当所在国的国家商业系统限制经济活动时将产生不确定性，此时公司的绩效受到威胁并会使其诉诸贿赂行为。因此，关于强制同构与贿赂行为的假设如下。

假设1a：强制同构与工程企业主动贿赂行为存在正向相关关系；

假设1b：强制同构与工程企业被动贿赂行为存在正向相关关系。

（2）模仿同构对工程企业贿赂行为的影响

模仿同构来源于组织如何回应不确定性。具体而言，当组织对于什么是最适宜行为存在较大的不确定性和模糊性时，组织将模仿借鉴其所处环境中其他组织的成功实践以作为自身参考依据来降低决策判断错误的可能性。模仿行为存在三种机制，即基于频率的模仿、基于特征的模仿、基于结果的模仿。第一种机制下，企业模仿多数其他企业已经采取过的行为；第二种机制下，企业模仿具有某种特征的企业行为；第三种机制下，企业会模仿具有高效益的企业行为。通过这三种模仿机制的作用，企业就会产生一种习以为常的惯性，对于所采取的行动均视为理所当然。

在模仿同构机制的作用下，当企业所处环境中的其他企业频繁地采取贿赂行为时，该企业也会接受并使用贿赂行为，尤其是当采取贿赂行为的企业具有较高的行业地位或较高的营业绩效时，企业更愿意模仿贿赂行为。同时，当竞争者参与贿赂行为而工程企业本身不去遵守这种游戏规则，那么在该市场上它就会处于劣势。现有研究对组织模仿同构机制的研究多关注于合法的组织实践，例如，对其他组织税务披露、可持续性报告等行为的模仿，只有少数研究关注组织对贿赂等非法行为的模仿。例如，Gao通过对商学院研究生的调查发现个人的贿赂行为受到其他人贿赂行为的影响，证实了模仿同构机制的存在；Venard和Hanafi研究18个国家的金融机构对行业内其他机构不公平竞争行为的回应，研究结果发现其他机构采取的不公平行为越多，该机构就越容易接纳腐败行为；Ufere等将模仿同构机制作为解释为何腐败遍及撒哈拉以南非洲的原因之一。通过上述分析，关于模仿同构与工程企业贿赂行为的假设如下。

假设2a：模仿同构与工程企业主动贿赂行为存在正向相关关系；

假设2b：模仿同构与工程企业被动贿赂行为存在正向相关关系。

（3）竞争同构对工程企业贿赂行为的影响

竞争同构来源于市场竞争的压力，根据 Hannan 和 Freeman 的观点，竞争同构机制在企业竞争稀缺资源和生存发展权利强度大的环境中更容易发挥作用。高度的市场竞争程度通过限制合法渠道获得资源或实现既定企业目标向企业施加竞争压力。然而，现有关于竞争程度与腐败关系的研究结果呈现出不一致性。例如，Ades 和 Di Tella 发现保护本土企业免于外国企业竞争的国家，具有更高的腐败程度；Clarke 和 Xu 的研究发现在东亚和中亚 21 个转型经济体国家中较低的市场竞争程度与更高的腐败程度相关。但是，Venard 和 Hanafi 的研究却提供了相反的发现，即市场竞争程度与腐败程度正相关。同样的，Celentani 和 Ganuza 发现在采购过程中竞争程度与腐败程度正相关。诚如 Ades 和 Di Tella 的观点，在理论上竞争对腐败的影响是模糊的。竞争削弱腐败的观点建立于竞争增加了透明性从而使整个行业中的企业从中获利。但是，高强度的竞争同样也会迫使企业为了避免竞争和获得竞争优势从事贿赂行为。Chen 等的研究也发现竞争程度越强的市场激发了公司使用任何手段（包括贿赂手段）增加竞争优势的激励。尤其是在政府颁发商业许可较多的行业，竞争增加了寻租的机会，从而使公司更有可能采取贿赂行为。通过上述分析，关于竞争同构与工程企业贿赂行为的假设如下。

假设 3a：竞争同构与工程企业主动贿赂行为存在正向相关关系；

假设 3b：竞争同构与工程企业被动贿赂行为存在正向相关关系。

## 5.2　制度能力的调节作用

本研究已经假设了强制同构、模仿同构、竞争同构机制对工程企业贿赂行为的影响。下面将讨论组织同构机制对工程企业贿赂行为影响的边界条件，即在何种情况下组织同构机制与工程企业贿赂行为的关系会被加强、削弱或颠覆。已有文献指出企业的制度能力对企业的贿赂行为具有重要影响，一方面，制度能力涉及了企业参与贿赂行为的技巧，当企业没有制度能力时，即便他们拥有贿赂的意愿也有可能完成不了一次成功的贿赂行为；另一方面，制度能力不仅使企业知道如何进行贿赂，同样也知道如何拒绝贿赂。

制度能力是使公司在制度缺陷环境中具有找到正确应对方法的探索法、技巧和惯例。它源于制度工作的效果反馈以及通过具体个人关系所获得的嵌入性知识和信息积累。根据 Oliver 的观点，企业为了应对制度环境会发展一系列从完全服从到机会主义操纵的战略。这些战略包括用于利用和塑造社会政治文化制度以获得和保持竞争优势的全面计划和行动。简而言之，制度能力是一种通过利用或向制度施加影响以使企业自身获得或者保持竞争优势的探索法、技巧和惯例。

制度能力包括两个重要的维度，社会——政治网络能力和商业模式创新能力。制度能力从了解组织外部行动者，并与之协商、解决问题的过程中涌现，由于建筑业属于传统行业，相较于构建社会——政治网络能力，商业模式创新较慢，因此本研究主要从社会——政治网络能力讨论工程企业的制度能力。社会——政治网络能力维度下制度能力的重要组成要素是关系网络的开拓能力和关系契约的建构能力。一方面，由于工程企业主要依靠政府合同获得盈利，政治网络关系对工程企业尤为重要。企业与那些在政治领域和监管领域可以提供本地资源的人建立起稳定的政治关系就意味着获得了在当地运营的社会许可，而无法获得这种政治网络关系的企业则被视为局外人，无法获得在当地运营的社会许可。同时也应该注意到，伴随政治网络关系而来的则是对于互惠的期待、额外的成本和风险。因此，关系网络开拓的能力就是一个企业渗透到已有的政治和社会网络关系中，并使自己成为局内人的能力。另一方面，根据 Williamson 的定义，关系契约指的是在一系列交易中（交易截止日期是不确定的）个人对交易伙伴作出可信的承诺。在政商交易中，关系契约可以使双方协商和澄清合法行动的边界。同时，关系契约有助于降低企业交易中的不确定性。因此，善于建构关系契约的工程企业有能力向与之交易的政府一方明确自己交易的合法底线以及向政府提供与自己交易的可信承诺，从而消除交易中的不确定性。

强制同构机制对企业贿赂行为的影响源于企业需要通过回应当地政府的要求获得正当性，当地政府的要求蕴含在该国的法律、经济、政治、基础设施、业务执行之中。我们认为，制度能力削弱强制同构对工程企业贿赂行为的正向影响。官僚的繁文缛节、法律质量、经济限制、政治不稳定性等对于起初不想从事贿赂行为的工程企业在获得公共服务、许可证、批准等过程中造成了商业限制，增加了工程企业的交易成本，从而使工程企业不得不诉诸贿赂等手段以降低交易成本。而对于本来就意图通过贿赂获得合同的工程企业来说，这些强制同构机制反而为他们提供贿赂创造了更多的机会。制度能力较高的工程企业，具备较好的关系开拓能力，因此可获得更多的信息以及熟谙如何应对寻租的政府官员。在企业与政府官员的贿赂关系中，政府官员掌握资源，容易寻找愿意提供贿赂的企业，工程企业更有可能遭受政府官员的机会主义行为，因此，行贿企业更愿意通过关系契约来减弱政府官员采取机会主义行为的风险。构建关系契约能力较强的企业，擅长与政府官员构建关系契约，以最小的贿赂金额与政府官员构建信任关系，毕竟贿赂存在转化为工程企业沉没成本的风险。无论主动贿赂还是被动贿赂，具备制度能力的工程企业都有能力以较少的贿赂实现商业目标。因此，制度能力影响强制同构与贿赂行为关系的假设如下。

假设 4a：制度能力负向调节强制同构与主动贿赂行为的关系；

假设 4b：制度能力负向调节强制同构与被动贿赂行为的关系。

模仿同构来源于组织对不确定性的应对，通过频率、特征、结果三种机制模仿场域内的其他企业获得正当性。我们认为，制度能力增强模仿同构对工程企业贿赂行为的正向影响。从关系网络开拓能力看，高制度能力的工程企业更容易融入商业关系网络中，从而获得更多其他企业如何开展商业活动的信息，包括其他企业是否频繁使用贿赂行为，使用贿赂行为是否能让企业更容易获得合同、拿到许可证、获得行政审批等。从关系契约能力的角度来看，擅长构建关系契约的工程企业，可获得场域内其他企业的信任，得到其他企业的信息分享。关系网络渗透能力使工程企业进入场域内的企业圈子，关系契约能力使其善于与其他企业构建信任关系，获得信息分享，并有更多机会学习其他企业的经验。相反，制度能力不高的企业则较难融入场域内的商业关系网络，更难获得其他企业的信任和信息分享。因此，制度能力影响模仿同构与贿赂行为关系的假设如下。

假设 5a：制度能力正向调节强制同构与主动贿赂行为的关系；

假设 5b：制度能力正向调节强制同构与被动贿赂行为的关系。

竞争同构遵循"竞争压力——效率"路径，以追求利润和效率作为同构的目的。我们认为，制度能力削弱竞争同构对工程企业贿赂行为的正向影响。市场竞争的程度来源于新进入者的威胁、顾客的议价能力、供应商的议价能力、产品的可替代性和竞争者不择手段的程度。对于工程企业的贿赂行为，发挥作用的竞争来源主要是顾客（政府）的议价能力和竞争者不择手段（贿赂）的程度。对于高制度能力的工程企业，关系开拓能力和关系契约能力使其能够掌握与政府打交道的能力，间接增加其竞争优势，同时，这类工程企业还能与竞争企业协商，双方都不采用贿赂行为以降低成本。因此，制度能力削弱竞争同构对他们所产生的不利影响。而不具备制度能力的企业，面对具有较高议价能力的政府以及充斥着行贿企业的行业环境时，只能诉诸贿赂手段以弥补竞争劣势。

因此，制度能力影响竞争同构与贿赂行为关系的假设如下：

假设6a：制度能力负向调节竞争同构与主动贿赂行为的关系；

假设6b：制度能力负向调节竞争同构与被动贿赂行为的关系。

本研究的概念模型如图5-1和图5-2所示。

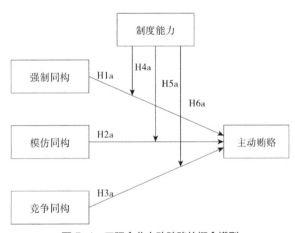

图5-1 工程企业主动贿赂的概念模型

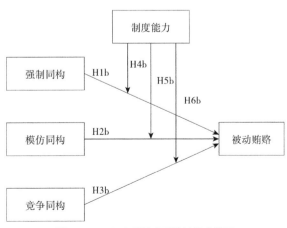

图5-2 工程企业被动贿赂的概念模型

## 5.3 研究过程与研究发现

### 5.3.1 研究方法

（1）数据收集和样本

本研究数据来源于世行集团企业调查，该调查是对私人经济部门代表性样本的企业级调查，涵盖了广泛的商业环境主题，包括融资、腐败、基础设施、犯罪、竞争和绩效指标等。到目前为止，该调查涉及全球 144 个国家和地区。本研究选取该调查中关于建筑行业的数据，经过删除样本中的缺失值和非建筑行业样本的数据清洗过程，本研究最终获得来自 73 个国家和地区的工程企业样本 523 个。样本国家包括了非洲地区、东亚地区、中东欧地区、拉丁美洲地区、中东地区以及南亚地区的非经济合作与发展组织成员国的国家，每个国家所包含的样本数量和各个地区所包含的样本数量具体情况如表 5-1 所示。

表5-1 样本的国家区域分布情况

| 区域 | 国家（地区） | 样本（个） |
|---|---|---|
| 非洲地区 | Botswana | 12 |
| | Burkina Faso | 9 |
| | Burundi | 4 |
| | Cameroon | 4 |
| | Cote d'ivoire | 2 |
| | Ethiopia | 9 |
| | Ghana | 5 |
| | Kenya | 2 |
| | Lesotho | 1 |
| | Madagascar | 1 |
| | Mali | 7 |
| | Senegal | 5 |
| | Sierra leone | 1 |
| | South Sudan | 7 |
| | Uganda | 3 |
| | Zambia | 1 |
| | Zimbabwe | 5 |
| 总样本数（个） | 78 | |
| 东亚地区 | Cambodia | 1 |
| | China | 17 |
| | Indonesia | 3 |
| | Mongolia | 20 |

续表

| 区域 | 国家（地区） | 样本（个） |
|---|---|---|
| 东亚地区 | Myanmar | 1 |
| | Papua New Guinea | 2 |
| | Philippines | 2 |
| | Solomon Island | 2 |
| | Tailand | 2 |
| | Timor Leste | 2 |
| | Vietnam | 2 |
| 总样本数（个） | 54 | |
| 中东欧地区 | Armenia | 6 |
| | Azerbaijan | 1 |
| | Belarus | 5 |
| | Bosnia and Heregovina | 1 |
| | Bulgaria | 3 |
| | Croatia | 5 |
| | Czech | 6 |
| | Estonia | 7 |
| | Georgia | 8 |
| | Kazakhstan | 15 |
| | Kosova | 2 |
| | Kyrgyz | 11 |
| | Latvia | 2 |
| | Lithuania | 5 |
| | Moldova | 7 |
| | North Macedonia | 6 |
| | Poland | 13 |
| | Romania | 17 |
| | Russia | 60 |
| | Serbia | 1 |
| | Slovak | 1 |
| | Slovenia | 7 |
| | Tajikistan | 11 |
| | Ukraine | 1 |
| | Uzbekistan | 5 |
| 总样本数（个） | 206 | |
| 拉丁美洲地区 | Argentina | 9 |
| | Bolivia | 2 |
| | Chile | 2 |
| | Colombia | 11 |
| | Dominican Republic | 4 |
| | Ecuador | 3 |
| | El Salvador | 8 |

| 区域 | 国家（地区） | 样本（个） |
|---|---|---|
| 拉丁美洲地区 | Guatemala | 3 |
| | Honduras | 1 |
| | Jamacia | 3 |
| | Mexico | 1 |
| | Nicaragua | 6 |
| | Paraguay | 6 |
| | Peru | 1 |
| | Urugary | 4 |
| 总样本数（个） | | 64 |
| 中东地区 | Egypt | 91 |
| | West Bank and Gaza | 2 |
| | Yemen | 2 |
| 总样本数（个） | | 95 |
| 南亚地区 | Afghanistan | 7 |
| | India | 19 |
| 总样本数（个） | | 26 |

（2）变量测量

本研究的因变量为工程企业的贿赂行为，根据 Zhou 等的研究，我们将工程企业贿赂行为分为主动贿赂行为和被动贿赂行为。主动贿赂采用世行集团企业调查中"企业为了获得政府合同，合同金额中作为送给政府礼物的百分比"的指标来测量；被动贿赂采用"企业在获得公共服务许可或批准过程被要求支付的礼物或者非正式支付"的指标来测量。

本研究中自变量分别为强制同构、模仿同构和竞争同构，借鉴 Ufere 等的研究，本书中强制同构采用法律限制、基础设施限制、业务执行限制三个维度测量。法律限制采用"法院作为主要限制的程度"和"犯罪、盗窃和混乱作为主要限制的程度"两个指标测量；基础设施限制采用"交通作为主要限制的程度""电力作为主要限制的程度""使用土地作为主要限制的程度"三个指标来测量；业务执行限制采用"海关和贸易监管作为主要限制的程度""税收管理作为主要限制的程度"两个指标测量。模仿同构采用"与我类似的企业为了获得合同或者为了方便海关、税收、执照、监管、服务等顺利完成而向政府官员送礼或非正式支付的程度"。竞争同构采用"竞争者作为主要限制的程度"作为测量指标。

本研究中调节变量为制度能力，借鉴 Peng 和 Luo 以及 Tan 的研究用企业管理人员处理政府监管和官僚繁文缛节、与各级政府官员有良好私人关系以及与客户公司经理有良好关系来测量企业的制度能力。本研究中选取世行集团企业调查中"高管团队的工作经验"和"高管团队每周应对政府监管的时间"作为代替指标衡量工程企业的制度能力。

已有讨论公司层面腐败的研究多数将公司规模和公司年龄作为控制变量，因此本研究中也采用公司规模和公司年龄作为控制变量，其中公司规模使用公司雇员数量作为测量指标，公司年龄使用公司成立的时间作为测量指标。

（3）假设检验方法

本研究采用偏最小二乘法结构方程模型（PLS–SEM）验证研究假设。传统回归分析的效度依赖于数据正态性、独立性、线性以及同方差性的基本假设。在对样本数据进行正态性检验之后，发现本研究所采用的样本数据不满足正态性基本假设，因此，采用适用于偏态数据的 PLS–SEM 方法对数据进行假设检验。同时，PLS–SEM 适用于早期理论发展阶段，而本研究是首次尝试将制度能力纳入组织同构对工程企业的贿赂行为影响研究的框架内，加之制度能力构念也尚处于理论发展阶段，因此，PLS–SEM 满足这种探索式研究的需求。本研究根据 Hsu 等和 Hair 等的研究方法和研究步骤，使用 Smart PLS 3.0 软件分别构建分析基准模型、直接效果模型和调节作用模型验证本研究的理论假设。

### 5.3.2 数据分析

（1）测量模型分析

本研究通过对测量模型的信度、效度检验来评估测量模型的有效性与可靠性。在本研究中除调节变量制度能力外，其余构念均由反映型指标测量。在本研究中强制同构为二阶构念，其构念评估结果如表 5-2 所示，一阶、二阶构念因子载荷均大于 0.6，组成信度（Composite Reliability，CR）均大于 0.7，满足 Werts、Nunnally 和 Bernstein 的标准，平均萃取变异数（Average Variance Extracted，AVE）均大于 0.5，满足 Fornell 和 Larcker 的标准，具有良好的收敛效度。如表 5-3 的研究结果显示，所有反映型指标构念的 Cronbach alpha 值均大于 0.7，CR 值均大于 0.7，满足 Cronbach、Nunnally 和 Bernstein 的标准。因此，具有良好的信度。同时，每个构念的 AVE 值均大于 0.5，满足 Fornell 和 Larcker

的标准，说明具有良好的聚合效度。同时，各个构念 AVE 的平方根均大于其与其他构念的相关系数，说明构念具有良好的区别效度。制度能力的两个形成型指标的路径系数分别为 0.997 和 0.146，均大于 0.1 的标准。同时，方差膨胀系数（VIF）小于 10，满足 Cassel 等、Diamantopoulos 和 Siguaw 的标准，说明制度能力构念测量具有良好的效度。

表5-2　强制同构二阶构念的评估结果

| 构念 | 一阶构念 | | | | 二阶构念 | | | |
|---|---|---|---|---|---|---|---|---|
| | 题项编号 | 因子载荷 | AVE | CR | 构念 | 因子载荷 | AVE | CR |
| 法律限制 | lc1 | 0.817 | 0.707 | 0.828 | 强制同构 | 0.830 | 0.626 | 0.833 |
| | lc2 | 0.865 | | | | | | |
| 基础设施限制 | infc1 | 0.791 | 0.564 | 0.749 | | 0.809 | | |
| | infc2 | 0.788 | | | | | | |
| | infc3 | 0.667 | | | | | | |
| 业务执行限制 | bec1 | 0.848 | 0.729 | 0.843 | | 0.731 | | |
| | bec2 | 0.860 | | | | | | |

表5-3　反映型指标的信度效度

| 变量 | 收敛效度 | 信度 | | 区别效度 | | | | | | |
|---|---|---|---|---|---|---|---|---|---|---|
| | AVE | Cronbach's α | CR | AVE平方根与相关系数 | | | | | | |
| 公司年龄 | 1 | 1 | 1 | 1[a] | | | | | | |
| 公司规模 | 1 | 1 | 1 | 0.05 | 1[a] | | | | | |
| 强制同构 | 0.63 | 0.81 | 0.83 | −0.06 | 0.08 | 0.79[a] | | | | |
| 竞争同构 | 1 | 1 | 1 | −0.03 | 0.02 | 0.39 | 1[a] | | | |
| 模仿同构 | 1 | 1 | 1 | −0.01 | −0.03 | 0.20 | 0.08 | 1[a] | | |
| 被动贿赂 | 1 | 1 | 1 | −0.03 | 0.00 | 0.22 | 0.03 | 0.29 | 1[a] | |
| 主动贿赂 | 1 | 1 | 1 | −0.02 | −0.04 | 0.12 | 0.08 | 0.63 | 0.32 | 1[a] |

注：上标 a 的数值表示各个构念 AVE 值的平方根。

（2）结构模型分析

1）模型的理论、预测效度分析

理论效度评价构念之间的理论关系，预测效度测量解释变量对于被解释变量的预测程度。本研究首先计算研究模型的确定系数 $R^2$，该数值反映了因变量中变异被自变量解释的程度。根据 Chin 的标准，$R^2$ 大于 0.67 具有较强的解释能力，$R^2$ 在 0.33 左右具有中度解释能力，$R^2$ 在 0.19 左右具有稍弱解释能力。本研究中主动贿赂和被动贿赂的 $R^2$ 分别为 0.409 和 0.129，说明解释变量对主动贿赂和被动贿赂具有中度和稍弱的解释能力。虽然自变量对被动贿赂解释能力稍弱，但现有商业领域研究中在 0.1~0.19 的解释程度内仍具有解释价值。同时，本研究通过计算预测相关性 $Q^2$ 值来评价模型的预测效度，研究模型中主动贿赂和被动贿赂的 $Q^2$ 值为 0.363 和 0.110 均大于 0，满足 Geisser 的标准，说明本研究中因变量被自变量的预测程度较高。

2）假设检验结果

本研究采用 Bootstrapping 算法估计模型路径系数的显著性以及检验研究假设，根据 Hair 等的建议，设置 Bootstrap 样本量为 5000 个，抽取样本数量为有效样本数量（523），显著性检验采用 90% 置信区间。PLS-SEM 假设检验结果如表 5-4、表 5-5 和图 5-3 所示。模仿同构与主动贿赂之间具有正向相关关系（$\beta=0.632$，$p<0.001$），强制同构、竞争同构与主动贿赂之间不存在显著相关关系，假设 H2a 得到支持，假设 H1a 和 H3a 没有得到支持；强制同构与被动贿赂之间存在显著的正向相关关系（$\beta=0.198$，$p<0.001$），模仿同构与被动贿赂之间存在显著的正向相关关系（$\beta=0.309$，$p<0.001$），竞争同构与被动贿赂之间存在显著负向相关关系（$\beta=-0.074$，$p<0.1$），假设 H1b、H2b、H3b 均得到支持。制度能力对强制同构与主动贿赂的关系，对模仿同构与主动贿赂的关系以及对竞争同构与主动贿赂的关系均不存在调节作用（$\beta=-0.025$，$p>0.1$；$\beta=-0.058$，$p>0.1$；$\beta=-0.015$，$p>0.1$），因此假设 H4a、H5a、H5c 均没有得到支持。但制度能力对强制同构与被动贿赂之间的关系存在调节作用（$\beta=-0.081$，$p<0.05$），对模仿同构与被动贿赂的关系以及对竞争同构与被动贿赂的关系均不存在调节作用，因此，假设 H4b 得到支持，假设 H5b 和 H6b 没有得到支持。

表5-4　主动贿赂各模型结果

| 路径 | Baseline model | | Direct effect model | | Moderate effect model | |
|---|---|---|---|---|---|---|
| | 路径系数 | p值 | 路径系数 | p值 | 路径系数 | p值 |
| 公司年龄→主动贿赂 | −0.009 | 0.718 | −0.007 | 0.770 | −0.002 | 0.935 |

续表

| 路径 | Baseline model | | Direct effect model | | Moderate effect model | |
|---|---|---|---|---|---|---|
| | 路径系数 | p值 | 路径系数 | p值 | 路径系数 | p值 |
| 公司规模→主动贿赂 | −0.025 | 0.350 | −0.024 | 0.372 | −0.022 | 0.420 |
| 强制同构→主动贿赂 | −0.027 | 0.490 | −0.037 | 0.324 | −0.041 | 0.295 |
| 竞争同构→主动贿赂 | 0.041 | 0.384 | 0.623 | 0.335 | 0.048 | 0.292 |
| 模仿同构→主动贿赂 | 0.632*** | 0.000 | 0.055*** | 0.000 | 0.637*** | 0.000 |
| 制度能力→主动贿赂 | | | 0.270 | 0.277 | 0.076 | 0.216 |
| 强制同构 × 制度能力→主动贿赂 | | | | | −0.025 | 0.540 |
| 竞争同构 × 制度能力→主动贿赂 | | | | | −0.015 | 0.806 |
| 模仿同构 × 制度能力→主动贿赂 | | | | | −0.058 | 0.268 |
| $R^2$ | 0.394 | | 0.403 | | 0.409 | |
| Predictive relevance ( $Q^2$ ) | 0.388 | | 0.383 | | 0.363 | |

注：$^+ p< 0.1$ ；$^* p< 0.05$ ；$^{**} p< 0.01$ ；$^{***} p< 0.001$。

表5-5  被动贿赂各模型结果

| 路径 | Baseline model | | Direct effect model | | Moderate effect model | |
|---|---|---|---|---|---|---|
| | 路径系数 | p值 | 路径系数 | p值 | 路径系数 | p值 |
| 公司年龄→被动贿赂 | −0.013 | 0.653 | −0.015 | 0.612 | −0.009 | 0.760 |
| 公司规模→被动贿赂 | −0.005 | 0.911 | −0.005 | 0.905 | −0.002 | 0.961 |
| 强制同构→被动贿赂 | 0.189*** | 0.000 | 0.199*** | 0.000 | 0.198*** | 0.000 |
| 竞争同构→被动贿赂 | 0.070+ | 0.099 | −0.072+ | 0.093 | −0.074+ | 0.083 |
| 模仿同构→被动贿赂 | 0.260*** | 0.000 | 0.270*** | 0.000 | 0.309*** | 0.000 |
| 制度能力→被动贿赂 | | | −0.060 | 0.200 | −0.026 | 0.507 |
| 强制同构 × 制度能力→被动贿赂 | | | | | −0.081* | 0.043 |
| 竞争同构 × 制度能力→被动贿赂 | | | | | −0.042 | 0.488 |
| 模仿同构 × 制度能力→被动贿赂 | | | | | 0.004 | 0.912 |
| $R^2$ | 0.107 | | 0.119 | | 0.129 | |
| Predictive relevance ( $Q^2$ ) | 0.103 | | 0.107 | | 0.110 | |

注：$^+ p< 0.1$ ；$^* p< 0.05$ ；$^{**} p< 0.01$ ；$^{***} p< 0.001$。

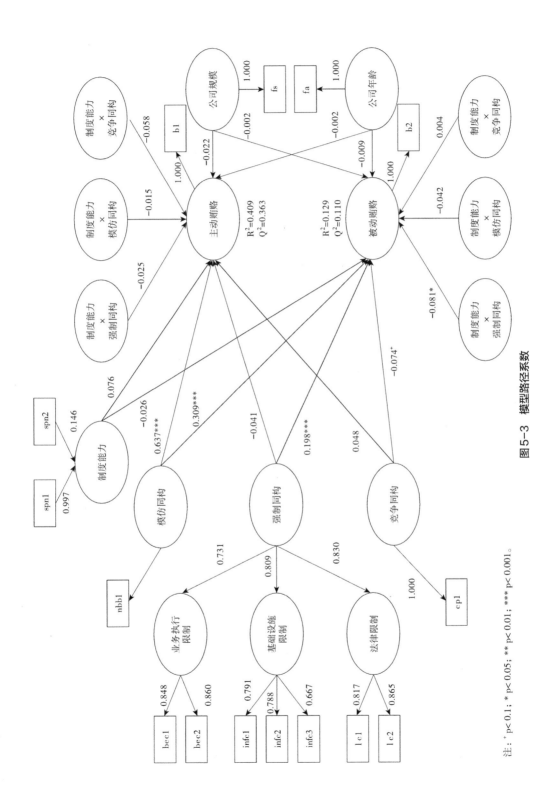

图5-3 模型路径系数

注: + p＜0.1; * p＜0.05; ** p＜0.01; *** p＜0.001。

### 5.3.3 研究发现与讨论

本章探究了组织同构机制对工程企业贿赂行为的影响，分别检验了强制同构、模仿同构和竞争同构机制对工程企业主动贿赂和被动贿赂行为的影响，研究发现竞争同构仅对被动贿赂有显著正向影响，模仿同构对主动贿赂和被动贿赂均有显著正向影响，竞争同构则仅对被动贿赂有显著的负向影响。除此之外，本研究还检验了制度能力对三种同构机制与主动贿赂和被动贿赂之间关系的调节作用，研究发现制度能力仅对强制同构与被动贿赂之间的关系具有负向调节作用。

（1）理论贡献

本章的研究发现对现有制度与腐败关系的文献有如下的贡献。首先，现有公司层面的腐败研究已经注意到制度因素发挥的作用，本章分别检验组织同构机制对公司主动贿赂和被动贿赂的影响机制，拓展公司层面腐败研究的制度性解释。之前的研究发现强制同构机制对公司贿赂行为既存在显著效果，又存在不显著效果，而本章通过将建筑公司贿赂行为分为主动贿赂和被动贿赂，得到强制性同构机制仅对被动贿赂存在正向的显著影响，而对主动贿赂没有显著影响的结论，这一研究发现有力地解释了既往研究中存在不同研究结论的现象。其次，本章发现模仿同构机制无论对建筑公司主动贿赂，还是被动贿赂都存在显著的正向影响，这一结论与已有研究结论保持一致。这一结论说明模仿性同构机制理论在建筑业应用的合理性，拓展了理论的适用范围。再次，本章发现竞争同构机制对工程企业被动贿赂存在显著的负向影响，但是对主动贿赂不存在显著影响。已有研究中关于竞争同构机制对公司贿赂行为的影响同样没有统一的研究结论，本章的研究结果至少为现有不统一的研究结论提供了一种可能的解释，即竞争同构对主动贿赂和被动贿赂行为影响不同。但与此同时，本章发现竞争同构机制与工程企业被动贿赂的负向关系与已有研究中竞争同构与公司贿赂正向关系的结论相反，这一结论可能是由于建筑业在大多数国家都属于政府介入程度比较高的行业，而当经济中政治化程度较高时，公司通过竞争贿赂获得市场份额的行为就会减少。最后，本章通过比较73个国家的制度性因素，突破了已有研究仅关注一个国家或某一区域的研究局限，进一步拓展了公司贿赂行为的制度性解释的适用范围。

本章研究结论同时也对制度理论的发展作出了贡献。首先，现有制度理论研究中，组织同构机制用来解读为什么处在同样制度情境下的组织会在结构、行为方面变得一致。然而，现实中同一制度情境下的组织有时却会表现出不同的行为，已有研究尚无法很好地解释这一现象。本章通过引入工程企业的制度能力这一特征，力求解释在面对同样的制度情境时，为何有的工程企业从事贿赂行为，而有的工程企业则没有。本章发现，工程企业的制度能力可以显著负向调节强制同构机制对企业被动贿赂行为的影响。也就是说，工程企业可以通过自身良好的关系开拓能力和构建关系契约的能力，掌握如何以不进行贿赂的手段应对政府过多的监管以及烦琐的审批程序，这一结论验证了制度能力使企业拒绝贿赂的作用效果。其次，本章通过同时讨论竞争同构和制度同构（强制同构和模仿同构）对腐败的影响关系，发现三类同构机制对工程企业的贿赂行为同时存在显著的影响关系，这一结论支持了制度理论中经济学流派和组织社会学流派趋于一致的观点。再次，本章通过引入制度能力讨论组织同构机制对工程企业的作用边界，验证战略选择理论中所讨论的外在环境力量反而会增加组织之间的多样性及差异的观点，促进了制度理论研究中不同观点的融合。最后，本章发现强制同构机制和模仿同构机制的影响效果大于竞争同构机制的影响效果，这一发现在于建筑公司所处的制度环境，即以政府和行业同类企业为主体构成的强场域对建筑公司行为的影响发挥了重要作用。这一结论支持了强场域中的参与者，尤其是处于弱势的参与者必须满足关键利益相关者的要求，遵从这些制度和规则才能在场域中发展下去的观点。

（2）实践意义

除上述理论贡献外，本章的研究发现还具有如下的实践意义。首先，本研究通过大量国家制度的比较，验证了强制同构机制和模仿同构机制对工程企业贿赂行为的决定性作用，尤其是模仿同构机制既促使工程企业主动贿赂，也促使其被动贿赂，据此，为政府和诸如世行集团的国际发展组织应对商业贿赂问题提供了依据。无论是政府出台的一系列防范商业贿赂的政策法规，例如中国的《中央企业合规管理指引（试行）》《民营企业境外投资经营行为规范》，美国的《海外反腐败法》，英国的《反贿赂法》，还是世行集团的《欺诈和腐败制裁政策》和经济合作与发展组织的《关于打击国际商业交易中行贿外国公职人员行为的公约》，都是为了制约市场中商业主体的贿赂行为，揭示模仿同构机制对工程企业贿赂行为的影响机理，有助于提醒工程行业相关政府部门和行业协会意识到自身在培育良好的市场氛围中要发挥重要的作用，引导行业氛围和风气。其次，本章验证了强制同构机制对工程企业被动贿赂的作用机制，说明工程企业的被动贿赂行为是为了应对因政府过多的监管和过于烦琐的流程而增加的交易成本所使用的一种手段，同时工程企业不得不通过贿赂手段获得正当性，依赖贿赂政府以获得审批、合同、许可以及公共服务等。这一结论为政府实施适当减少监管、简化审批流程等改革提供了依据。最后，本章研究发现制度能力对强制同构机制的负向调节作用，说明了工程企业应当加强自身开拓关系网络和构建关系契约的能力，通过合法手段与政治领域和监管领域的关键行动者建立稳定的社会——政治关系，同时通过关系契约的构建能力澄清自身合法行动的边界，降低交易中的不确定性。工程企业可以通过雇佣具备丰富和政府部门打交道经验的高管以及培训员工有关监管、审批、许可的相关专业知识来提升企业整体制度能力，以降低在遇到政府监管和官僚繁文缛节时诉诸贿赂行为的可能性。

## 延伸阅读：谋取工程项目后直接转包获利如何定性

作者：唐果；作者单位：湖南省纪委监委驻省国资委纪检监察组
来源：《中国纪检监察报》

二十届中央纪委三次全会要求，深化整治基建工程等领域的腐败。在反腐败高压态势下，基建工程领域的行受贿手段发生着隐形变异。有的领导干部藏身幕后，安排亲友不实际开展业务而通过转包工程获利，充当收受钱财的"白手套"和谋取利益的"代言人"，暗中完成权钱交易。领导干部通过亲友等在工程项目中"空手套白狼"往往获利巨大，既破坏了公平的市场经济秩序，也为工程建设质量埋下了严重隐患。实践中，如何准确认定这种行为的性质，需具体问题具体分析。

【案例简介】

甲是国有企业某市开发区城投公司董事长，乙是甲之子。丙为从事基建工程建设的私企老板，以总包方式中标了该城投公司投资的 A 场馆建设工程项目，丁为从事装修业务的私企老板。

2019 年 1 月，在 A 场馆工程施工建设过程中，丙请托甲在款项支付等事项上提供帮助，甲同意。丙向甲提出送其 100 万元现金以表示感谢，甲表示直接收受现金不安全，便向丙提出将该项目中利润较高的装修业务交由乙承揽，丙表示同意。后因乙没有装修资质，也不愿实际开展装修业务，遂将该工程项目转包给丁的公司。丁与丙私下签订分包协议，与乙签订顾问协议，约定以介绍费名义支付给乙 150 万元。丁完成装修业务后，除支付给乙 150 万元外，获利 300 万元。

**【罪名剖析】**

本案中，甲作为国有企业董事长，利用职务上的便利，接受丙的请托在工程款拨付等方面为其谋取利益，通过乙以转包工程项目变现获利的方式收受丙的贿赂，根据《中华人民共和国刑法》（以下简称《刑法》）规定，其行为构成受贿罪，受贿数额为 150 万元。

**【难点辨析】**

上述案例中，疑难之处主要有两点：一是确定谁是行贿人，丙作为请托事项的提出者，却没有直接向甲输送价值确定的利益，丁虽向乙输送了 150 万元的利益，却没有对甲提出职务上的请托；二是确定何为贿赂，丙从总包工程中分出装修项目的商业机会，是否属于财产性利益，如果属于，又如何确定贿赂的具体数额。作者认为可以从以下几个方面把握：

一、把握权钱交易本质，以行受贿合意确定行贿人

一般情况下，行贿和受贿是对合犯，从主观方面来看，行贿人给予财物的动机是请托国家工作人员利用职权为自己谋取利益，受贿人明知他人所送财物是其职务行为的对价仍收受，在对利益让渡的认知因素和意志因素上，行受贿双方要有基本一致的合意，才符合贿赂犯罪权钱交易的本质。由此可知，谁是出于权钱交易的动机让渡利益，谁实质上就是行贿人。

本案中，丙作为工程项目的总承包人，主观上有出于对甲利用职权为自己谋利的感谢而送给其财物的动机，客观上有请托甲在工程款拨付等事项上提供帮助、承诺给甲 100 万元现金的行为，只是为了规避甲担心的风险，而将利益输送的方式在表现形式上由现金变成本应由自己施工装修并获利的商业机会，将预期利益让渡给甲的代言人乙。从本质上来看，这是一种掩饰行为，丙将其个人可以从丁处获得的经营收益让渡给乙，不以确定数额的现金方式直接向甲输送利益，而是间接地给予甲商业机会，其实质上仍然是一种利益输送行为，分包只是实现利益输送的掩盖手段，是非必要的虚增环节，与真实的市场分包

行为有本质区别。从结果上看，丙与甲在通过让渡预期利益、实现权钱交易的主观方面达成了合意，且实质上是丙向甲让渡了利益，故丙是本案适格的行贿人。

同理可知，从形式上看，丁是最终给予乙150万元财物的人，但丁给予财物的动机是能从乙处获得装修项目赚取收益，并非基于甲行使职权，主观上没有权钱交易的认知，故丁不应认定为本案的行贿人。

二、区分贿赂演化形态，以整体思维检视贿赂变现全过程

贿赂是受贿罪的犯罪对象，其范围的大小直接影响着受贿犯罪的成立以及对受贿犯罪的打击力度。从近些年查办的职务犯罪案件来看，"贿赂标的虚拟化"是贿赂手段隐形变异的重要表现形式。这主要体现在贿赂标的从现金、转账、房产、黄金等金额确定的财物，演变成字画、古董、年份茶、年份酒等需要通过评估鉴定才能确定数额的物品，再演变成股票、股份、分红、预期收益等介入市场因素、存在不确定性的经济利益，甚至在金融领域出现了给予高概率获利的投资份额，在基建工程领域出现了给予分包项目等商业机会的利益输送方式。行受贿双方之所以采取这种虚拟化的贿赂标的交付方式，一方面是基于所涉领域利益的特殊属性和便利性，更重要的是为了通过虚拟化贿赂标的企图模糊罪与非罪的界限，达到规避法律惩处的目的。

《刑法》第三百八十五条规定将贿赂界定为"财物"。最高人民法院和最高人民检察院以司法解释的形式，进一步明确了贿赂的具体形态。2008年11月，"两高"发布《关于办理商业贿赂刑事案件适用法律若干问题的意见》，其中第七条对贿赂的范围及其数额认定作了明确解释，即商业贿赂中的财物，既包括金钱和实物，也包括可以用金钱计算数额的财产性利益；2016年3月，"两高"发布《关于办理贪污贿赂刑事案件适用法律若干问题的解释》，其中第十二条规定，贿赂犯罪中的"财物"指货币、物品和财产性利益，包括可以折算为货币的物质利益，以及需要支付货币的其他利益。由于我国刑法对于受贿罪的认定总体上是计赃论罪的模式，因此无论财物还是财产性利益，作为贿赂认定时，均须折算成数额确定的货币。

作者认为，商业机会在符合以下三个条件时，即可成为贿赂标的：一是在客观上该机会能够变现，二是收送双方都能认识到该机会变现后的大致价值，三是在不需要再投入其他资源的情况下，该机会即可转为数额确定的利益。实

践中，领导干部的代言人获得分包项目后，有时直接通过转包项目以"中介费"等名义获得收益，这种情况下，领导干部及其代言人没有再投入其他任何有效资源，转包后获得的收益也是确定的数额。就如本案中乙与丁签订所谓顾问协议、以介绍费名义收取利益的目的，一方面是为了保障利益兑现，更重要的是掩盖权钱交易的本质。

本案中，甲是城投公司负责人，丙长期从事工程建设，两人熟知基建工程的行业特点、运作规律、盈亏风险要素和收益率，通过共谋将输送利益的形态掩饰为承揽分包项目的商业机会，是基于两人对这种机会的高概率获利性的明知。从整体上看，丙为感谢甲在工程款拨付等事项上的帮助，将装修项目分包出去可能实现的预期利益让渡给甲，甲通过乙以转包方式变现亦在丙让渡利益的认知范围内。同时，这种方式也符合甲通过乙以转包工程获得收益、变现权力对价的目的。由此可见，本案中，转包工程项目的商业机会以及变现后获得的现金收益，是贿赂在交付和变现阶段的不同表现形式。

三、把握行为时间节点，依法审慎确定贿赂数额

实践中，一般以收受财产性利益当时的价值作为犯罪金额，因为收受时财产性利益的价值能最大限度体现受贿行为的危害性和行为人主观恶性。现金、黄金、字画等有形物品可以交付时间来确定贿赂价值认定时间，房屋、汽车等产权类物品可以过户时间或者实际控制的时间确定价值认定时间。在商业机会型行受贿关系中，贿赂标的的数额受贿赂合意达成时间、收受时间和实际控制时间等因素影响，作为商业机会的财产性利益的价值认定时间如何确定，则应当根据审慎原则具体问题具体分析。

本案中，甲和丙以分包装修项目的商业机会实现利益输送的过程中，有以下几个时间点：第一个是合意达成时间，即甲提出分包装修项目，丙予以认可的时间，第二个是乙与丁签订顾问协议，以及丁与丙签订分包协议的时间，第三个是丁给乙150万元的时间。根据刑法和相关司法解释，国家工作人员只要利用职务上的便利，非法收受他人财物，为他人谋取利益的，受贿犯罪即成立，是否实际控制财物仅影响既未遂的认定。由此，甲和丙在形成行受贿犯意时，由于该商业机会的价值处于一个不确定状态，一是分包项目的工程量不确定，二是采取何种方式变现不确定，这种状态直接影响贿赂关系的成立，故此时的行为并不属于受贿既遂。随着各方着手推进利益实现，尤其是在第二个时间点，

分包工程量和变现方式以及具体获利数额都得以确定，贿赂关系得以成立。此时商业机会虽已变现，但甲、乙尚未实际控制财物，直到丁将150万元给付乙，甲的受贿行为才既遂。

诚然，在甲、丙达成以分包项目的商业机会实现利益输送的合意时，该商业机会的实际价值与最终变现的价值是不一致的，从丁完成装修后获利300万元的结果看，虽然其获利有市场、管理以及资金投入等因素，但基于一般理性和正常市场情况判断，除去管理和资金等因素，因为甲、丙权钱交易的存在，在二人行受贿合意形成时该商业机会的价值应该大于150万元，只是难以直接认定其准确价值。同时，乙通过转包获利150万元的结果，也在丙向甲行贿的认知范围内，故从有利于被审查调查人的角度，最终认定甲受贿金额为150万元是审慎和稳妥的。

四、相关情节的延伸论证

新型腐败和隐性腐败案件中，贿赂标的往往伴生于市场活动之中，具有一定的延续性、滞后性，有别于传统贿赂犯罪的"一手帮忙一手交钱"模式。在办案工作中，除了要从整体上把握犯罪的本质，更要以科学、务实的态度把握证据标准，尤其针对当事人采取了掩盖、混淆等手段的，要深度剖析主观犯意，准确认定。为更好理解此类问题的认定思路，根据办案中遇到的实际情况，拟对本案中的关键情节做延伸论证。

本案中，丙原计划行贿100万元，乙最终获利150万元，是否存在矛盾，对此应该如何认识？从案件事实上看，丙为感谢甲的帮助，提出送其100万元现金的意思表示，甲认为直接收受现金不安全，对该意思表示未予认可，故此100万元的行贿故意因未形成行受贿合意而归于无效。同时，甲提出将该项目中利润较高的装修业务交由乙承揽的意思表示得到丙的认可，两人形成了新的行受贿合意。作者认为，基于甲和丙的工作经验，两人对分包项目高概率获利性是明知的，且以最终获得的150万元认定为贿赂金额也符合甲和丙新合意的认识范围。

## 专栏案例：巴西建筑公司揭露出庞大的贿赂网络

Camargo Correa 公司设计了一个基于避税天堂的金融计划，以向巴西国家石油公司（Petrobras）的高管支付非法佣金。

Camargo Correa 曾是巴西第三大建筑公司，在八个国家（地区）建立了复杂的金融网络，这个网络被用来向巴西国家石油公司（Petrobras）的高管支付非法佣金。这起贿赂计划在开曼群岛、毛里求斯、百慕大、列支敦士登、巴拿马、瑞士、安道尔等国家展开。2014 年，Camargo Correa 报告的净收入为 96 亿美元。

《国家报》获取的文件揭示了这一腐败计划的新细节及其隐瞒方式，以及用于洗钱的复杂中介网络、虚构公司和加密账户。

一位来自安道尔的法官（该国直到 2017 年仍保持银行保密制度）已指控前高管 Fernando Diaz 洗钱。此外，自 2018 年成为 Camargo Correa 新运营公司的 Mover 及该巴西集团的三家子公司，已被牵涉到安道尔司法系统自 2017 年开始的调查中。

法官还起诉了已倒闭的安道尔私人银行（BPA），指控其涉嫌帮助设计一个复杂的金融网络以隐瞒交易和支付。法官指控了包括大股东 Higini Cierco 在内的八名前 BPA 高管。2008 年至 2011 年间，Camargo Correa 通过 BPA 转移了 1 亿美元。

网球俱乐部

这起涉及白领犯罪的故事可以追溯到 2015 年 7 月，当时巴西库里提巴联邦法院裁定，Camargo Correa 与其他四家拉丁美洲建筑公司从 1998 年到 2014 年间合作组成一个腐败的卡特尔组织。他们的目标是瓜分由巴西国家石油公司（Petrobras）授予的合同，这家公司在前一年创下了 330 亿美元的利润纪录。

这一组织被称为 G-5 或网球俱乐部，由 Odebrecht、OAS、Andrade Gutierrez、Queiroz Galvao 和 Camargo Correa 组成，他们向 Petrobras 高管支付每个合同金额的 3% 作为贿赂。为了掩盖贿赂，该组织应用了"俱乐部规则"——使用空壳公司签订虚假合同、开具虚假发票以及由第三方控制的加密银行账户。

Camargo Correa 使用了一家名为 SW Southern Investment LTD 的开曼群岛空壳公司，在 2007 年至 2010 年间转移了 2060 万美元。其中一些资金流经瑞士，最终进入了 José Sergio de Oliveira Machado 的口袋，他是前巴西国会议员兼 Petrobras 子公司 Transpetro 的总裁。

另一个关键环节是一家名为 Desarrollo Lanzarote 的巴拿马公司，它协助将 340 万美元转入瑞士另一家空壳公司的账户。该账户由 Sergio Firmeza Machado

控制，他是 Petrobras 前总裁的儿子。安道尔的调查表明，Sergio Firmeza Machado 作为其父亲的中介收取贿赂。

该机制还依赖于非法货币兑换商 doleiros，他们从巴西企业和公司收取现金收益以掩盖贿赂。Camargo Correa 利用了 BPA 的多个秘密账户来转移资金并创建了一个复杂的洗钱系统。大约 4800 万美元通过这个秘密的 doleiros 系统流通。

BPA Serveis 是 BPA 的一家安道尔子公司，由 Cristina Lozano 领导，也是腐败计划的一部分。2008 年，它转移了 3200 万美元的非法资金，并向 Camargo Correa 收取了 30 万美元的佣金。"该公司参与了犯罪活动，充当中介并使用其公司银行账户作为中转账户。"安道尔法官说，安道尔当局于 2015 年 3 月接管了 BPA，因其涉嫌金融犯罪。

BPA 的大股东 Higini Cierco 与前 CEO Joan Miquel Prats 被指控代表一个加密账户。他们涉嫌将 160 万美元从一家巴西建筑公司转移到安道尔，以隐瞒其来源。"他们没有进行任何形式的尽职调查。"法官在指控银行及其前高管设计虚假合同以支持非法资金转移时说道。

调查显示，自 2009 年 3 月以来，BPA 的领导层就知晓 Camargo Correa 高管因非法协会、洗钱和非法竞选资金被捕。然而，他们未将此信息报告给安道尔当局。"他们与 Camargo Correa 的辩护合作。"法官称。

Camargo Correa 表示"在安道尔没有针对公司的诉讼"，并且该国的调查涉及一名"几乎十年前"离开公司的前高管。一位公司发言人说："所有 Camargo Correa 的资产都在其会计记录中适当披露。"

除了 Fernando Diaz，安道尔的调查最初还集中在另一位已故的前 Camargo Correa 高管 Pietro Francesco Giavina。两人都在 2009 年"沙堡"案件中被捕，该案件涉及与秘鲁和巴西合同相关的贿赂和非法竞选资金网络。然而，巴西最高法院在 2011 年驳回了此案，裁定作为指控基础的电话监听证据不可接受。

Camargo Correa 是一家业务遍及 22 个国家的企业集团，涉及能源行业、海港和机场，与另一家巴西公司 Odebrecht 合并。当揭露出它在拉丁美洲的 12 个国家花费了高达 6.82 亿美元来影响官员、总统和总理时，这家建筑行业巨头震惊了整个拉丁美洲。

# 第 6 章

# 工程项目腐败的多重致因路径：基于组态效应的分析

本章以前面的研究结果为基础，借鉴制度理论中以场域作为分析单元，分析场域内集体行为的思路，将工程项目腐败视为工程项目场域内关键参与者的集体行为。在腐败二元性的视角下，选取工程项目中腐败的需求方——政府官员和腐败的供给方——工程企业[①]作为工程项目场域内的参与者。在腐败的"激励－机会"分析框架下，讨论诱导政府官员和工程企业参与腐败行为的制度因素，以及为上述二者提供腐败机会的项目特征因素如何通过多因素的共同作用导致工程项目腐败的发生。有鉴于上述分析涉及多于三个因素的交互，传统的统计学方法已经不能满足分析的需要，因此，本章采用定性比较分析方法讨论导致工程项目腐败的"殊途同归"路径，从而揭示工程项目腐败的形成机理。

本章主要揭示制度因素和工程项目特征因素对工程项目中腐败发生的影响机理。本章以工程项目为载体，综合考虑影响工程项目中腐败需求方和供给方的制度因素，并结合工程项目特征因素验证腐败的"激励－机会"框架，补充了工程管理领域内缺少对工程项目腐败发生机理揭示的研究不足。本章得到如下结论：①工程项目腐败的发生存在多条由制度因素和项目特征共同作用的路径；②新世袭主义和问责制作为影响工程项目中腐败需求方的制度因素是导致工程项目腐败的最重要条件；③商业限制、竞争压力、规范性贿赂信念是工程项目腐败发生的辅助条件，竞争压力和规范性贿赂信念发挥的作用大于商业限制；④竞争压力和规范性贿赂信念之间存在着替代效应；⑤工程项目特征是工程项目腐败发生的辅助条件，并且配合影响腐败供给方的制度条件出现。本章丰富了工程管理领域内的腐败研究，促进了腐败理论和制度理论的发展，同时，也促进了管理学与政治学研究的融合。除此之外，本研究对于政府管理者、项目资助方和监管方开展有效的腐败控制具有重要的实践指导意义。

---

① 本研究中的工程企业指的是与政府有直接合同关系的工程企业，而与政府无直接合同关系的工程企业，如分包商、供应商等不在本研究的讨论范畴之内。

# 6.1　分析框架与模型构建

## 6.1.1　腐败分析的"激励－机会"框架

腐败的发生是激励与机会共同作用的结果，本研究对工程项目腐败的形成机理分析主要借鉴"激励－机会"分析框架，但目前以该框架分析腐败的研究以公司和个人为主体。例如，Frei 和 Muethel 在分析跨国公司贿赂行为时，将跨国公司贿赂行为的前因划分为激励因素和使能因素，即机会因素；Rabl 和 Kühlmann 研究个体腐败行动时，则讨论了一系列腐败激励因素如何经过传导导致个体腐败行为；Brown 和 Loosemore 在此基础上将机会因素引入激励因素的传导链条中，并将机会因素作为该传导链条的最后一环探究激励、机会因素如何共同作用影响个体腐败行为。根据上述研究可知，"激励－机会"框架的应用需要有明确的行动主体，显然工程项目本身并不能作为行动主体，也无法从事腐败行为。为了解决这一困境，本研究借鉴制度理论中将场域作为分析单元讨论场域内集体行为的思路，为"激励－机会"框架应用于分析工程项目腐败提供路径。

工程项目是多个行动者（政府官员、承包商、分包商等）通过合同、科层、网络连接起来的临时性组织，组织场域的概念将工程项目的参与者置于关系和制度的环境之中，把聚集在共同领域内的组织和个人联系起来。工程项目场域内的参与者在项目中一直上演着工程建设等集体行为，这些行为包括履行社会责任行为、工程管理行为等。据此，本研究将工程项目腐败视为一种工程项目场域内的集体行为。其中工程项目场域内腐败的最主要参与者是政府官员和与之有直接合同关系的工程企业。此时，工程项目所处的制度环境为场域内的行动者提供了激励因素，而工程项目的具体特征为腐败提供了机会因素，只有工程项目组织场域内的行动者具备了腐败激励，同时工程项目的某些特征又为场域内行动者提供了腐败机会时，工程项目腐败这一场域内集体行为才会发生。换言之，工程项目腐败是多种激励因素和机会因素共同作用的结果，并且这些因素之间还存在着相互依赖和多重交互的关系。有鉴于此，本研究将腐败分析的"激励－机会"框架与制度理论中的组织场域分析相结合，基于腐败的二元视角，旨在全面分析为工程项目腐败需求方和供给方提供腐败激励的制度因素和为工程项目腐败提供机会的项目特征因素之间的复杂互动如何导致工程项目腐败发生。

### 6.1.2 研究模型

在第 3 章中，本研究已经通过基于图的特征选择算法识别出对工程项目腐败最为重要的制度因素和项目特征因素。但这只确定了制度因素和项目特征因素对工程项目腐败的重要性，并没有得到这些因素与工程项目腐败之间影响关系的方向信息。因此，本研究在第 4 章和第 5 章中分别讨论了不同制度因素对工程项目组织场域内主要行动者政府官员和工程企业的影响机理，为本章的组态效应分析奠定了基础。有鉴于此，本章在模型构建部分对制度因素影响政府官员和工程企业的逻辑不再赘述，重点阐述项目特征因素影响工程项目腐败的逻辑，之后在研究发现和讨论部分进一步结合制度因素分析工程项目腐败的形成机理，解释导致工程项目腐败的多重致因路径。

工程项目各有不同，具体的项目特征使得有些工程项目更容易腐败，有些则反之。一般的观点认为项目规模大小是导致工程项目腐败的最重要特征，因为项目规模越大越有助于隐藏项目中的腐败交易。这一观点的逻辑在于项目中贿赂的金额通常是以项目总价值的一定比例来计算的，因此项目的规模越大，价值越高，贿赂的金额也就越大。这一观点的潜在意涵是贿赂取决于金钱的价值计算，而工程项目中真正的金钱计算是基于项目中每一个合同的价值。虽然以项目的整体规模（在已有研究中一般以项目的总价值测量）对工程项目腐败具有一定的解释力，但采用这一特征不能体现腐败的二元视角，而采用为腐败需求方和供给方提供链接纽带的单位合同金额作为项目特征则恰好弥补了这一缺陷。因此，本研究采用工程项目中单位合同的金额而非整体项目价值作为为工程项目腐败提供机会的项目特征因素。

另外一个重要的项目特征是工程项目中重复中标的情况。研究中一般认为市场竞争程度与腐败之间是存在负向相关关系的。具体来讲，现有研究认为，在工程项目中一般存在两种方式降低竞争程度。一是缩短招标流程，二是故意减少投标人数量。腐败的政府官员通过这两种方式达到偏袒特定的、愿意向他们支付贿赂的工程企业。但对这两种方式加强监管的措施又会促使腐败的政府官员，以其他方式达到偏袒即将与之进行腐败交易的工程企业，也就是说偏袒的形式得到了替代。例如，通过将一个合同切分为多个合同，引入更多的投标人，但实际上给予特定的工程企业更多的合同。所以，政府官员无论采取何种方式偏袒特定的工程企业，最后都会表现为受到偏袒的工程企业获得更多的合同，也就是出现重复中标的现象。

根据上述分析，并结合前几章的研究结果，工程项目腐败的发生是影响工程项目场域内为腐败需求行动者——政府官员和腐败供给行动者——工程企业提供激励的制度因素和为其提供机会的工程项目特征因素共同作用的结果。换言之，工程项目腐败是工程项目场域内政党体系制度化、问责制、新世袭主体、竞争压力、商业限制、规范性贿赂信念等制度因素和合同金额以及重复中标的机会因素共同作用所导致的。值得注意的是，由于第 5 章研究中将第 3 章中的营商环境因素拓展为商业限制、规范性贿赂信念，故本章将与第 5 章保持一致。虽然在第 3 章中识别的项目特征机会因素为项目规模、承包商数量以及合同数量，但为与理论分析的内涵一致，本章采用项目规模 / 合同数量和合同数量 / 承包商数量，即单位合同金额和重复中标作为项目特征因素加以讨论。因此，本研究构建如图 6–1 所示的组态效应分析模型以探究导致工程项目腐败的多重致因路径，同时探索影响工程项目腐败发生的前因要素之间的互补、替代或加强关系。有鉴于此，本研究提出如下命题。

命题 1：工程项目腐败是工程项目场域内制度激励因素和项目特征机会因素共同作用的结果；

命题 2：存在多个不同的前因组合，导致工程项目腐败的发生；

命题 3：工程项目腐败的前因条件之间存在着互补、替代或加强关系；

命题 4：影响政府官员腐败的制度激励因素是工程项目腐败的必要条件。

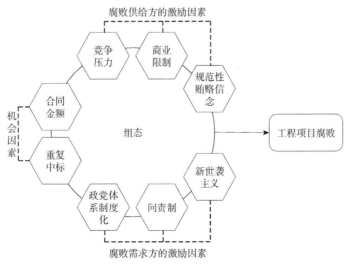

**图 6-1　引起工程项目腐败的前因组态效应分析模型**

## 6.2 工程项目腐败成因的组态分析

### 6.2.1 数据收集

本研究具有多样化数据来源。首先，从世行集团廉政局发布的世行集团制裁体系年报（The World Bank Group System Annual Report）中获得 2014—2019 年度每一年受世行集团制裁的个人和企业清单。结合世行集团制裁清单（World Bank Listing of Ineligible Firms and Individuals）、资格暂停与取消主管办公室发布的制裁审理通知，以及制裁委员会的制裁决议补充 2014—2019 年与制裁个人、企业相关的项目名称信息，通过世行集团项目数据库（World Bank Project & Operation）补充涉及腐败项目的项目信息。本研究获得世行集团资助项目中 114 个发生了腐败的项目样本，之后在世行集团项目数据库中剔除发生腐败的项目样本，在剩余样本中进行随机抽样，随机抽取了 114 个没有涉及腐败的项目样本，并通过瑞典哥德堡大学政治系的民主多样性（Varieties of Democracy，V-Dem）数据库补充项目所在国影响政府工作人员贿赂索取的制度前因数据。最后，本研究通过世行集团企业调查（World Bank Enterprise Survey）数据库补充项目所在国影响建筑业公司提供贿赂的制度前因数据。在删除有缺失值的样本后，本研究获得 38 个有效项目样本，其中发生腐败的项目样本 20 个，没有发生腐败的项目样本 18 个。

### 6.2.2 分析方法

本研究采用定性比较分析方法（Qualitative Comparative Analysis，QCA）探究工程项目腐败的产生机理。该方法以集合论为基础，适用于分析多个前因变量之间复杂的互动关系以及引致同一结果的多种路径。这一方法具有如下的优点：对样本量和数据来源要求较低；便于应对前因复杂性；验证因果非对称性；无须特殊处理跨层次变量；降低现象复杂性和可完整解读案例。具体而言，本研究采用该方法主要基于以下几点考量。

（1）本研究关注焦点在于工程项目中腐败需求方和供给方的制度影响因素以及项目特征因素如何交互导致工程项目腐败。在本研究情境下，传统的统计学方法仅能分析腐败需求方、腐败供给方、项目特征的单独作用或 2×2 交互作用，而不能分析上述三者的复杂互动关系。采用 QCA 方法可以将影响腐败需求方、供给方的制度因素和项目特征因素视为整体，并以此为出发点讨论上述三个方面多个前因的复杂互动关系。这一方法并不影响工程项目腐败需求方、供给方的制度因素以及项目特征因素视为单独作用于工程项目腐败的自变量，而是将上述三方面的因素视为通过条件组合方式共同引致工程项目腐败的前因条件构型，不单独关注每一个方面因素对工程项目腐败影响的路径效应，而是聚焦于探究由多种前因要素构成的对工程项目腐败最具有解释的相似或相异的条件构型。

（2）具有不同特征的工程项目嵌入在不同的制度情境下，导致工程项目发生腐败可能存在多种不同路径，因此，应重点考虑的前因条件以及每个条件的影响方向存在差异。除此之外，即使所有前因条件完全一致，导致工程项目腐败发生的前因构型也不一定是使工程项目不发生腐败的前因构型的补集。也就是说，若工程项目发生腐败记为 C，导致项目腐败的前因构型条件是 A 存在，那么该条件不存在（~A）未必是项目不发生腐败的前因条件。传统统计相关分析方法仅能处理对称关系（若 A 导致 C，则 ~A 导致 ~C），而 QCA 方法适用于处理这种前因不对称性，并且能够获得更好的研究效果（若 A 导致 C 成立，则 ~A 导致 ~C 未必成立）。

（3）工程项目腐败可能存在多条导致其发生的等效因果链条，但是基于回归分析的统计方法中，自变量对因变量的解释存在两类关系，一是自变量替代性地解释因变量，即解释因变量同一部分的变异，这就造成形成的理论具有竞争性和互斥性；二是自变量累加性地解释因变量，即解释因变量的不同变异部分，这就造成了自变量对因变量的解释非完全等效关系。而 QCA 方法则认同不同前因条件构型对被解释结果有互不冲突的完全等效性。即，若存在事实支持"A 且 B"和"~A 且 ~B"均可完全导致被解释的结果。

（4）本研究收集到的样本为 38 个项目，样本量不满足大样本的要求，无法通过跨层次分析讨论制度因素与项目特征因素对工程项目腐败的影响。由于样本量的限制，统计结果也较难获得稳健性。如若使用案例研究方法，虽然能够满足小样本分析的要求，但是手动分析处理几十个项目样本数据存在困难，通过这种方式分析也较难获得规律性结论。而定性比较分析方法是定量统计分析方法和定性案例分析方法的折中，它以布尔运算为基础，分析结果的稳健性不取决于样本大小，只取决于样本是否覆盖了代表性个体，而且可通过程序处理数据，实现统计方法的系统性量化分析，并通过逐个考察中等大小样本中的代表性个体，实现定性研究方法对实际现象的深入了解。

### 6.2.3 数据分析

（1）校准

本研究首先将各个样本在每个前因条件和被解释结果上的隶属度进行校准，校准结果和编码详见表6-1。本研究中由于结果变量为项目是否发生腐败，因此直接将发生腐败的案例，校准为1，没有发生腐败的案例校准为0。对于前因条件的校准，以实际值和该前因要素的均值作比较，高于均值的校准为1，代表该条件程度高，低于均值的校准为0，代表该条件程度低。

表6-1 前因条件和被解释结果的定义与二元编码

| 变量 | 类型 | 定义 | 赋值 | |
| --- | --- | --- | --- | --- |
| 工程项目腐败 | 结果变量 | 项目中是否发生贿赂行为 | 存在 | 1 |
| | | | 不存在 | 0 |
| 政党体系制度化 | 条件变量 | 项目所在国政体党的稳定程度和可预测程度 | 高 | 1 |
| | | | 低 | 0 |
| 问责程度 | 条件变量 | 项目所在国问责制实现的程度 | 高 | 1 |
| | | | 低 | 0 |
| 新世袭主义 | 条件变量 | 项目所在国基于个人权威统治的程度 | 高 | 1 |
| | | | 低 | 0 |
| 商业限制 | 条件变量 | 项目所在国海关和贸易监管、税收管理、劳动力监管、劳动力质量方面对建筑业公司的限制 | 高 | 1 |
| | | | 低 | 0 |
| 竞争压力 | 条件变量 | 项目所在国建筑业的竞争程度 | 高 | 1 |
| | | | 低 | 0 |
| 规范性贿赂信念 | 条件变量 | 项目所在国建筑业中通过向政府官员送礼或其他非正式支付以便使海关、税收、许可证、监管、服务等方面事务能尽快处理这一现象的程度 | 高 | 1 |
| | | | 低 | 0 |
| 合同金额 | 条件变量 | 单个项目中每个合同的金额大小程度 | 高 | 1 |
| | | | 低 | 0 |
| 重复中标 | 条件变量 | 单个项目中出现一个承包商获得多个项目合同的程度 | 高 | 1 |
| | | | 低 | 0 |

（2）单一必要性和充分性条件分析

在对研究的各个前因条件变量和结果变量进行二分赋值之后，判断每个前因条件变量是否为结果变量的单一必要条件或单一充分条件。这一判断主要根据一致性（Consistency）指标和覆盖率（Coverage）指标，二者的计算如式（6-1）

和式（6-2）所示，其中 $X_i$ 代表第 $i$ 个案例在前因条件集合 $X$ 中的隶属分数，$Y_i$ 是第 $i$ 个案例在结果集合的隶属分数。

$$Consistency\ (X_i \leqslant Y_i) = \frac{\sum[\min\ (X_i,\ Y_i)]}{\sum\ (X_i)} \qquad (6-1)$$

$$Coverage\ (X_i \leqslant Y_i) = \frac{\sum[\min\ (X_i,\ Y_i)]}{Y_i} \qquad (6-2)$$

根据 Skaaning 以及 Ragin 和 Fiss 的研究，当一致性指标超过 0.9 的阈值时，说明该前因条件为结果的单一必要条件，当一致性指标介于 0.75~0.9 之间时，该前因条件为结果的单一充分条件。本研究在 fsQCA 3.0 软件中计算了各个前因条件的一致性和覆盖率，数据分析结果如表 6-2 所示。问责制实现程度低的和新世袭主义程度高的一致性系数均为 0.75，说明二者分别为结果工程项目腐败的单一充分条件。同时，这两个前因条件的覆盖率系数分别为 0.60 和 0.88，根据 Ragin 和 Fiss 的建议，覆盖率系数越大说明解释力越好，因此，问责制实现程度低和新世袭主义程度高这两个条件对结果具有较好的解释力。

表6-2　一致性系数和覆盖率系数结果

| 条件 | 工程项目腐败 | |
|---|---|---|
| | 一致性系数 | 覆盖率系数 |
| 政党体系制度化（psi） | 0.50 | 0.40 |
| ~政党体系制度化（~psi） | 0.50 | 0.37 |
| 问责程度（acc） | 0.25 | 0.19 |
| ~问责程度（~acc） | 0.75 | 0.60 |
| 新世袭主义（neop） | 0.75 | 0.88 |
| ~新世袭主义（~neop） | 0.25 | 0.14 |
| 商业限制（bec） | 0.25 | 0.23 |
| ~商业限制（~bec） | 0.75 | 0.50 |
| 竞争压力（cp） | 0.30 | 0.22 |
| ~竞争压力（~cp） | 0.70 | 0.56 |
| 规范性贿赂信念（nbb） | 0.55 | 0.37 |
| ~规范性贿赂信念（~nbb） | 0.45 | 0.41 |
| 合同金额（conam） | 0.65 | 0.59 |

续表

| 条件 | 工程项目腐败 | |
|---|---|---|
| | 一致性系数 | 覆盖率系数 |
| ~ 合同金额（~conam） | 0.35 | 0.23 |
| 重复中标（contr） | 0.50 | 0.40 |
| ~ 重复中标（~contr） | 0.50 | 0.37 |

注：~ 表示逻辑"非"，在逻辑上表示该条件不存在，在本研究中代表该条件程度低。

（3）真值表计算

在理论上，本研究存在 $2^8$=256 种可能的条件组合，根据真值表的计算结果显示，存在大量的逻辑余项，逻辑余项的存在为反事实分析提供了可能性，有助于分析出更为普遍的模式。本研究已经编码好的原始数据导入 fsQCA 3.0 软件中计算真值表，在得到真值表后设定样本频次和一致性门槛。首先，本研究将样本门槛值设定为 1，即没有在原始样本中出现过的组合将被删除。其次，已有研究表明一致性的最低接受门槛为 0.75，本研究参照研究惯例将一致性门槛设定为 0.80，该设定表示高于 0.80 的条件构型标记为 1，视为对结果具有解释力的构型。表 6–3 展示了本研究真值表计算的结果。

表6-3  真值表计算结果

| 序号 | 条件 | | | | | | | | 结果 | 案例数量 |
|---|---|---|---|---|---|---|---|---|---|---|
| | A | B | C | D | E | F | G | H | R | （个） |
| 1 | 1 | 0 | 1 | 0 | 0 | 1 | 1 | 0 | 1 | 5 |
| 2 | 0 | 0 | 1 | 0 | 0 | 1 | 0 | 1 | 1 | 3 |
| 3 | 1 | 0 | 1 | 0 | 0 | 1 | 1 | 1 | 1 | 2 |
| 4 | 0 | 0 | 1 | 1 | 1 | 0 | 1 | 1 | 1 | 2 |
| 5 | 0 | 1 | 0 | 0 | 0 | 0 | 0 | 0 | 1 | 1 |
| 6 | 0 | 0 | 1 | 0 | 0 | 1 | 1 | 1 | 1 | 1 |
| 7 | 0 | 0 | 1 | 0 | 0 | 1 | 1 | 1 | 1 | 1 |
| 8 | 0 | 0 | 1 | 0 | 1 | 0 | 0 | 1 | 1 | 1 |
| 9 | 1 | 1 | 0 | 1 | 1 | 1 | 0 | 1 | 0 | 3 |
| 10 | 0 | 1 | 0 | 0 | 0 | 0 | 0 | 1 | 0 | 2 |
| 11 | 1 | 1 | 0 | 1 | 1 | 1 | 0 | 0 | 0 | 2 |

注：a. A= 政党体系制度化；B= 问责制；C= 新世袭主义；D= 商业限制；E= 竞争压力；F= 规范贿赂信念；G= 合同金额；H= 重复中标；R= 工程项目腐败。

## 6.3 研究结果

### 6.3.1 标准化分析结果

在 QCA 方法分析过程中，反事实分析包括简单类反事实分析和困难类反事实分析。其中，前者指的是研究人员认为特定的前因构型中包含了冗余条件，而这些冗余条件并不影响特定的前因构型是否能够导致被解释结果的发生，因此，在此类反事实分析中应该从前因构型中剔除掉冗余的条件从而简化条件组合；而后者指的是研究者在判断某个条件是否是冗余条件时，缺少理论上的指导和依据，加之在剔除某些可能的冗余条件后样本数据并不能支持该条件不能引致被解释结果，在这种情况下，研究者实践上通常出于简化前因构型的目的也将这类条件从前因组合中剔除出去。基于反事实分析，QCA 方法可以得到复杂解、中间解以及简约解三种类型的解。简约解包含了所有容易和困难的反事实分析，而中间解则基于理论和实践知识纳入容易的反事实分析，复杂解则是不进行任何反事实分析得到的解，通常不符合研究经济性的要求。现有研究中，学者们普遍认为中间解比简约解和复杂解更适合于路径分析。本研究通过 fsQCA 3.0 的计算得到如表 6-4 所示的清晰集定性比较分析的中间解。

表6-4 中间解的构型条件

| 序号 | 条件构型 | 原始覆盖率 | 唯一覆盖率 | 一致性 | 总体覆盖率 | 总体一致性 |
|---|---|---|---|---|---|---|
| 1 | ~acc*neop*~bec*~cp*nbb*conam | 0.4 | 0.35 | 1 | | |
| 2 | ~psi*~acc*neop*~bec*cp*contr | 0.05 | 0.05 | 1 | | |
| 3 | ~psi*~acc*neop*cp*conam*contr | 0.1 | 0.1 | 1 | 0.80 | 0.94 |
| 4 | ~psi*~acc*neop*~bec*~cp*nbb | 0.2 | 0.15 | 1 | | |
| 5 | ~psi*~acc*neop*~bec*conam*contr | 0.1 | 0.05 | 1 | | |
| 6 | ~psi*~bec*~cp*~contr | 0.05 | 0.05 | 0.5 | | |

根据表 6-4 的研究结果显示，本研究存在 6 种导致工程项目腐败的条件构型，但是构型 6 的一致性为 0.5 低于 0.75，说明该构型既不是导致工程项目腐败的充分条件也不是必要条件，因此，在接下来的核心条件分析中不考虑构型 6 的情况。如表 6-4 所示，中间解的总体一致性为 0.94，总体覆盖率为 0.80，说明中间解对结果的解释力较好。值得注意的是，在定性比较分析中，核心条件

指的是在简约解和中间解中同时出现的条件，而只有在中间解中出现的条件被称为辅助条件或边缘条件，从对被解释结果的充分性来看，非核心条件也可能是解释中不可或缺的前因要素，因此，也被称为非核心的贡献性条件。

根据中间解的条件构型，本研究分析了各个构型中核心条件和辅助条件的存在情况。虽然，从定义上来看核心条件似乎对结果产生起着决定性的作用，辅助条件的重要性则低于核心条件，但是，事实上辅助条件对结果的发生同样是不可或缺的重要条件。一些学者认为，只有当先前理论已经演绎过他们在重要性上的差异时，才能认为核心条件在理论上比辅助条件更为重要。有鉴于本研究是综合考虑腐败需求方、供给方以及项目特征对工程项目腐败的探索性机理分析，并无现成对本研究中的前因条件在理论上作重要性差异的演绎。因此，本研究将综合考虑核心条件和辅助条件对结果产生的影响。本研究各个构型的核心条件和辅助条件结果分析如表 6-5 所示。

表6-5　导致工程项目腐败的组态

| 条件 | 中间解组态 | | | | | |
|---|---|---|---|---|---|---|
| | 1 | 2 | 3 | 4 | 5 | 6 |
| 政党体系制度化 | | ⊗ | ⊗ | ⊗ | ⊗ | ⊗ |
| 问责制 | ⊗ | ⊗ | ⊗ | ⊗ | ⊗ | |
| 新世袭主义 | ● | ● | ● | ● | ● | |
| 商业限制 | ⊗ | | ⊗ | ⊗ | ⊗ | ⊗ |
| 竞争压力 | ⊗ | ▲ | ▲ | ⊗ | | ⊗ |
| 规范性贿赂信念 | ▲ | | | ▲ | | |
| 合同金额 | ▲ | ▲ | | | ▲ | |
| 重复中标 | | ▲ | ▲ | | ▲ | ⊗ |
| 一致性 | 1 | 1 | 1 | 1 | 1 | 0.5 |
| 原始覆盖度 | 0.40 | 0.10 | 0.05 | 0.20 | 0.10 | 0.05 |
| 唯一覆盖度 | 0.35 | 0.10 | 0.05 | 0.15 | 0.05 | 0.05 |
| 总一致性 | 0.94 | | | | | |
| 总覆盖度 | 0.80 | | | | | |

注：●代表核心条件存在；⊗代表核心条件不存在；▲代表辅助条件存在；⊗代表辅助条件不存在；空白代表该条件对结果不重要。

如表 6-5 所示，导致工程项目腐败的组态解共有 6 组。但是组态 6 的一致性仅为 0.5，小于 0.75，不满足充分条件的阈值，因此，不对该组态进行讨论。其余组态一致性均大于 0.75，说明其他组态均为导致工程项目腐败的充分条件。另外，组态解的总体覆盖度为 0.80，说明这 6 种组态总共解释了 80% 的工程项目腐败发生的原因。通过对导致工程项目腐败的组态进行分析，本研究得到如下研究结果：①在可解释的 5 种组态中，新世袭主义作为核心条件存在于全部 5 种组态中，说明工程项目所在国的新世袭主义程度对项目中腐败发生的核心作用；②在这 5 种组态中，问责制不存在出现 5 次，说明对政府官员的惩罚机制对控制工程项目腐败具有重要作用；③影响工程项目中腐败供给方的制度性因素是导致工程项目腐败的辅助条件。其中，商业限制在 5 种组态中 4 次以逻辑非的形式出现，在其余一种组态中为可有可无，这一结果说明相比于竞争压力和规范性贿赂信念，商业限制并不是导致工程项目腐败的重要条件；④根据组态 1 至组态 4 的结果显示，当竞争压力条件出现时，规范性贿赂信念这一条件表现为可有可无，而当规范性贿赂信念这一条件出现时，竞争压力条件表现出逻辑非，这一结果在一定程度上说明了竞争压力和规范性贿赂信念两个条件之间存在着替代关系，即二者不会同时出现在这 5 个组态中；⑤合同金额和重复中标是促成工程项目腐败的辅助条件。其中，组态 1 和组态 3 中合同金额和重复中标只出现其中一个，通过比较发现这两个组态的主要区别在于政党体系制度化和规范性贿赂信念，也就是说，在其他条件一致时，规范性贿赂信念程度高的制度环境中，工程项目腐败的机会因素是合同金额；政党体系制度化程度低的制度环境中，工程项目腐败的机会因素是重复中标。组态 2 和组态 3 的结果显示，当竞争压力存在时，重复中标也会伴随出现。组态 4 中合同金额和重复中标都表现为可有可无，这一结果说明在新世袭主义和规范性贿赂程度高的国家中，还存在着其他项目特征为工程项目腐败提供机会。

### 6.3.2　稳健性检验

本书参照 Misangyi 和 Acharya、Bell 等的稳健性检验方法对本研究中定性比较分析的结果进行稳健性检验。具体做法是在检验结果变量出现的前因构型条件之后，继续检验导致结果变量不出现的前因构型。这一方法是定性比较分析稳健性检验中最传统、最常用的方法。有鉴于此，本研究在分析了工程项目腐败的前因构型之后，检验了工程项目没有发生腐败的前因构型。工程项目没有出现腐败时的前因组态结果如表6-6所示。研究结果显示，导致工程项目不发生腐败存在两种构型，并且不存在与表6-4中相同的前因构型。根据稳健性检验结果可以说明，导致工程项目腐败不发生的组态与导致工程项目腐败发生的组态截然不同，说明研究结果具有稳健性。

表6-6 稳健性检验结果

| 序号 | 条件构型 | 原始覆盖率 | 唯一覆盖率 | 一致性 | 总体覆盖率 | 总体一致性 |
|---|---|---|---|---|---|---|
| 1 | ~contr*cp*nbb*bs*psi*~neop*acc | 0.44 | 0.44 | 1 | 0.61 | 1 |
| 2 | ~contr*~conam*~cp*~nbb*~bs*psi*~neop*acc | 0.17 | 0.17 | 1 | | |

## 6.4 研究发现与讨论

通过对可解释的5种组态结果分析，本章得到如下研究结论：

第一，新世袭主义和问责制作为影响工程项目中腐败需求方的制度因素是导致工程项目腐败的最重要条件。在全部5种可解释组态中，新世袭主义作为核心条件全部出现，而问责制作为核心条件全部不出现。这一研究结果说明，工程项目发生腐败主要是源于政府官员对腐败的需求，表现为对贿赂的索取。这一结果支持了强场域中关键利益相关者由于掌握了重要资源具有较大影响力的观点。在工程项目组织场域中，政府官员以及与政府有直接合同关系的工程企业构成了该场域内的强场，工程企业和政府官员的地位和权力差距较大，作为弱势参与者的工程企业必须满足作为关键利益相关者的政府官员的要求，才能在场域内生存发展下去。而新世袭主义条件的存在和问责制条件的不存在，也支持了第4章中新世袭主义国家的恩庇侍从网络对以法律理性规则为基础的问责制控制政府官员腐败的削弱作用。

第二，商业限制、竞争压力、规范性贿赂信念是工程项目腐败发生的辅助条件，竞争压力和规范性贿赂信念发挥的作用大于商业限制。在可解释的5种组态中，影响工程项目腐败供给方的制度性因素全部属于辅助条件，这一结果进一步说明了工程项目组织强场域内政府官员的强势地位以及工程企业只能选择配合服从的弱势地位。同时，商业限制作为辅助条件在5种组态中，4次不出现，1次可有可无。这一结果说明，政府在商业领域过多的监管和烦琐的程序并不是导致工程企业向政府官员提供贿赂的关键制度性条件，这也进一步说明了工程企业可以通过培养自己的制度能力克服强制性同构机制对自己被动贿赂的影响。这一研究发现也间接支持了第5章中，制度能力对强制性同构机制与工程企业被动贿赂之间存在调节作用的假设。

第三，竞争压力和规范性贿赂信念之间存在着替代效应。组态2和组态3中竞争压力存在，而规范性贿赂信念可有可无，在组态1和组态4中，当规范性贿赂信念存在时，竞争压力不存在。这一结果说明竞争同构和制度同构的替代关系。在实践中，一方面，当工程项目所在国的行业中存在普遍通过贿赂政府官员方式获得合同资源的情况时，市场竞争机制被贿赂机制所替代，造成了少数企业分赃的情况，致使市场竞争机制对工程企业贿赂行为的影响变弱。另一方面，在市场竞争较强的环境中，提升自身资质和能力作为提升竞争力的途径是多数企业的首选方案。此时，工程企业则有动机通过以更小成本的贿赂方式提升自身竞争力，获得市场中的稀缺资源。

第四，工程项目特征是工程项目腐败发生的辅助条件，并且配合影响腐败需求方和供给方的制度条件出现。首先，工程项目的合同金额和重复中标两种特征并没有显著重要性上的差异，在5种组态中这两个条件均出现3次；其次，分析组态2和组态3可以发现，当竞争压力存在时，重复中标同时也会出现；再次，组态1和组态3的结果显示，当政党体系制度化程度低时，重复中标也会同时出现，而当规范性贿赂信念出现时合同金额这一条件也会出现；最后，组态4的结果还显示了合同金额和重复中标可有可无的情况下，工程项目同样可能发生腐败，说明了工程项目特征作为腐败供给方和需求方的腐败交易的载体，还存在其他为腐败发生提供机会的方式。

（1）理论贡献

首先，本章揭示了制度因素与工程项目特征的组合对工程项目发生腐败存在的殊途同归效果。通过分析导致工程项目腐败的多种组态，本章揭示了工程项目所嵌入的制度环境因素和项目特征对工程项目腐败的影响机理，补充了工程管理领域内缺少工程项目腐败形成机理研究的不足。其次，本章通过以工程项目为研究对象，系统讨论宏观制度因素和中观项目特征因素对工程项目腐败的影响，实证检验了腐败理论中所提出的腐败是由多层次因素共同作用影响产生的复杂社会现象这一观点，弥补了已有管理学腐败研究中仅讨论微观、中观、宏观某一个层次因素对腐败影响的研究不足。再次，本章验证了工程项目组织强场域内政府官员作为关键利益相关者的强势地位，以及工程企业可以通过培育制度能力克服强制性同构机制对被动贿赂的影响，拓展了制度理论中强场域相关研究的应用范围。最后，本章将政治学领域中影响政府官员腐败的政治动力机制因素融入工程项目腐败的分析之中，不仅丰富了工程管理领域腐败的研究，同时也促进了政治学中腐败的政治动力机制与管理学中腐败形成机理研究的融合。

（2）实践意义

首先，本章的研究结论说明了影响政府官员索取贿赂的制度性因素在工程项目腐败中的核心作用，这一点为诸如世行集团等作为工程项目提供资金的一方，在评估工程项目腐败风险时提供了新的关注点，尤其是在考虑国别风险时应更加关注项目所在国的新世袭主义程度和问责制的实现程度。同时，本研究结论也提醒了那些有志于控制腐败的政府管理者，应该重点关注问责制的实现程度和新世袭主义程度在国家政治体系中的弥散程度。其次，本章的研究结论说明，与政府有直接合同关系的工程企业可以通过培育自身的制度能力以克服政府在商业领域所施加的过度监管和烦琐程序。该研究结论说明了政府所施加的商业限制并不能成为工程企业为自己诉诸贿赂解决商业领域限制问题的借口，也为工程企业应对政府官员索取贿赂提供了一种可能的解决方案。再次，竞争压力和规范性贿赂信念的替代作用说明了在监管资源有限的情况下，只需警惕工程企业所处环境中市场竞争的程度或工程企业所处环境中其他同行对待腐败的态度以及行动即可。最后，对于工程项目的监管方来说，可以将考察的重点放置于市场竞争压力大或政党体系制度化程度低的制度环境下工程项目中的重复中标问题，规范性贿赂信念高的制度环境下工程项目中的合同金额问题。上述结论可以帮助工程项目监管方以更低的监管成本快速且准确地发现工程项目可能存在的腐败问题。

# 专栏案例一：巴西最大建筑公司腐败案——世界杯和奥运场馆建设涉工程腐败

巴西最大建筑公司——奥德布雷希特建筑公司的行贿丑闻调查最新情况，

日前该公司 70 多名高管已承认曾系统性对政府官员行贿，以获得定价超高的工程合同。当地时间 14 日，巴西检方公布了奥德布雷希特建筑公司高管的证词，据证词显示，巴西世界杯和奥运场馆建设均有涉嫌工程腐败，包括前里约市市长、前里约州州长与现任州长等巴西多名政府高级官员被指控涉嫌参与此次贪腐案。

据奥德布雷希特建筑公司高管的证词，举行 2014 年巴西世界杯的场馆里有半数的场馆涉嫌工程腐败，其中包括著名的马拉卡纳体育场、巴西利亚国家体育场。马拉卡纳体育场的翻新工程最后的花费比预算多 3 亿雷亚尔（约合人民币 6.6 亿元）。此外，2016 年里约奥运场馆的建设也卷入这次的腐败案。

巴西多名官员涉建筑公司腐败案，前里约市市长帕埃斯被指控在 2012 年向奥德布雷希特建筑公司索取超过 1500 万雷亚尔（约合人民币 3300 万元）的费用以换取与奥运会相关的合同。证词还指出，奥德布雷希特建筑公司曾给前里约州州长卡布拉尔与现任州长费尔南多支付了 1.2 亿雷亚尔（约合人民币 2.6 亿元）以换取获得工程建设合同。

## 专栏案例二：美国建筑公司老板因欺诈获取数百万美元的合同而被判刑

几家建筑公司的老板因长期欺诈美国政府的计划而被判处 27 个月监禁，并被罚款 175 万美元。2022 年 6 月，在得克萨斯州西区美国地方法院进行了为期六天的审判后，陪审团裁定帕德隆犯有共谋欺诈美国政府和电信欺诈罪，罪名是在小企业管理局（SBA）管理的项目下获得有价值的政府合同。证据显示，帕德隆与他人合谋，安排一名服务残疾退伍军人作为一家被标榜为服务残疾退伍军人拥有的小企业（SDVOSB）的总建筑公司的名义所有者。帕德隆及其商业伙伴对该建筑公司行使了具有取消资格的财务和运营控制。据法院文件显示，阴谋者隐瞒了这种控制，以获得超过 2.4 亿美元的政府合同，这些合同原本是为 SDVOSB 和其他小企业预留的，以使其得到更大的、不合资格的企业受益。

"这一判决反映了该罪行的严重性和长期性，"司法部反垄断刑事执法代理副助理司法部部长马文·普赖斯（Marvin Price）说，"反垄断司及其采购勾结打击小组仍然致力于追究那些选择欺骗联邦采购计划的高管的责任。"

"共谋欺诈性地使用 SBA 计划资金原本是为服务残疾退伍军人准备的是可恶的行为，"小企业管理局监察长办公室（SBA-OIG）中部地区特工主管莎伦·约翰逊（Sharon Johnson）说，"这一判决表明，那些欺骗国家重要经济计划的人将被追究责任。我感谢反垄断司和我们的执法合作伙伴的奉献和追求正义的努力。"

"今天的判决应该作为一个严峻的提醒，我们的特工以及我们的合作执法机构的特工，对那些选择欺骗政府的人是毫不留情的，"陆军刑事调查部（CID）重大采购欺诈处特工主管 L. 斯科特·莫兰（L. Scott Moreland）说，"我们拥有一支训练有素的特别探员和分析师队伍，他们擅长打击和揭露与政府合同和采购相关的欺诈、欺骗和其他犯罪行为。"

"公平竞争对采购过程至关重要，"总务管理局监察长办公室（GSA-OIG）西南和落基山脉分局特工主管杰米·威利敏（Jamie Willemin）说，"今天的判决表明 GSA-OIG 致力于积极调查欺骗合法小企业和纳税人的欺诈商业行为。"

"VA-OIG 致力于识别和制止那些挪用仅为我们国家的残疾退伍军人提供的机会的人，"退伍军人事务部监察长办公室（VA-OIG）南中部分局代理特工主管帕特里克·罗奇（Patrick Roche）说，"VA-OIG 感谢司法部和我们的执法合作伙伴在这一案件中为实现正义所作的共同努力。"

反垄断司的华盛顿刑事二科负责起诉此案，调查由 SBA-OIG、美国陆军 CID 重大采购欺诈处、VA-OIG、DCIS 和 GSA-OIG 进行。得克萨斯州西区美国检察官办公室和陆军审计署也协助了调查。

# 第7章

# 主要结论与研究展望

## 7.1 本书的主要研究结论

本研究以工程项目腐败研究中被忽视的两类因素——制度因素和项目特征因素为切入点，在腐败二元视角下揭示了工程项目腐败的形成机理。围绕这一核心研究问题，本研究提炼出 4 个子研究问题，分别为：①哪些制度因素和工程项目特征因素与工程项目腐败最为相关；②制度因素如何影响工程项目腐败需求方——政府官员的腐败行为；③制度因素如何影响工程项目腐败供给方——工程企业的腐败行为；④影响腐败需求方和供给方的制度因素如何与工程项目特征因素交互导致工程项目腐败的发生。通过对上述 4 个子问题的分析和研究，本研究得到以下结论。

第一，本研究通过基于图的特征选择算法识别发现与工程项目腐败最为相关的制度因素是项目所在国的政治制度因素和经济制度因素。其中，政治制度因素分别是问责制、新世袭主义和政党体系制度化，经济制度因素分别是营商环境和市场竞争。而与工程项目腐败最为相关的项目特征因素是项目规模、承包商数量以及合同数量。虽然管理学腐败研究中识别出大量与腐败相关的政治、经济、法律、社会文化四个维度下的制度因素，但是只有政治制度因素和经济制度因素与工程项目层面的腐败相关性最强。鉴于政治制度因素主要作用于腐败的需求方——政府官员，而经济制度因素主要作用于腐败的供给方——工程企业，这一结果支持了工程项目腐败二元性的理论预期。同时，制度因素和项目特征因素都是工程项目腐败的重要影响因素，也初步支持了工程项目中腐败分析的"激励－机会"框架。

第二，本研究通过构建并实证检验政府官员腐败的被调节中介模型，揭示了工程项目中腐败需求方的腐败行为形成机理。具体而言，本研究讨论了政党体系制度化通过问责制影响政府官员腐败的作用路径，研究结果发现政党体系制度化通过提供政党间竞争的规律性和政党内的稳定性控制政府官员的腐败行为，同时，政党体系制度化对政府官员腐败的影响还通过问责制的中介机制发挥作用。在此基础之上，本研究还讨论了政党体系制度化通过问责制影响政府官员腐败的作用边界。研究结果发现，新世袭主义程度所体现的恩庇侍从关系削弱了以法律理性为基础的问责制对腐败的控制作用，从而使得政党体系制度化通过问责制对政府官员腐败的负向影响效果减弱。

第三，本研究实证检验了组织同构机制对工程项目中腐败供给方的腐败行为的影响及作用边界。具体而言，本研究检验了强制同构、模仿同构以及竞争同构对工程企业主动贿赂和被动贿赂的影响，以及工程企业的制度能力对上述影响关系的调节作用。研究结论说明商业限制所代表的强制性同构机制仅对工程企业的被动贿赂产生显著正向影响，而工程企业的制度能力对强制同构机制与被动贿赂之间的关系具有负向调节作用。这说明工程企业的被动贿赂主要是由于政府所施加的商业限制造成的，而工程企业可以通过构建自身的制度能力克服这一影响。规范性贿赂信念所代表的模仿同构机制对工程企业主动贿赂和被动贿赂均存在显著正向影响，说明了整个行业中规范性贿赂信念同时影响了工程企业的主动贿赂和被动贿赂行为。市场竞争所代表的竞争同构机制仅对工程企业被动贿赂存在显著负向影响。

第四，本研究通过定性比较分析方法在腐败二元视角下验证了工程项目腐败的"激励－机会"框架。具体而言，本研究发现新世袭主义和问责制作为影响工程项目中腐败需求方的制度因素是导致工程项目腐败的最重要条件，说明工程项目腐败主要源于政府官员对腐败的需求；商业限制、竞争压力、规范性贿赂信念是工程项目腐败发生的辅助条件，竞争压力和规范性贿赂信念发挥的作用大于商业限制，说明工程企业配合政府官员从事腐败的弱势地位；竞争压力和规范性贿赂信念之间存在着替代效应，说明市场竞争机制和贿赂机制在工程项目腐败中替代关系；工程项目特征是工程项目腐败发生的辅助条件，并且配合影响腐败供给方的制度条件出现，这一结论说明工程项目腐败是由制度因素诱导项目中的腐败需求方和供给方，然后通过项目特征提供机会配合，使双方完成工程项目腐败这一场域内集体行为。本研究的结论验证了工程项目腐败不仅是腐败需求方和供给方共同作用的结果，同时也是制度激励因素和项目特征机会因素共同作用的结果。

## 7.2 本书的研究不足与局限

本研究还存在一些局限性和不足之处，具体体现在以下三点：

第一，已有学者指出腐败是微观、中观、宏观因素共同作用产生的复杂社会现象。本研究验证了宏观制度因素和中观项目特征因素对工程项目腐败的影响机理，受限于数据获取的难度并没有将个人决策层面的微观机制纳入整体的分析框架之中。未来的研究中可系统地识别个人腐败决策微观机制的影响因素，并揭示个人腐败决策的形成机理。将微观机制的研究成果纳入本研究通过定性比较分析所揭示的工程项目腐败形成机理框架中，形成对工程项目腐败更全面的解释。

第二，在理论上，制度能力对工程企业腐败行为的影响是一把双刃剑，制度能力既能提升工程企业参与贿赂的技巧，又能指导工程企业如何拒绝贿赂。本研究仅将制度能力作为组织同构影响贿赂的边界条件，尚未全面揭示制度能力在何种条件下发挥正面作用抑或负面作用。同时，制度能力存在关系网络渗透和关系契约构建两个重要维度，本研究对制度能力的探索仅按整体概念来讨论，并未分别讨论关系网络渗透和关系契约构建两个维度。在未来的研究中，可以按照上述两个维度检验制度能力在工程企业贿赂中所发挥的作用，并解释其发挥正面作用抑或负面作用的边界条件。

第三，本研究中的工程项目均为由世行集团提供贷款资助、由贷款国政府作为发包人的工程项目，因此，对工程项目腐败定义的内涵和外延较为特定且较窄。但本研究得到的工程项目中贿赂类型的腐败是由腐败的需求方和供给方制度性激励因素和工程项目特征机会因素共同作用结果的结论，仍对其他类型的工程项目具有一定的参考意义。在未来的研究中，依然可以借鉴从腐败主体分析为基础，以制度因素和工程项目特征因素为切入点的研究思路，对其他类型的工程项目腐败形成机理进行针对性的研究。同时，在这一思路下，还可以加强针对中国建筑企业涉及工程腐败问题进行具体分析。

## 7.3 本书的研究展望

（1）基于制度因素和项目特征因素提出工程项目腐败风险预测模型

尽管本书使用客观指标测量工程项目腐败，但仍是以工程项目中发生腐败和未发生腐败标记的二分变量进行测量，无法连续区分工程项目腐败发生概率。现有管理学腐败研究中急需以客观指标为基础的工程项目腐败预测模型。有学者在这方面进行了初步的尝试，例如，Fazekas等基于中东欧国家的采购合同信息开发构建了政府采购中的腐败风险评估预测指标模型。本研究第3章中通过基于图的特征选择算法计算出了相关制度因素和项目特征因素与工程项目腐败之间的关联程度，未来研究可以尝试结合机器学习中不同的分类器算法，例如支持向量机、神经网络等方法开发一个基于制度因素和项目特征因素的工程项目腐败风险预测模型。

（2）基于工程项目腐败形成机理检验腐败治理措施的有效性

清晰分析腐败形成机理是腐败控制的前提，本研究在腐败二元视角下讨论了政府官员、工程企业的腐败行为如何结合项目特征提供的机会导致工程项目腐败。现有研究虽然提出了透明机制、审计机制、项目治理、新信息技术应用等控制工程项目腐败的方法，但是尚未有研究实证检验这些机制对工程项目腐败控制的有效性。本研究所揭示的工程项目的腐败机理正好为验证这些腐败控制手段提供了基础。未来的研究可以先分别讨论腐败控制手段对政府官员和工程企业腐败激励形成过程的作用，在此基础上，同时考虑在项目层面这些控制手段如何发挥作用，验证不同控制手段的有效性，从而为腐败监管者提供理论指导，精准找到工程项目腐败控制的有效手段，节约现实中实施腐败控制的成本。

# 第 8 章

# 治理工程腐败的国际经验
## ——以全球基础设施反腐败中心（GIACC）为例

全球基础设施反腐败中心（Global Infrastructure Anti-Corruption Centre，GIACC）是一个国际合作组织，由独立的非营利组织组成，致力于为基础设施部门开发和推广反腐措施。GIACC 的目标是通过提高对腐败的认识，发布免费的反腐资源，推动公共和私营部门实施有效的反腐措施。GIACC 提供的资源适用于全球的工程、建设和基础设施活动，并保持独立性，不进行咨询或腐败调查。

## 8.1 GIACC 对腐败的定义

（1）广义与狭义上的定义

广义上，腐败是一个总括性术语，包括贿赂、敲诈、欺诈、卡特尔、滥用职权、贪污和洗钱等犯罪行为。

贿赂是指提供、给予、请求或接受利益，以诱使某人不正当地履行职能，或作为不正当履行职能的报酬。

敲诈是指以不施加人身伤害或损害为条件，索取金钱或其他利益。

欺诈是指一个人欺骗另一个人以获取某些财务或其他优势。

卡特尔是指两个或两个以上的组织秘密串通，在投标合同或设备、服务或材料定价方面进行合作。

滥用职权是指公共职务人员或信任职位人员滥用权力，以使自己或他人受益。

贪污是指一个人挪用其有责任保护的资金。

洗钱是指一个人在明知或怀疑现金或资产，或其资金来源来自犯罪活动的情况下，进行交易。

狭义上，腐败仅指贿赂行为。

广义上，腐败是一个总括性术语，包括贿赂、敲诈、欺诈、卡特尔、滥用职权、贪污和洗钱等犯罪行为。这些行为在大多数司法管辖区通常构成犯罪，尽管对犯罪的具体定义可能有所不同。

广义定义更为可取，因为这些腐败行为都是刑事犯罪，通常涉及欺骗、隐蔽进行、以非法获利为目的，通常同时发生导致经济损失/质量缺陷，需要类似的预防/检测措施。

（2）贿赂

贿赂是指提供、给予、请求或接受利益，以诱使某人不正当地履行职能，或作为不正当履行职能的报酬。利益可以是任何有价值的东西，例如现金支付、礼物、款待、支付学费、向政党捐款、支付度假费用或就业承诺。

不正当履行职能：受贿诱导或奖励的不正当行为是指某人在其官方职能或职责方面的行为或不作为。例如，一名采购经理有责任根据客观标准将合同授予评估最优的投标人，但如果他将合同授予提供最有价值个人利益的投标人，则其行为是不正当的。

直接或间接支付：贿赂可以直接在两人之间进行，也可以通过中介（例如代理人）进行。

贿赂不需要完成：提供贿赂的行为通常构成犯罪，即使对方拒绝接受贿赂或未按约定行事。同样，索要贿赂的行为即使对方拒绝支付贿赂，通常也构成犯罪。

机构贿赂是指在组织完全批准的情况下支付或接受贿赂。例如，某组织授权其商务总监支付贿赂以赢得合同。

个人贿赂是指某组织代表在未经组织批准的情况下支付或接受贿赂。例如，一名政府官员接受贿赂以授予合同，而相关政府部门不会批准该贿赂行为。

供应方贿赂是指负责提供或给予贿赂的个人或组织。

需求方贿赂是指负责索要或接受贿赂的个人或组织。

● 礼品和款待

在商业交易中，礼品和款待可能被视为实际的或被认为是贿赂。

如果礼品或款待在双方没有任何意图让接受者不正当地行事或作为不正当行为的报酬的情况下真诚地赠送和接受，那么礼品或款待就不是贿赂。然而，如果赠送者或接受者的意图是让礼品或款待影响接受者不正当地行事，或作为不正当行为的报酬，那么它就会构成贿赂。

在商业交易中，即使礼品或款待的赠送者和接受者没有意图进行腐败行为，第三方（如媒体、检察官或法官）也可能会认为礼品或款待是腐败行为，因为他们看不到其他合理的赠送或接受理由。礼品或款待被认为是腐败行为的可能性取决于多种因素的结合，如礼品或款待的价值及其赠送的情境。

- 疏通费

疏通费是为了确保或加快本应依法获得的服务而向公职人员支付的非法或非正式费用。通常金额较小，所支付的服务例如签发签证、工作许可证、海关清关或工作批准，或安装电力、电话或水等公共服务。接受疏通费的人以个人身份不正当地接受了这笔钱。如果官员要求的费用是该服务的公布合法费用，那么这就不算是疏通费。在大多数国家，官员要求支付和接受疏通费，无论金额多小，都被视为犯罪行为。

有些司法管辖区将疏通费视为贿赂，而另一些则将其视为一种单独的犯罪类型。支付给官员的疏通费有时与支付给官员的贿赂有所区别，疏通费是为了劝说官员正确履行其职责的非法支付，而贿赂是为了劝说官员不正当地履行其职责的非法支付。

例如，您正在申请您组织依法有权获得的进口许可证。然而，相关政府官员表示，只有您支付一定的钱，他才会签发许可证。这笔额外支付不是官方的政府费用，而是官员要求的非正式个人支付，以便他正确履行职责并签发许可证。您进行支付是因为无法进口将给您的组织带来比所请求支付金额更大的财务损失。在这种情况下，您、您的组织和该官员可能会因犯罪行为而承担责任。

- 贿赂如何支付

有时贿赂可能直接从给予者转给接受者。但在许多情况下，可能会采取其他措施，通过看似有效地与第三方的交易来掩盖贿赂。例如，一个组织可能同意支付给代理人一笔成功费用，如果该组织赢得了合同。这看起来像是合法的费用。然而，隐藏的安排可能是代理人将使用部分成功费用向政府官员支付贿赂，而该官员不正当地确保合同授予该组织。因此，成功费用被用作支付秘密贿赂的间接机制。

贿赂也可能隐藏在合资伙伴、分包商或供应商的合同价格中，并由这些组织支付。

- 贿赂的例子

与基础设施项目相关的贿赂可能以多种方式发生。例如：

一个希望在指定为农业区的地方建造工厂的项目开发商，为了鼓励政府官员批准工厂的规划许可，向其赠送了一块昂贵的手表。

A公司的销售经理向B公司的采购经理提供了一个三天的全包假期，以换取采购经理确保B公司将合同授予A公司而不是最合适的候选人。

承包商的现场经理要求在一个建设项目上工作的分包商向他支付现金，以换取他批准分包商的虚高付款要求和有缺陷的工作。

（3）敲诈

敲诈是指某人索取金钱或其他利益，以换取不对被敲诈者进行人身伤害或损害。

- 敲诈的例子

一名在路障处执勤的警察携带着枪支，恶狠狠地要求非法现金支付以让你通过路障。你因为害怕人身伤害而支付了他钱，警察于是让你通过。

- 支付敲诈款项的辩护

在许多国家，向警察或政府官员支付敲诈款项可能构成犯罪。然而，许多国家的法律规定，如果付款人仅因害怕自己或他人即将受到人身伤害或死亡而进行支付，则这种支付不构成犯罪。

因此，在上述警察路障的例子中，您合理地害怕即将受到人身伤害或死亡，因此进行支付以避免这种风险。在有些国家，警察会被判敲诈罪，而您则不太可能因犯罪而承担责任。

当然，如果警察因为您危险驾驶而拦下您的车，并没有威胁您或要求非法支付，但您为了避免罚款而向警察提供个人支付。在这种情况下，不会构成敲诈罪，但您可能会因贿赂而承担责任，而如果警察接受了支付，他也可能会因贿赂而承担责任。

（4）欺诈

欺诈是指一个人欺骗另一个人以获得某些财务或其他利益。

欺诈可以通过虚假陈述来实施。这是指一个人向另一个人作出虚假陈述，明知该陈述是不真实或可能具有误导性的；并且作出该陈述是为了获取利益或造成损失。

陈述是任何用来影响意见或行为的声明。陈述可以是明确的或隐含的，可以是口头或书面的（例如合同索赔、信件、电子邮件、发票、会议等中的声明）。

利益或损失可以是财务的或非财务的，可以是为作出陈述的人或为他人谋取的。

欺诈也可以通过不披露信息来实施。这是指 A 未向 B 披露 A 有义务披露的信息，并且 A 不披露信息是为了获取利益或造成损失。

在基础设施项目的背景下，通常要求一个人完全披露所有与例如付款请求、变更和时间延长相关的相关信息。

必要的知识：要对欺诈负责，您通常需要知道您的陈述是虚假的（即故意行为），或知道它可能是虚假的（即鲁莽行为）。如果您真诚地相信陈述是真实的（即无辜行为），并在发现其虚假后立即更正，您不太可能承担责任。

- 欺诈的例子

一家混凝土供应商明知向客户供应的混凝土规格较合同要求的更便宜且质量更差，但向客户开具的发票却是按合同要求的规格。因此，发票包含虚假陈述，称所供应的混凝土符合要求。欺诈性收益是错误地按合同质量混凝土收取的金额与应收取的较便宜混凝土金额之间的差额。

在延误由项目业主责任造成的情况下，承包商有权向项目业主索赔时间延长和额外费用。承包商向项目业主提交了基于业主延误的额外费用索赔，但故意隐瞒了自己部分责任的证据。

一家土方工程分包商错误地向客户开具了超出实际外运土方量 30% 的发票。分包商发现了这个错误，但没有开具更正发票，并接受了按错误发票支付的款项。尽管分包商并非故意开具虚假发票，但其随后不更正发票，故意表示发票正确，以获得欺诈性财务收益。

为了获得合同经理的职位，一名求职者在求职申请中声明她曾担任过合同经理职位，但实际上她从未担任过此职位。

一名员工在向雇主申请汽车商务旅行报销时夸大了行驶距离，以获得更高的报销款项。

（5）卡特尔

卡特尔是指两个或两个以上的组织在投标合同或设备、服务或材料的定价方面秘密串通。

卡特尔的目的是防止真正的竞争，从而通过抬高价格到高于真正竞争情况下的水平来获取非法利润。

这些行为有时被称为共谋或反竞争行为。

合法并向客户披露的组织间合作（例如合资企业）通常不构成卡特尔。

- 卡特尔的例子

投标卡特尔：投标合同的投标者提前秘密协商他们将提交的投标价格以及谁将赢得合同。因此，该合同没有真正的竞争，预定的赢家可以提交更高的投标价格。

价格固定：供应商（例如混凝土供应商）秘密协商，在相互竞争时不低于商定的单价。因此，没有真正的竞争，价格会因此更高。

失败者费用：投标者确实在竞争以赢得合同。然而，他们提前秘密协商，在投标价格中包含一笔代表所有竞争投标者总估算投标成本的附加金额。无论哪个投标者获得合同，都将这笔金额分给所有未成功的投标者，使他们能够收回投标成本。

掩护定价：某投标者忙于其他项目，无法承接新的项目，但希望长期留在客户的批准投标者名单上。因此，它提前秘密获得竞争对手的价格，并提交高于竞争对手的价格以输掉竞标。

（6）滥用职权

滥用职权是指公职人员或信任职位的人员滥用权力，以使自己或他人受益。这种行为也可能被称为"滥用职务"或"公职人员失职"。在一些国家，这种行为被视为欺诈犯罪。

如果一个人负责代表公众或组织作出决策（例如财务经理、采购经理、项目经理、主管），那么他／她就处于信任职位。

- 滥用职权的例子

一名在公路管理局工作的采购官员不正当地确保公路管理局将合同授予他秘密持有股份的建筑公司。

一名负责运行项目的公职人员绕过正常的招聘程序，任命家庭成员或朋友为高级项目管理职位（有时称为"任人唯亲"）。

一名政府部长希望通过要求贿赂来获取项目合同的腐败利益。因此，他要求下属压制一份得出项目不应继续结论的可行性报告。

（7）贪污

贪污是指一个人挪用其有责任保护的资金。

贪污是一种盗窃行为，即盗用本应看管的资产。它应与其他类型的盗窃区分开来，这些盗窃涉及盗取没有看管的资产（例如，闯入他人家中盗取贵重物品，或偷窃他人的钱包）。

- 贪污的例子

一名财务经理将组织的资金转入她的私人银行账户，并在组织的账目中做虚假记录以掩盖挪用行为。

一名会计员在组织的工资单上设置虚假员工，并将这些员工的工资支付到自己的银行账户。

两名供应商经理共谋安排以现金支付供应款项，然后将部分款项占为己有。

（8）洗钱

洗钱是指一个人在明知或怀疑现金或资产，或其资金来源来自犯罪活动的情况下，进行交易。

洗钱的目的是掩盖资金的犯罪来源，或将资金转移到相关检察官或法院无法触及的地方。

- 洗钱的例子

一名政府官员收到现金贿赂，并将其存入以亲属名义开设的离岸银行账户。

一名组织的财务经理挪用组织的资金，并用这笔钱在另一个国家购买房产。

一名分包商向承包商提交虚假的工作索赔，实际并未进行该工作。承包商将虚假索赔金额支付到分包商在 A 银行的账户中，分包商随后将款项转移到 B 银行。

（9）利益冲突

利益冲突是指一个人的个人利益与其工作或其他职责相冲突。

拥有利益冲突本身并不是犯罪行为。在您或您的朋友或家人在与您工作所在行业有商业利益的情况下，利益冲突是很常见的。

然而，除非冲突被消除或适当处理，否则可能会导致某些决策或行为本身构成犯罪（如欺诈或滥用职权）。

- 利益冲突的例子

您是负责为承包商采购现场供应品的现场监督员。您的姐姐是供应商的销售经理，该供应商向承包商提供供应品。因此，您有潜在的利益冲突，因为您可能希望通过订购更多不必要的供应品或忽略供应品数量或质量的任何缺陷来帮助您的姐姐。然而，您也有义务为您的雇主的利益行事，因此，应该只订购必要的供应品，并确保它们的质量和数量合适。冲突本身不是犯罪行为。然而，如果这种冲突导致您偏袒您的姐姐而损害您的雇主的利益，那么您将违反您的工作职责，并且可能也会犯下刑事罪行。

（10）不同犯罪行为之间的关系

一个腐败行为通常会导致多种犯罪行为。例如，贿赂通常涉及一定程度的欺诈。为了赢得合同而支付的贿赂通常会通过欺诈性文件进行隐瞒，使合同看起来是在真正的公平竞争中赢得的。欺诈不一定涉及贿赂。然而，许多欺诈行为可能需要贿赂行为来完成。例如，项目业主可能希望欺诈性地扣留承包商的付款，并可能贿赂项目验收人员，要求其虚假证明承包商需支付修补缺陷的费用，以证明扣留付款的合理性。共谋、贪污和滥用职权通常会涉及欺诈，因为会编制虚假文件或作出虚假陈述，以掩盖腐败行为的真实性质。通过银行系统转移腐败行为的所得通常构成洗钱。

此外，腐败犯罪也可能违反税法、会计法和证券市场法规。例如，在组织的账目中错误地将贿赂显示为合法服务的代理佣金，可能构成虚假会计条目，违反会计法和证券市场法规。组织在计算应纳税金额时，将贿赂成本作为可抵扣费用，可能违反税法。检察官可能会发现根据会计法或税法进行起诉比根据贿赂法更容易，因为证明标准可能较低，并且通过错误条目的事实就可以获得证明。因此，广泛的人群可能会涉及初始犯罪行为（如贿赂或提交虚假索赔），其中可能涉及项目和商业人员，以及后续犯罪行为可能涉及会计和法律人员。

## 8.2　基础设施项目中腐败的发生过程

腐败行为可以发生在基础设施项目的任何阶段，包括项目识别、融资、规划和设计、采购、项目执行以及运营和维护阶段。

在这些阶段，腐败行为可能涉及政府、项目业主、资助者、承包商、顾问、分包商、供应商、合资伙伴、代理商及其相关和子公司中的一个或多个。这些参与者大多数是组织，因此会由个人（即其工作人员）代表。在某些情况下，这些参与者是腐败行为的实施者，而在其他情况下，他们是受害者。

在某些情况下，参与腐败的当事人可能是故意行事以获取非法利益。在其他情况下，当事人可能是鲁莽行事（即没有适当的考虑）。还有一些情况下，当事人可能由于身体、财务或商业压力或通过敲诈被迫采取腐败行为。还有一些情况下，当事人可能没有意识到腐败行为的发生。

腐败行为以多种方式发生，包括贿赂、敲诈、欺诈、卡特尔、滥用职权、贪污和洗钱，这些行为通常是隐蔽的。这种腐败的目的是个人利益或其组织的利益。

（1）项目识别阶段的腐败行为

项目识别涉及确定项目的需求，以及将满足这一需求的项目类型。项目应基于项目业主的最佳利益来识别（在公共部门项目业主的情况下，这相当于公众的最佳利益）。

当项目识别中的一个或多个参与方主要或部分地选择项目以获取自己的非法利益，而不是为了项目业主的利益时，就会发生腐败行为。

腐败行为可能发生，例如：一名公职人员确保选择一个道路项目不是因为它能够满足最紧迫的国家需求，而是因为该道路项目将经过这名官员的住所或家乡，从而使该官员受益。

启动了一个远远超出该国需求的机场项目，因为负责批准该项目的政府部长打算最大化项目的规模和成本，从而最大化该部长在项目中收受贿赂的机会。

（2）项目融资阶段的腐败行为

无论是公共部门还是私营部门的项目业主，可能都需要融资来使项目得以建设。参与项目建设的各方，例如承包商、顾问和供应商，可能需要融资来协助其现金流或资本购买，以便在收到项目工作、服务和材料的付款之前提供资金。这些融资可能包括银行贷款、债券或股权融资。

当参与融资安排的一方或多方确保这些安排以某种方式不正当地使他们受益，而不是使预期的受益方完全受益时，就会发生腐败行为。

以下是项目融资阶段可能发生的腐败行为示例：

资助者可能会向项目业主的经理行贿，以换取项目业主授予其提供项目建设资金的合同。贿赂的目的是获得合同，或获得比正常情况下更高的利率或费用。

资助者的经理可能会在完成贷款交易后获得个人绩效奖金。为了确保获得奖金，经理可能会向资助者的贷款批准委员会夸大借款人的财务稳定性。

资助者的经理可能会利用与项目相关的内部信息，秘密购买需要用于项目建设的土地，然后通过卖给业主赚取利润，或秘密购买将从项目中受益的公司股份。

项目业主可能会向资助者的经理行贿，以确保资助者批准融资，或以对项目业主过于有利的条件授予融资。

在资助者要求项目可行性报告作为同意提供融资的前提条件的情况下，项目业主可能会向编写报告的咨询工程师行贿，要求其隐瞒与项目有关的不利数据。资助者可能会根据虚假的建议来决定项目的可行性。

项目业主可能通过在未完成的工作上要求资助付款来欺诈资助者。

私营部门项目的投资者可能会向公共官员提供免费的或廉价的股权，以换取项目审批。

（3）规划和设计阶段的腐败行为

在项目识别后，项目业主会进行规划和设计，包括：获取项目建设所需的规划、建筑批准和其他许可证；规划项目建设的方式；设计项目的布局和技术要求。

腐败行为可能发生在规划和设计安排中涉及的某些参与方或能够从中受益的某些人支付贿赂，以获得必要的许可证，或确保设计安排以某种方式不正当地使他们受益，而不是使预期的受益方完全受益。

以下是在项目规划和设计阶段可能发生的腐败行为示例：

项目业主可能会贿赂政府或地方当局官员，以获得项目的规划许可，或获得不符合相关建筑法规的设计批准。

政府官员可能会通过拒绝批准合法合规的项目来勒索项目业主的贿赂，除非支付贿赂。例如，官员可能要求现金支付，或项目业主利润的一部分，或使用官员自己的公司为项目业主提供建设服务或供应。

打算提交项目建设投标的承包商可能会贿赂项目业主的经理或设计工程师，以指定一个不正当地偏袒该承包商的设计。例如，可能会指定只有其中一名承包商拥有的某种技术，尽管其他技术可能更优或更便宜。这通常会导致那些不具备指定技术的承包商无法进入资格预审名单，或在投标阶段被认为不合规而被拒绝。

（4）采购阶段的腐败行为（资格预审和招标）

不同项目的合同结构导致腐败行为会有所不同。

项目业主可能直接与负责全部工程的承包商签订合同。承包商随后可能与分包商签订部分工程的合同。

或者，项目业主可能与多个不同部分工程的承包商签订合同。

项目业主、承包商和分包商可能会聘请顾问，负责提供专业建议、设计或项目管理。

承包商和分包商可能与供应商签订合同，采购设备和材料。

在上述每个合同中，都会有一个采购过程，委托方通常通过竞争过程选择在成本和／或质量方面最合适的另一方，提供所需的工程、材料、设备或服务。提供供应的一方通常称为投标人。

当一个合同的投标人非常多时，委托方可能会在招标过程之前实施资格预审程序。在资格预审过程中，要求各方证明其有能力承担工作的技术、财务和质量资格。只有那些具备充分资质的才会被邀请投标。

与这些合同的采购相关的腐败行为可能涉及委托方、投标人、参与投标评估的顾问和相关人员。

采购阶段可能发生的主要腐败行为类型包括贿赂、欺诈和卡特尔。

以下是一些在项目采购阶段可能发生腐败行为的情况摘要：

负责管理资格预审和招标过程的经理可能会滥用职权，给首选投标人带来优势。例如，通过贪污受贿或由于利益冲突：在资格预审阶段，拒绝其他合格的潜在投标人，以提高首选投标人的中标机会；向首选投标人提供有关采购或评估过程或竞争对手价格的机密细节；允许首选投标人在所有竞争对手提交投标后更改其价格或投标细节；通过给予首选投标人不合理的高分或不合理地扣除竞争对手的分数来操纵投标评估；确保没有竞争性投标，使首选投标人成为唯一候选人（例如，虚假宣布紧急采购或国家安全需求）。

上述贿赂的例子通常伴随着欺诈行为。例如，如果腐败方滥用资格预审或招标过程，他们通常需要伪造记录以掩盖滥用行为（例如，通过伪造投标评估评分表）。

承接项目工作或服务的组织，或向项目供应材料和设备的组织，可能会参与卡特尔。例如：投标人可能秘密串通，形成卡特尔。卡特尔成员将同意谁将赢得合同以及以何价格提交投标，从而使提交的价格高于真正竞争情况下的价格；一组材料供应商可能会串通，固定其供应材料的最低价格。

在采购阶段，也可能发生不涉及任何相关贿赂的欺诈行为。例如：投标人在其投标中可能包含有关其财务状况、工作经验及其人员和设备数量和质量的虚假信息。这些虚假信息会让项目业主认为投标人比实际情况更有能力，从而给予投标人不正当的优势。

（5）项目执行阶段的腐败行为

项目执行阶段是实际建设项目的阶段。

以下是一些在项目执行阶段可能发生腐败行为的情况摘要：

承包商向项目业主提交工作完成、变更、额外费用或延长时间的付款申请。在提交此类申请时，承包商通过故意或鲁莽地以下方式进行欺诈：申请的付款、费用或时间超过合同规定的应得数额；伪造申请的理由和依据；提交虚假记录以支持申请（例如虚假的进度计划、发票、工时单等）；向项目业主隐瞒不利于申请的记录。

项目业主欺诈性地向承包商提交虚假或夸大的索赔，声称承包商延误了项目或承包商的工程存在缺陷。然后，项目业主从应支付给承包商的款项中扣除这些索赔金额。

一家土方工程分包商欺诈性地夸大移除或替换的材料数量，或现场设备的数量，以从承包商那里获得比应得更多的款项。

承包商贿赂项目工程师或项目业主的现场监理，以说服他们不正当地批准有缺陷或不存在的工作发布不必要的变更，从而大幅增加承包商的工作范围并且价格虚高，向承包商签发不应支付的付款证书或延长期限。

或者，项目工程师或项目业主的现场监理要求承包商支付非法费用，以换取他们在应当签发批准或证书时进行签发。

项目业主贿赂项目工程师，要求其不要向承包商签发应得的付款证书或延长期限。

政府官员要求支付贿赂，以签发承包商所需的进口许可证，用于将设备带入国家。

一个团伙威胁要破坏现场设备，除非他们每周收到保护费。

（6）运营和维护阶段的腐败行为

以下是运营和维护阶段可能发生的腐败行为示例：

贿赂可以用于赢得运营和维护合同，欺诈行为也可能导致运营和维护成本虚高，就像上述招标和项目执行阶段一样。在许多项目中，运营和维护的成本将超过项目建设的实际资本成本。因此，贿赂和欺诈的机会可能更多。

有时，建设项目的同一承包商也会负责运营和维护，因此，用于赢得建设合同的贿赂也可能涵盖运营和维护。在其他情况下，可能需要支付单独的贿赂以覆盖运营和维护阶段。

公私合营项目中，一个私营财团建设、拥有和运营一个项目，然后向政府或地方公用事业供应最终产品（例如电力），这就为最终产品价格达成协议提供了大量贿赂和欺诈的机会。

在高科技项目中，建设项目的承包商可能是唯一能够维护项目的公司。因此，它在运营和维护期间拥有供应的垄断权。这种垄断使得成本比较困难，并增加了隐藏贿赂和虚高索赔的机会。

## 8.3 项目反腐败体系

什么是 PACS

项目反腐败体系（Project Anti-Corruption System，PACS）是由 GIACC 设计的管理体系，旨在协助防止和发现基础设施项目中的腐败行为。它包含 15 项 PACS 标准，这些标准影响所有项目阶段、所有项目参与者以及整个项目合同结构。每个 PACS 标准处理一个单独的反腐措施类别。这 15 项 PACS 标准中的措施设计为协同工作，从而形成一个集成且有效的项目反腐系统。这些措施的设计和编写方式使其能够进行独立验证。

- PACS 标准中的"腐败"是什么意思？

在 PACS 标准中，"腐败"以其最广泛的意义使用，包括贿赂、敲诈、欺诈、卡特尔、滥用职权、贪污和洗钱。仅将"腐败"限制为贿赂是一种错误，因为这会遗漏在基础设施项目中常见的其他有害犯罪行为。

- 为什么需要项目反腐系统？

基础设施项目中的腐败是一个复杂的问题。

它可能以贿赂、敲诈、欺诈、卡特尔、滥用职权、贪污和洗钱的形式出现。

它可以发生在项目的任何阶段，包括项目选择、设计、土地获取、采购、执行、运营和维护。

它可能涉及政府或其他公职人员、项目业主、资助者、顾问、承包商、分包商、供应商、合资伙伴和代理商的成员。

它可能发生在合同结构的任何层级。

它通常是隐蔽的，并且那些知晓的人可能参与其中或不愿报告。这使得识别更加困难。

没有单一或简单的方法可以防止这种腐败。这些广泛和多样的腐败风险只能通过在整个项目周期中实施反腐措施来有效应对。

在过去的30年中，工厂和建筑工地人员的安全得到了显著改善。同样，制造产品和建设项目的质量也有了显著提高。这些改进仅通过改进管理、监督和执行实践得以实现。这些实践包括有效的领导、详细的书面程序、合同义务、培训、独立验证、报告和执行。这些改进是通过真诚的改进意图和增加的控制和资源实现的。需要采取类似的方法来预防腐败。

- PACS是公共部门还是私营部门的系统？

PACS设计并推荐用于公共部门项目（即那些全部或部分由政府或纳税人资助的机构拥有、资助或担保的项目）。然而，PACS也可以用于完全私营部门的项目。

- PACS是为多大规模的项目设计的？

PACS旨在用于大型基础设施项目。相关政府或项目业主可以选择"大型"的成本门槛。GIACC建议，作为一个参考数字，可以在估计成本超过相当于500万美元的所有项目上全面实施PACS。

对于较小的项目，可能更适合仅实施部分PACS标准，或简化版的标准。

- 谁可以要求在项目上实施PACS？

政府监管机构可以通过法律或法规要求在所有公共部门基础设施项目上，或在超过指定价值的公共部门项目上实施PACS标准。

项目资助者可以要求在其资助的所有项目上，或在超过指定价值的项目上实施PACS标准。它可以将这一要求作为提供资助的条件。

公共或私营部门项目业主可以决定在其项目上实施PACS标准。

- 如何使用 PACS？

政府或公共或私营部门的项目业主可以按以下方式使用 PACS。

它可以将现有的项目反腐措施与 PACS 标准中推荐的措施进行比较。在进行比较时，可以参考配套的指导。

如果确定当前完全没有实施某个推荐的 PACS 标准，可以决定实施该 PACS 标准。

如果确定当前正在实施某个 PACS 标准，但实施可以根据推荐的 PACS 标准进行改进，可以引入改进措施。

实施需要根据项目的规模和价值进行定制。在重大项目中，应全面实施所有 PACS 标准。在较小项目中，可能更适合仅使用部分标准或其简化版本。

许多政府和组织在项目管理方面已有复杂而详细的法规和程序。PACS 标准并不打算取代这些法规或程序，而是建议可以纳入项目相关法规或程序中的反腐措施。

- 谁应负责在项目上实施 PACS？

PACS 标准 1 规定，项目业主对项目的反腐管理负有总体责任。它要求项目业主设计和实施符合相关反腐法律和法规并包含 PACS 标准 1 至 15 要求的书面反腐程序。项目业主是显然的实施 PACS 总体责任的组织，因为它拥有项目，可以设计适当的反腐程序，并确保这些程序得到实施和执行。

- 根据当地条件调整 PACS。

PACS 的用户应根据当地法律和程序调整推荐的 PACS 措施，以适应其本地需求。

- 为什么使用 PACS？

PACS 并不能保证完全杜绝腐败。然而，使用 PACS 将有效抑制腐败；减少腐败的机会；增加发现腐败的机会。因此，使用 PACS 将有助于降低项目成本；提高项目质量和安全；为执行项目工作的组织提供公平的竞争环境；降低项目参与者成为腐败受害者的风险；鼓励更高质量和更有道德的供应商、承包商、顾问和资助者参与项目；让公众相信正在努力解决腐败问题。

- PACS 的有效实施能否独立验证？

由于 PACS 标准 11 和 12 中包含的独立监控和审计要求，PACS 的有效实施可以独立验证。

如果需要进一步的验证，可以通过信誉良好的第三方认证机构对PACS标准的合规性进行独立认证。PACS标准的编写方式便于认证，因为认证机构可以验证每个PACS标准的每项规定是否得到适当实施。在项目开始前，可以对项目业主在项目上实施的有效程序进行认证。这将使潜在项目参与者（如资助者、承包商、顾问和供应商）感到项目将以诚信方式管理。然后，认证可以在项目进展过程中每年更新。

经验丰富的国际认证行业已经提供了与ISO管理标准（如ISO 37001《反贿赂管理》、ISO 9001《质量管理》、ISO 14001《环境管理》和ISO 45001《安全管理》）相关的认证，这些认证机构可以用于对项目的PACS标准进行认证。

- PACS标准概述。

以下是每个PACS标准所包含措施的概述。请注意，此概述为摘要，不包括每个PACS标准的所有细节。关于PACS标准的细节可以参考GIACC的官网。

PS：定义——包含PACS标准1至15中使用的定义术语。

PS 1：项目反腐管理

项目业主应对项目的反腐管理负有总体责任。项目业主应针对项目实施符合反腐法律并包含PACS标准1至15要求的书面反腐程序。项目业主的高级管理层，在合规经理的支持下，应负责确保这些程序得到有效实施。经理应负责在他们管理的职能和过程中遵守这些程序。应进行项目腐败风险评估。人员应经过审查并被要求遵守反腐程序和义务。决策应由适当数量和级别的经理作出，不存在利益冲突，并有适当的职能分离。沟通应公开和公平，并应保留完整记录。PACS标准1中的程序适用于PACS标准2至15中包含的所有措施。

PS 2：项目选择、设计和土地获取

拟议的项目应仅在其具有合法目的、必要并为项目业主提供物有所值的情况下被选择用于建设、开发或实施。超过规定价值门槛的拟议项目应由具备适当技能和独立性的第三方提供需求评估、技术评估和物有所值评估。项目设计应基于项目业主的合法需求，不应偏袒任何特定供应商。项目业主应仅在符合法律、对项目目的是必要的、为项目业主提供物有所值、公平交易并符合市场条件的情况下获取土地，超过规定价值门槛的土地获取应由具备适当技能和独立性的第三方提供的书面和客观需求评估及物有所值评估进行证明。

PS 3：采购

项目合同的采购标准和程序应明确且客观，确保没有利益冲突或偏袒特定供应商，并应在采购过程开始前确定和公布。项目业主应通过竞争性流程采购超过价值门槛的所有项目合同，该流程应对所有适当资质的供应商开放并旨在最大限度地提高竞争。项目业主应通过公开竞争性流程或至少三家适当资质供应商竞标的流程采购低于此价值门槛的所有项目合同。投标人应声明其实益所有权。应诚实和公正地评估提交材料。合同条款和条件应符合公平交易原则。

PS 4：合同条款

项目合同和分包合同应包含旨在阻止、防止和处理腐败的条款，包括相关合同方需：遵守反腐法律、法规和程序；在其组织内实施反腐管理系统（PS 7）；遵守项目行为守则（PS 8）；向相关人员提供反腐培训（PS 9）；报告腐败（PS 13）和执行反腐补救措施（PS 14）。合同方应确保其人员遵守项目行为守则。合同方应有权在有充分腐败证据的情况下终止合同，并应有权因另一合同方的腐败行为而要求赔偿损失。

PS 5：合同管理

项目合同的管理应符合反腐法律、法规和程序。项目业主的合同经理应在没有任何利益冲突或腐败的情况下运作，并应确保：项目合同下的工程、设备、材料、产品、服务和资金按照合同设计、规格和要求进行，不存在任何利益冲突或腐败；任何对项目合同的修改仅在必要且适当批准和控制的情况下进行；除非已采取所有合理步骤验证且合理相信此类批准或推荐是有依据的，否则不得批准合同履行或索赔，或推荐付款。

PS 6：财务管理

项目的财务管理应符合反腐法律、法规和程序。项目业主的财务经理应在没有任何利益冲突或腐败的情况下运作，并应确保：项目业主维护完整和准确的项目账户；项目业主应全额支付或收取与项目相关的所有款项；除非付款已适当授权、合法并且根据相关项目合同应支付，否则项目业主或其代表不得进行任何付款。项目业主超过最低限度门槛的所有付款应通过银行系统进行。

PS 7：主要供应商和主要分供应商的控制

主要供应商和主要分供应商应在其各自组织内实施公认的反腐管理系统，

并应获得信誉良好的第三方认证机构的年度有效实施认证。他们应任命一名合规经理，负责确保适当实施反腐管理系统，并确保遵守与项目相关的反腐义务。

PS 8：项目行为守则

项目业主及所有供应商和分供应商应遵守并确保其所有人员遵守与项目活动相关的项目行为守则。行为守则应禁止参与腐败，并应包含旨在确保项目活动诚信的具体条款。人员必须全面配合独立监控员和独立审计员，并必须根据项目业主的报告系统报告任何涉嫌违反项目行为守则的行为。

PS 9：培训

项目业主及所有供应商和分供应商应为其参与项目的相关人员提供适当的反腐培训。培训可以根据相关人员在其项目角色中面临的腐败风险水平进行简单或综合的安排。培训应指导受训者了解：相关的反腐程序和项目行为守则；他们在角色中可能面临的腐败类型；腐败造成的损害；人员和雇主参与腐败的风险；如何避免、防止和报告腐败以及遵守适用法律、反腐程序和项目行为守则的重要性。

PS 10：政府许可证

项目业主应通知所有可能需要与项目相关的政府许可证的供应商和分供应商：所需许可证的类型；如何获取许可证；许可证的合法费用；以及获取许可证所需的时间。供应商和分供应商应向项目业主报告任何与许可证签发过程相关的延误、问题或腐败嫌疑，项目业主应采取一切合理措施协助供应商和分供应商解决投诉的问题。

PS 11：独立监控

在项目持续期间，应任命一名具备适当资格和经验的独立监控员，以监控项目选择、设计、土地获取、采购、合同管理和财务管理中是否存在任何腐败嫌疑或程序违规情况。如果监控员有合理理由怀疑存在腐败行为，应将这些嫌疑报告给项目业主和执法机构。

PS 12：独立审计

应进行财务审计，以验证项目业主在项目中所有支付和收款均合法并且是为了合法目的支付或收取。应进行技术审计，以验证项目的设计和规范符合良好的技术规范，提供了物有所值，并已按照设计和规范正确完成。审计员在有合理理由怀疑存在腐败行为时，应将这些嫌疑报告给项目业主和执法机构。

PS 13：报告和调查

项目业主应提供一个系统，使任何参与项目的个人或组织以及任何公众成员可以报告涉嫌或实际腐败或违反反腐法律、法规、程序、合同承诺或项目行为守则的行为。应允许保密和匿名报告。项目业主应公布举报制度并鼓励举报。所有接收到的报告应由适当的独立人员进行调查。项目业主应审查调查结果并确定应采取的适当行动。如果有合理理由怀疑存在腐败行为，应将报告转交执法机构。

PS 14：执法

项目业主、供应商和分供应商应针对任何涉及项目有关的腐败行为或违反项目行为守则或其反腐承诺的人员或当事方执行合同和雇佣补救措施。如果有合理理由怀疑存在腐败行为，应将问题转交执法机构。

PS 15：透明度

项目业主应在一个免费访问的公共网站上及时发布完整、全面、最新和易懂的项目相关信息。这些信息应包括项目选择、设计、土地获取、采购、合同管理、财务管理、监控和审计方面的信息。项目业主应在合理期限内提供任何人合理要求的任何与项目相关的进一步信息或文件。

- PACS 的使用条件。

GIACC 将 PACS 作为免费发布的产品，作为一项公共服务。任何人都可以免费下载、调整和使用。任何人不得对 PACS 的使用收费或将 PACS 冒充为自己的产品。

## 8.4 GIACC 对基础设施项目中腐败行为的示例及解释

（1）采购中的腐败行为示例

1）资格预审中的腐败操纵

示例：

项目业主任命一名工程师管理项目合同的资格预审，以获得五家合适承包商的短名单，这些承包商可以提交投标书。希望进入短名单的承包商向工程师支付现金贿赂，以确保其主要竞争对手因人为理由被排除在短名单之外。工程师制作了包含腐败承包商在内的短名单，但不包括其主要竞争对手。工程师虚假地通知项目业主他已选择了最佳的五个竞争对手。项目业主依赖工程师的建议，选择了向工程师行贿的承包商。

解释：

在某些合同中，项目业主可能会向任何希望参与的组织发出投标邀请。然而，在某些情况下，由于竞争对手众多，可能会导致提交的投标数量过多，使得项目业主难以全部评估。因此，为了防止这种情况发生，某些合同中项目业主可能会在要求投标之前进行资格预审。潜在投标人将被要求提交其技术、商业和财务状况的详细信息。这可能包括其关键员工和设备的名单、已完成项目的名单、其健康和安全、质量和诚信管理计划以及其财务账目。项目业主或其顾问将评估收到的文件，并选择一份他们认为有适当资源和经验来承担项目或一系列项目的组织的短名单。这些预选承包商将被要求提交特定项目的正式投标。

虽然这对项目业主来说可能是一个更有效的过程，但它增加了腐败风险，因为腐败的承包商和腐败的资格预审评估者可以安排不合格承包商被不当列入批准名单，或合格承包商被不当排除。

2）通过代理行贿以获得主合同授予

示例：

一家承包商正在为一个项目投标时，被一名声称能够帮助其获得项目的代理接触。他们同意，如果承包商获得项目，承包商将支付代理 100 万美元（相当于合同价格的 5%）的费用。代理根据一份正式的代理协议被任命，协议规定代理将执行指定的服务。然而，支付给代理的费用远远超过代理实际提供的合法服务的市场价值。代理打算将部分费用支付给项目业主的代表，以确保承包商获得合同。虽然承包商实际上并不知道代理会将费用用于此目的，但承包商认为这种情况很可能发生，因为接触的性质、项目所在市场的性质以及代理所执行的合法服务价值与费用之间的显著差距。承包商获得了合同。承包商支付了代理费用。代理用代理费用的一部分贿赂了项目业主的代表。费用（因此也是贿赂）的成本被包括在合同价格中。因此，项目业主支付的费用超过了没有贿赂情况下的费用，合同也没有授予最佳评估的承包商，而是授予了支付贿赂的一方。

解释：

上述示例说明了历史上与重大项目相关的最常见的行贿方法之一。它提供了一种避免行贿者和受贿者之间直接接触或支付的方法。由于大多数情况下代理为组织提供合法、道德和有价值的商业服务，因此很难区分腐败代理和道德代理，并确定代理是否打算或已经腐败行事。这一难题因许多商业代理根据成功费用（即仅在其服务导致授予合同的情况下支付费用）工作的事实而加剧。合法的代理可能需要进行大量工作，以帮助组织获得合同。它可能需要广泛推销组织的产品、参与投标和合同谈判，并支持组织产品的交付。如果合同未授予委托代理的公司，代理将执行许多未获补偿的服务。另一方面，非法代理可能只需与相关政府或项目业主的腐败人员直接接触，不需要进行任何服务，除了同意和处理贿赂。在某些情况下，代理可能会执行合法和非法服务的结合。成功费用制使得难以将费用价值与合法服务的价值联系起来。

如果确定代理实际上向项目业主代表或政府官员支付贿赂以确保组织赢得合同，那么如果能证明该组织委托代理是为了支付贿赂，或知道或怀疑代理会支付贿赂但未采取合理措施防止这种情况发生，该组织将通常对代理的腐败行为负责。

在起诉中，法官可能会推断出知情并因此认定有罪。他们可能会认定委任代理的情况下，组织必须知道会支付贿赂。例如，法官可能会审查代理的费用是否合理且与代理所承担的合法服务和风险相称。如果费用非常高，而服务和风险水平非常低，并且代理实际上从这笔多余费用中支付了贿赂，那么法官可能会推断出为什么要为如此少的合法工作和风险支付如此高的费用？尽管基于合同价值的成功费用可能使基于价值的推断变得困难，但这并非不可能。例如，如果在代理提供的合法服务显然很少的情况下，同意支付100万美元的成功费用，那么法官可能会推断出知情和有罪。

使用代理作为行贿的渠道不是唯一的方法。贿赂可以隐藏在分包商、供应商、顾问和合资伙伴的合同价格中，并通过这些价格支付。

3）设计操纵中的腐败

示例：

项目业主任命一名建筑师设计项目。正在投标项目合同的竞争承包商之一贿赂建筑师，要求其提供只有该承包商能够完全符合的设计。贿赂是承包商承诺未来给予建筑师大量工作。建筑师提供了合适的设计。承包商提交的价格高于在真正竞争性投标情况下的价格，也高于其他几个投标者的价格。建筑师向项目业主推荐相关设计符合项目业主的最佳利益，并且符合要求的承包商应被任命，即使其投标不是最低的，因为只有它完全符合投标设计。事实上，根据建筑师的知识，采用替代设计投标的其中一个较便宜的投标者可以充分满足项目业主的需求。项目业主听从了建筑师的建议，将合同授予了符合要求的承包商。

解释：

这种形式的腐败难以证明，因为设计中通常存在很大的主观性。建筑师可能声称他真诚地相信该设计符合项目业主的最佳利益，除非能揭露并证明实际的贿赂，否则很难反驳这一点或证明腐败意图。口头协议提供未来工作以换取腐败设计难以证明。

在某些情况下，腐败设计可能是难以遵循的设计，要求高技能或专有方法。

在其他情况下，腐败设计可能是指定某种类型的设备（例如特定制造商生产的空调设备），或只有一家制造商能符合的特定输入或输出的设备。

该示例与设计阶段的腐败重叠，因为这种腐败最初发生在设计阶段，然后在采购阶段完成。

4）卡特尔：价格操纵

示例：

一组在同一市场中常规竞争的承包商秘密同意瓜分市场。他们将表面上在所有主要投标中竞争，但会提前秘密同意谁赢得某个投标。被其他承包商选中的投标获胜者将在提交投标前通知其他承包商其投标价格。其他承包商则会以更高的价格投标，以确保预选承包商赢得投标。获胜的承包商因此能够获得比真正竞争情况下更高的价格。如果授予足够的合同，每个承包商都有机会以更高的价格获得合同。这种安排对各项目的项目业主保密，他们认为投标是在真正的公开竞争中进行的，并且他们获得了最佳的价格。

解释：

这是卡特尔安排的一个例子。有时也称为竞争犯罪或反垄断犯罪。在某些国家，这类安排因特定的反卡特尔法律而被视为非法。在其他国家，它们可能根据欺诈法处理（因为竞争者假装在竞争，而实际上他们在串通，导致项目业主支付的费用高于真正竞争情况下的费用）。

如果卡特尔成功保密，识别它们是非常困难的。项目业主可能认为价格异常高，但很难证明这是因为卡特尔而不是市场条件造成的。

由于识别卡特尔的难度及其造成的损害，一些国家对首先向当局报告卡特尔的参与者提供全面豁免。豁免的条件是报告的参与者必须全面配合调查，并提供其他参与者的证据。其他参与者如果被判有罪，将被重罚，并可能被禁止参与公共部门合同一段时间。

5）卡特尔：失败者费用

示例：

投标的一个条件（明示或暗示）是中标者承担每个未成功的投标承包商的投标成本。在投标提交之前，竞争的承包商秘密同意他们将在各自的投标价格中加入一笔约定的额外费用，代表所有竞争承包商的总估算投标成本。获得合同的承包商将把这笔费用分给所有未成功的承包商，使他们收回投标成本。这一安排没有告知项目业主。项目业主认为失败的承包商在承担自己的投标成本。因此，项目业主支付的费用覆盖了未成功承包商应该自己承担的投标成本。

解释：

这是与上例 4 所述的卡特尔安排不同的一种类型。在这种情况下，竞争者确实在相互竞争，但价格会因每个竞争者价格中加入失败者费用而增加。如上例 4 所述，一些国家的法律可能通过特定的反卡特尔法律将这种行为定为犯罪，而其他国家可能将其视为欺诈行为（因为竞争者向项目业主表示他们在支付自己的投标成本，而实际上并非如此）。

6）仅为价格比较目的获取投标

示例：

项目业主打算将合同授予其经常使用的一家承包商。它希望确保从该承包商获得的价格是市场价格。因此，它向另外两家承包商请求投标。它让这些承包商相信他们有机会赢得项目。然而，项目业主始终打算将合同授予其偏好的承包商。另一家投标承包商的价格最低。项目业主将此最低价格透露给其偏好的承包商，并要求其匹配该价格。偏好的承包商这样做并获得了合同。其他承包商因此浪费了他们的投标成本。

解释：

这种行为在私营部门项目中很常见，私营部门项目业主与特定承包商有密切关系，并希望继续使用该承包商，但担心承包商会滥用这种关系而定价过高。项目业主因此故意使用另外两家承包商仅仅为了降低其偏好承包商的价格。它从未打算让另外两家承包商中的任何一家赢得投标。

这种行为是欺诈，因为项目业主让另外两家承包商相信他们有机会赢得投标，并导致他们因提交投标而产生成本。项目业主这样做的目的是通过降低其偏好承包商的价格来节省成本。因此，尽管许多人会认为这是一种明智的商业实践而不是犯罪，但所有欺诈行为的要素都存在。

为了避免这种行为被认为是欺诈，项目业主要么必须告知另外两家承包商他们没有获胜的机会（当然，这意味着他们不会提交投标），要么必须真正打算在客观基础上将合同授予最佳评估的投标者（即不得让偏好承包商有机会降低价格以匹配最低价）。

7）在分包采购过程中使用娱乐作为贿赂

示例：

一位承包商的采购经理正在管理分包商之间的竞争性投标。某个分包商向采购经理提供了一次全额支付的三天一级方程式大奖赛旅行，条件是采购经理将合同授予该分包商。采购经理确实将合同授予了该分包商，并随后在分包商的费用下参加了大奖赛。

解释：

娱乐活动常常被用于腐败目的。虽然一个组织向另一个组织的人员支付娱乐费用并不一定构成腐败，但如果娱乐的目的是为了影响接受者的不当行为，则将被视为腐败行为。

在上述示例中，法院很可能将该娱乐视为贿赂。该娱乐费用昂贵且奢华，在接受者负责与支付者相关的合同授予决策的情况下提供，并且该旅行与合同授予该分包商有关。

即使双方都否认存在任何关联，并声称授予合同的决定不是为了影响经理，也没有影响经理，法院也不太可能接受这种解释。法院可能会推断，在这些情况下，分包商如此慷慨的唯一合理解释是腐败行为。

8）提交虚假报价

示例：

某承包商的采购经理需要为承包商的一个项目安排起重机租赁。当时，起重机租赁公司对长期租赁提供大约25%的折扣。该采购经理和两位朋友成立了一家公司 Craneco，公司以两位朋友的名义注册，而采购经理秘密持有 Craneco

一半的股份。Craneco 从一家起重机租赁公司获得了包含折扣的报价。采购经理从另外两家起重机公司获取了不含折扣的公开价格表。Craneco 向承包商提供了一份书面报价，价格略低于另外两家起重机公司的公开价格，但高于 Craneco 获得的报价。采购经理使用两份不含折扣的价格表和 Craneco 的报价作为三份竞争性报价，并将起重机租赁合同授予 Craneco。这些文件被放入采购档案，制造了存在真正竞争性定价的假象，并且合同授予了最便宜的供应商。Craneco 因此获利。采购经理并未向承包商透露他在 Craneco 的利益。承包商为租赁支付的费用比授予包含折扣的其他起重机租赁公司的费用要高。

解释：

采购经理将合同授予有他个人利益的组织是采购中最常见的腐败形式之一。这种行为既是采购经理滥用职权（采购经理应基于客观标准并以雇主的最大利益为基础签订合同，而不是为了自己利益而将合同授予相关组织），又是采购经理的欺诈行为（他向雇主——承包商虚假表示进行了真正的竞争性过程，并且将合同授予 Craneco 是对承包商最有利的客观结果）。

当采购经理既可以选择提交报价的组织，又可以选择中标报价时，腐败的风险显著增加。

当经理在与雇主有业务往来的组织中拥有个人利益时，这种情况被称为利益冲突（经理客观上应为雇主的最大利益行事，但他自然会主观地希望为自己的利益行事，这两者之间发生了冲突）。

（2）项目执行过程中腐败的案例

1）设备超额申报

示例：

一名挖掘承包商正在按日工形式为项目业主工作。合同允许承包商按日向项目业主收取每件实际在现场工作设备的指定价格。承包商需要提交日工记录，记录每天在现场工作的设备。

在第一天，承包商的现场经理向项目业主提交了一份日工记录，记录显示有 12 台设备在现场工作。这是现场经理的一个诚实错误，实际上只有 10 台设备，他重复计算了两台设备。在第 2 天，他意识到自己犯了错误，但他没有更正第 1 天的现场记录。因此，提交给项目业主的文件仍然错误地显示第一天有 12 台设备在工作，而实际上只有 10 台。

在第七天，承包商的现场经理太忙了，没有计算在现场工作的设备数量。他估计有15台在工作，但不确定是否正确，也没有核对。他向项目业主提交了一份日工记录，记录显示有15台设备在现场工作。他没有在记录中说明这是一个估算，可能不正确。实际上那天只有12台设备在工作。他没有在稍后核对和更正这个数字。

在第20天，承包商的现场经理意识到项目业主没有核查现场的设备数量，完全依赖于他的记录。由于设备日费率定价过低，承包商开始亏损。于是，从第20天到合同完成的第40天，现场经理每天的工作记录中多加了两台设备。这两台设备并不存在。这样做的目的是试图挽回承包商的部分亏损。

解释：

在第1天，现场经理犯了一个诚实的错误。他并不是故意或鲁莽地错误陈述现场设备的数量。因此，他没有犯欺诈罪。然而，一旦他意识到自己的错误，他必须尽快通知项目业主并加以纠正。他没有这样做。因此，他现在知道他的先前陈述是错误的，并且知道项目业主将根据他的错误陈述向承包商付款。因此，他现在通过故意允许错误陈述未被纠正并从中获利而犯了欺诈罪。为了避免这种情况下的欺诈行为，你必须在发现错误后尽快纠正。

在第7天，现场经理犯了一个鲁莽的错误。鲁莽是指你意识到一个事实可能是错误的，但没有采取合理的步骤来核实它。现场经理没有采取任何步骤来核实。他也没有在日工记录中说明他不确定这个数字，将会稍后检查。因此，日工记录在项目业主看来是一个事实陈述，并且是准确的。在这些情况下，鲁莽通常足以构成欺诈。为了避免这种情况下的欺诈行为，你必须在记录中说明你不确定其内容。你不能在不确定的情况下表示事实是正确的。

从第20天到合同完成的第40天，现场经理每天故意多申报两台设备。他知道这是错误的。因此，这是欺诈行为，因为他故意作出了虚假陈述。

要认定上述行为属于欺诈行为，通常需要确认虚假陈述的目的是获得利益或避免损失（即必须有某种财务影响的意图）。提交日工记录的目的是使承包商能够就其实际或声称的设备供应获得付款。因此，这个要求在上述所有情况下都得到了满足。

项目业主是否发现了错误陈述并因此没有实际支付未提供的设备费用，对于是否构成欺诈行为并不重要。只要故意或鲁莽地作出虚假申报以期获得利益就足以构成欺诈行为。

这种涉及故意或鲁莽提交虚假增加的设备、劳动力或材料供应申报的欺诈行为在建设项目中很常见。虚假申报可能由分包商或供应商向承包商提交，和／或由承包商向项目业主提交。如果腐败方能够为未提供或未工作的设备、劳动力或材料收费，可能会赚取大量金钱。在有大量设备、大量材料或大量人员的现场，或者现场非常大的情况下，作为这种欺诈行为的受害方可能难以核实实际的设备数量、材料数量、现场人员数量以及实际的工作小时数。

2）通过虚假工作证书多报材料

示例：

一名土方分包商与承包商签订合同，移除现场不合适的材料并用合适的材料替换。分包商将按每车计算支付。承包商指派一名监督员在现场计数分包商移除和替换的车数。每车都有一份书面装载证书，由分包商签字并由监督员确认。分包商的经理与监督员达成协议，监督员将虚假认证分包商实际完成的车数。作为回报，分包商将为每车虚假工作支付监督员所收到付款的30%。除了认证实际移除和替换的车数外，监督员还认证了50次虚假移除和50次虚假替换。分包商向承包商提交了虚假的证书以获取付款。承包商向分包商支付款项，分包商随后向监督员支付了约定的份额。

解释：

上述行为构成以下所有行为：

分包商支付贿赂；监督员接受贿赂；分包商通过故意申报未完成的工作来实施欺诈；监督员通过故意签署未完成工作的记录来实施欺诈；监督员为了个人利益而未能正确履行其职责，构成滥用职权。

在许多建设项目中，一方完成的工作需要由另一方监督和批准。这是一种防止错误或欺诈的控制措施。因此，如果某一方希望在项目中通过申报未完成的工作、未提供的设备和材料或有缺陷或不足的工作来实施欺诈，他们通常需要监督员的疏忽、欺骗监督员或贿赂监督员。因此，建设项目中的欺诈行为经常伴随着贿赂。

3）供应劣质材料

示例：

一个项目业主聘请了一名道路承包商修建道路。规范要求路基必须使用合同中规定的特定类型的集料。承包商故意供应更便宜、质量更差的集料，目的是获得额外的收益。承包商向项目业主提供了虚假的集料交付记录，虚假记录显示集料符合合同规范。承包商按照合同要求的集料成本向项目业主开具发票，而不是实际供应的更便宜的产品。

解释：

承包商故意供应劣质集料，并随后为正确质量的材料开具发票，这是一种欺诈行为。

道路项目和基础工程项目特别容易受到这种质量欺诈的影响，因为一旦材料被其他材料覆盖，就无法通过目测确定其质量。确定质量需要进行某种形式的破坏性或非破坏性测试，这既昂贵又具有破坏性。

相对于完工后可见的物品（如灯具、空调、门等），供应和隐藏劣质质量材料更为困难。

在大型项目中，通过供应劣质材料可以赚取大量金钱。例如，在一个大型道路项目中，如果应供应 10 万立方米的集料，每立方米 30 美元，供应每立方米 28 美元的稍劣质集料将使承包商额外获得 20 万美元的利润。

4）供应不足的数量

示例：

一个项目业主聘请了一名基础工程承包商以 200 万美元的固定价格为一栋建筑施工基础。合同要求承包商挖掘至 –10 米，移除现场所有挖出的材料，然后用钢筋混凝土填充符合规定尺寸的基础。承包商只挖掘至 –9 米，从而节省了 1 米的挖掘和土方移除。由于挖掘量现在减少了 10%，承包商还节省了相当于 10% 的混凝土和钢筋的安装成本和时间。基础工程承包商通知项目业主，称其已经按照合同要求完成了基础工程，并向项目业主开具了全额 200 万美元的发票。

解释：

承包商故意供应不足的挖掘、土方移除、钢筋和混凝土量，并随后为正确数量开具发票，这是一种欺诈行为。

道路项目和基础工程项目特别容易受到这种数量欺诈的影响，因为一旦材料被其他材料覆盖，就无法通过目测确定其使用的数量。因此，一旦混凝土被倒入基础中，就无法通过目测确认基础是否挖掘到正确的深度。确定数量需要进行某种形式的测量，将实际最终水平与合同水平进行比较，或进行破坏性或非破坏性测试，这既昂贵又具有破坏性。在上述例子中，测量最终水平将无法揭示欺诈行为，因为基础的顶层将位于正确的合同水平，而基础的底层则将低于正确水平 1 米。

相对于完工后可见的物品（如灯具、空调、门等），供应不足的数量更难以隐瞒。

通过不挖掘到正确深度，并供应不足的数量以填充挖掘，可以赚取大量金钱。例如，在上述 200 万美元的项目中，节省 10% 的工作量和材料可以使承包商额外获得 20 万美元的利润。

5）隐瞒缺陷

示例：

一名防水分包商根据合同为承包商安装了防水屋顶膜。在安装过程中，分包商的人员不小心在多个地方刺穿了膜，这意味着它可能会漏水。因此，膜应被拒收并更换，或者进行适当的修补以符合合同要求。承包商的现场监督员没有注意到这些穿孔。更换或修补膜将延迟屋顶交付给承包商（这可能导致对分包商的延误索赔），并会导致分包商增加劳动力和材料成本。分包商决定不更换或修补损坏的膜，也不向承包商或项目业主透露穿孔的情况。膜被屋顶覆层覆盖，因此不再可见或可检查。分包商以防水工程已正确完成为依据，向承包商索要付款。

解释：

分包商知道膜有缺陷。分包商未更换或修补膜，并以工程符合合同要求为依据向承包商索要付款，这是在实施欺诈行为。分包商应该更换或修补膜，或者应向承包商披露问题并商定相应的处理措施。

6）通过变更索赔隐瞒贿赂以赢得合同

示例：

一名承包商向项目业主投标合同，项目业主的首席执行官与承包商达成了一项腐败安排，根据该安排，首席执行官将确保项目业主将合同授予承包商。当时承包商不会向首席执行官支付任何款项，因此对采购过程的任何审计或调查都不会发现可疑的财务转移。然而，一旦项目建设开始，首席执行官将确保发布一些主要的合同工作范围变更，并就这些变更与承包商商定一个高利润价格。然后，承包商将从变更利润中秘密支付给首席执行官。

解释：

上述例子说明了隐瞒贿赂的多种方法之一。许多项目业主对项目建设的控制，包括发布变更，远低于他们对采购的控制，因此更有可能使腐败变更不被发现。此外，变更通常没有竞争性定价过程（与大多数招标不同），因此验证承包商的变更价格是否合理可能很困难。

在上述情况下，承包商将犯有贿赂和欺诈罪，而首席执行官则犯有贿赂、欺诈和滥用职权罪。欺诈行为将是发布虚假或不必要的变更，以便进行贿赂支付。

7）虚假变更索赔

示例：

一名地板承包商为项目业主铺设混凝土地板，但未按合同要求安装膨胀缝。修复这个问题需要将整个地板抬起，清除碎石，然后重新铺设，这将使承包商的费用远超出原合同仅铺设地板的价格。根据合同，项目工程师负责发布变更。承包商向工程师行贿，请求他发布一项变更，将合同规范中要求安装膨胀缝的规定删除。工程师同意了，并没有对合同价格进行相应调整。因此，理论上地板现在符合合同规范，工程师因此为地板签发了竣工证书，承包商有权为地板工程获得付款。然而，由于缺少膨胀缝，地板现在更有可能开裂和破损，因此项目业主收到的是劣质产品。在整个过程中，项目业主没有被咨询关于变更的情况。

解释：

上述情况构成了承包商和工程师的贿赂和欺诈行为。工程师的行为还构成了滥用职权。

工程师只应在符合项目业主最佳利益的情况下发布合同规范的变更，并应进行相应的价格调整以考虑任何额外费用或节省。这一变更并不是为了项目业主的利益发布的，而是为了贿赂，并保护承包商免受其施工错误的后果。事实被隐瞒了，项目业主支付了全价却得到劣质产品。这种情况下应完全向项目业主披露，由业主决定是否希望收到完全符合规范的地板（因此需要承包商进行修复），或者是否愿意接受有缺陷的地板（这通常只能是在价格折扣的情况下，以反映业主未来可能承担的更高修复成本风险）。

8）虚假工期延长申请

示例：

合同规定，如果由于项目业主导致的延误，承包商有权延长工期并要求项目业主支付额外费用。合同还规定，如果由于承包商导致的延误，承包商应向项目业主支付损害赔偿，并自行承担额外费用。根据合同，项目工程师需要公正地确定延误和额外费用的问题。承包商在完成项目时延误了60天。承包商延误的原因有两个。第一个原因是承包商的一家供应商延迟交付材料，按照合同，承包商对这一延误负责，并需向项目业主支付违约金，这导致了30天的延误。第二个原因是规范的变更，按照合同，这一延误由项目业主负责，承包商有权获得工期延长和额外费用，这也导致了30天的延误。承包商向项目工程师提交了一份书面申请，声称整个60天的延误都归因于规范变更。承包商在申请中未提及供应合同的延误，也没有向项目工程师提供与供应合同相关的文件，这些文件会揭示供应商的延误。

解释：

承包商知道30天的延误是由于供应商造成的，而只有30天的延误归因于项目业主。然而，承包商却声称整个60天的延误都是项目业主的责任。承包商通过两种方式实施欺诈：①虚假陈述整个60天的延误是项目业主的责任；②未披露能够显示30天延误是虚假的证据。

上述例子将每个延误精确地归结为具体天数。然而，在许多情况下，确切的延误天数可能难以计算。各方可能知道存在多种延误原因，一些归因于一方，一些归因于另一方，但他们可能不确定实际的因果关系。在某些情况下，延误原因可能是并发的。在这种情况下，所有相关方都应充分披露所有情况，以便裁决人能够作出最佳决定。各方不应歪曲事实或隐瞒证据。

9）发布虚假延误证书

示例：

与上示例中的相同事实相关，项目业主收到了承包商提交的工期延长申请的副本。项目业主知道承包商有权因图纸延迟而获得工期延长，但不确定应延长多少天。项目工程师和项目业主都不知道供应合同的延误。项目工程师通知项目业主，按照其客观观点，认为应该向承包商发放20天的工期延长，但应拒绝申请的其余部分。项目业主不愿承担20天工期延长带来的额外承包商费用和损失的违约金，因此以在项目业主的下一个项目中提供就业机会为条件，说服工程师完全拒绝承包商的申请，并发布证书要求承包商支付项目业主60天延误的违约金，工程师照做了。

解释：

项目业主知道部分延误归因于自己。项目工程师已表明 20 天延误归因于项目业主。项目业主有权向项目工程师提供证据，表明情况并试图改变工程师的看法。然而，项目业主无权不正当地影响项目工程师的客观决策职能。在这种情况下，项目业主试图通过提供未来就业机会的不正当方式影响项目工程师。这是项目业主贿赂项目工程师的行为。项目工程师接受了，这是工程师的贿赂和滥用职权行为。

10）虚假整改费用的抵扣

示例：

承包商按照合同规定圆满完成了项目工程，并向项目业主申请最终的 10% 付款。项目业主在项目上的花费超出了预算，想要节省成本。因此，业主决定尝试减少承包商的 5% 最终付款。因此，它向承包商发送了一份工程缺陷清单。这份清单是虚假的，这些工程实际上没有任何问题，项目业主对此心知肚明。项目业主计算出整改这些问题的费用相当于合同价格的 10%。这项计算是虚假的。项目业主随后将这些所谓的整改费用从应付给承包商的余额中扣除，结果是项目业主不再向承包商支付任何款项。承包商对扣款提出异议。项目业主提出立即支付承包商减少 5% 的最终付款，但告知承包商，如果不接受这一减少金额，项目业主将不支付任何款项，承包商如果想从项目业主那里获得任何付款，就必须上法庭。承包商无力进行法律诉讼，并且正面临现金流困难，因此接受了减少的 5% 金额。

解释：

项目业主通过故意制造虚假的缺陷清单，并通过威胁在法庭上追讨这些虚假索赔，迫使承包商接受较低的付款，从而实施了欺诈行为。

拒绝支付真正有缺陷或未完成的工作是合法的。如果你真诚地相信自己的索赔是合理的，威胁采取法律行动也是合法的。然而，你不能基于明知虚假的索赔威胁采取法律行动以牟利。

11）在索赔中包含虚假的"谈判余地"

示例：

一名承包商因项目业主导致的延误而产生额外费用，正在向项目业主提出索赔。合同允许承包商索赔其因项目业主造成的任何延误直接导致的实际证明费用。承包商准备了因延误而产生的实际额外劳动力和设备费用及现场管理费用的记录，总计35万美元。然而，承包商担心项目业主会试图将索赔金额从这个数字上削减，任何少于35万美元的结果都意味着承包商没有完全追回其实际额外费用。因此，承包商在索赔中增加了额外的5万美元作为"谈判余地"。这样一来，在与项目业主谈判时，可以放弃这5万美元，表面上似乎在减少索赔，但实际上只要不低于35万美元，索赔金额就没有减少。承包商需要证明这额外的5万美元索赔，因此提交了一些虚假的工时单和管理费用来证明这一数字。

解释：

在建设项目中解决额外费用、变更和工期延长相关的索赔是常见的。这些索赔常常具有争议性，可能导致诉讼或仲裁。各方之间对彼此索赔过程完整性的相互猜疑，常常导致双方增加虚假的谈判余地。这种行为的结果是循环性的，如果一方认为另一方会削减其有效索赔，则会增加额外的谈判余地；如果另一方认为会增加谈判余地，则会试图削减索赔。因此，这种相互的信念是自我实现的。

各方完全有权主张其合法权益的全部，并通过各自放弃部分合法索赔来达成和解。

然而，创造虚假的额外费用以期放弃这些费用是欺诈行为。这样做时，你向另一方表示这些是你已经产生的实际费用并愿意妥协，而事实上并非如此。这样做的目的是为了获得利益或避免损失。

12）拒绝签发最终证书

示例：

承包商已按要求完成工作，并有权收到最终证书，从而可以从项目业主处获得50万美元的最终付款。根据合同规定，项目工程师有责任在工程按要求完成的情况下签发最终证书。工程师知道工程已按要求完成，应该签发证书，但他拒绝签发最终证书，除非承包商向他个人支付最终证书价值的10%（即5万美元）。

解释：

这是项目工程师的敲诈和滥用职权行为。工程师应在不要求个人支付的情况下签发承包商应得的最终证书。

如果承包商为了获得证书而向项目工程师支付了这笔钱，承包商将负有贿赂责任。在这种情况下，项目工程师并没有对承包商的任何人员构成任何人身伤害威胁，因此不能以避免人身伤害为由进行辩护。如果你为了避免财务损失而进行支付，这不太可能成为辩护理由。

13）便利支付

示例：

一名承包商正在将设备进口到一个施工项目所在的国家。一批重要的设备被扣在海关。承包商需要在下周初使用这些设备，否则项目施工将被延误。延误每天将给承包商造成5万美元的成本。承包商请求处理此事的海关官员尽快处理申请。海关官员表示，如果支付200美元的"加急"费用，他当天就会放行设备。承包商检查了费用的合法性，发现没有这样的合法费用。承包商已经完成了所有必要的文件，并支付了相关的进口关税和费用，因此设备应该在没有这笔"加急"费用的情况下放行。显然，这笔费用是官员为了个人利益而要求的非官方支付。承包商急需设备，而200美元的费用远低于设备无法及时到达所带来的每日5万美元的额外成本。因此，承包商支付了这笔费用，设备被放行。

解释：

这个例子在概念上类似于上述的第12例。之所以提供两个例子，是因为第12例涉及项目的关键参与者（项目工程师）的重大敲诈事件，而第13例涉及一个与项目无关的公职人员的小额敲诈事件。然而，结果是相同的。第二个例子涉及的金额较小，但这并不会改变基本原则。

海关官员应在不要求个人额外支付的情况下放行设备。在要求这种支付以正常履行职责时，该官员既滥用职权又向承包商勒索支付。

如果承包商为了获得证书而向海关官员支付了这笔钱，承包商将负有贿赂责任。在这种情况下，海关官员并没有对承包商的任何人员构成任何人身伤害威胁，因此不能以避免人身伤害为由进行辩护。如果你为了避免财务损失而进行支付，这不太可能成为辩护理由。

14）在路障处的敲诈

示例：

一名卡车司机在向施工现场运送材料时被警察在路障处拦下。警察持枪，表现出威胁性的态度。警察告诉司机，车辆轮胎有缺陷，司机将因驾驶危险车辆而被逮捕，并在警察局过夜。然而，警察表示如果司机支付 20 美元，他将放行。司机知道他的车轮胎状况良好，这 20 美元并不是合法支付。然而，他担心自己的安全以及在牢房中过夜可能发生的事情。因此，他支付了这笔钱，并被放行。

解释：

这种类型的事件在某些国家可能很常见。在这种情况下，司机可以合法地声称，如果他不支付这笔钱，他担心自己的人身安全。根据许多国家的法律，如果你合法地担心自己的安全，可以作为支付被敲诈款项的辩护理由。因此，司机不太可能犯罪。警察将犯有敲诈和滥用职权罪。

司机应尽快向他的雇主报告此事件。司机和雇主都不应通过假装这是合法费用来隐瞒支付。这可能构成会计犯罪（虚假陈述支付性质）和税务犯罪（因为非法支付通常不能在计算应缴税款时从收入中扣除）。根据该国的法律，以及是否安全，最好在账目中正确记录为被敲诈的支付，并考虑向有关部门报告此事。

15）虚假职位申请

示例：

为了从承包商那里获得就业机会，一名申请项目经理职位的应聘者在其职位申请中故意声称自己曾担任项目经理五年。实际上，他之前只担任过该职位六个月，因此他的经验远不如他所声称的那样丰富。承包商在没有向他之前的雇主核实其相关工作经验时长的情况下，雇用了他作为重要合同的项目经理。

解释：

这是个人为了自身利益而对雇主进行的欺诈行为，雇主是受害者。

上面给出的其他欺诈例子中的欺诈行为虽然也是由个人员工实施的，但主要是为了他们的雇主的利益。

故意或鲁莽地夸大简历上的工作经验以获得就业机会，是个人对雇主实施的欺诈行为。

16）过度娱乐

示例：

项目业主的现场监督员的职责是每天监督承包商的现场工作，并批准承包商每月付款为目的的工作质量和数量，以及现场的设备和劳动力数量，合同期限为六个月。承包商的项目经理告诉现场监督员，承包商的项目人员计划每个周末一起去观看主要俱乐部的足球比赛，然后去吃晚餐。这样做是为了保持现场士气高涨，并促进承包商人员之间的良好工作关系。承包商提议监督员也参加这些每周的聚会，因为这将有助于承包商和项目业主人员之间的工作关系。承包商表示，他们将支付监督员的所有门票和餐费。

解释：

在商业情况下支付娱乐费用并不一定是腐败行为。然而，如果娱乐的目的是影响某人不当履行职能，则可能构成贿赂。

承包商提出每个周末为期六个月支付监督员的门票和餐费，这是一笔非常可观且频繁的支出，极有可能影响监督员对现场承包商的决策。当你每周都被承包商招待并逐渐将承包商的人员视为朋友而不是业务同事时，很难在需要拒绝承包商的工作和时间表时保持公正。

即使这种娱乐的提议和接受实际上并不是故意腐败的，第三方（例如公众、报纸或法官）很可能会认为这是腐败行为。

因此，监督员在上述情况下应该拒绝承包商的提议。提议的金额和频率使其极有可能被视为腐败行为。

如果承包商仅仅一次性邀请监督员参加一场比赛，并且没有重复这种行为，并且比赛门票和餐费的费用合理，且不太可能影响监督员，那么这种行为被视为腐败的可能性要小得多。然而，由于监督员对承包商日常工作的关键作用，拒绝承包商的任何娱乐邀请会更加安全和明智。

如果监督员收到承包商的任何此类提议，应尽快向其经理报告。

# 附录1　国际组织反腐败措施汇总

附表1-1　国际组织针对腐败的措施汇总

| 序号 | 国际组织名称 | 反腐败措施 | 生效时间 |
|------|------------|-----------|---------|
| 1 | 联合国 | 颁布《联合国反腐败公约》 | 2005 年 |
| 2 | 经济合作与发展组织 | 颁布《经合组织反对国际商务交易中贿赂外国公务员公约》 | 1999 年 |
| 3 | 世行集团 | 成立世行集团廉政局 | 2001 年 |
| | | 确定两级制裁体系 | 2011 年 |
| | | 颁布《世行集团制裁指南》 | 2011 年 |
| 4 | 透明国际 | 定期发布腐败感知指数和贿赂指数，并发布腐败研究报告 | 1955 年 |
| 5 | 世界经济论坛 | 颁布《反腐败伙伴关系倡议》 | 2004 年 |
| 6 | 全球基础设施反腐中心 | 开发项目反腐败体系 | 2008 年 |
| 7 | 国际标准化组织 | 发布《反贿赂管理体系》（ISO 37001） | 2016 年 |
| 8 | 美国土木工程师协会 | 发布《专业人士行为全球准则》 | 2004 年 |
| 9 | 国际咨询工程师联合会 | 开发了咨询公司全面商业诚信管理系统 | 1998 年 |
| | | 开发了政府采购诚信管理系统 | 2007 年 |
| 10 | 世界工程组织联合会 | 成立反腐败工作小组致力于国际反腐败行动 | 2005 年 |
| 11 | 建筑业透明组织 | 致力于提升国际工程项目透明度 | 2012 年 |
| 12 | 建筑业道德与合规组织 | 致力于提升建筑业道德行为准则与合规性 | 2008 年 |

# 附录 2  世行集团的腐败治理体系以及联动制裁措施

- 世行集团的制裁体系

世行集团的制裁体系是正式的两级行政审查程序，旨在保护世行集团项目的廉洁性，并确保发展资金只用于其预期目的。在第一级行政审查程序中，案件通常提交给世行资格暂停与取消主管办公室，该办公室审查世行集团廉政局提出的关于某公司或个人从事应受制裁的不当行为的指控，并确定证据是否足以启动制裁程序。与国际金融公司、多边投资担保机构和世行集团担保项目和碳融资项目有关的案件由每个机构的评估及暂时除名官员负责审查。如果启动制裁程序，被指控方将被暂停获得世行集团资助合同的资格，并可向该系统的第二级行政审查程序（即世行集团制裁委员会）提出上诉，以接受对指控和/或建议制裁的重新审查，并在各方要求或制裁委员会主席召集下进行全面听证。两级体系旨在确保在作出任何决定之前，保障被控行为不当的各方享有正当程序。

- 世行集团制裁体系的发展历程（附图 2-1）
- 世行集团制裁体系下，什么是"制裁"

制裁的目的是既要防止未来发生的不当行为，又要鼓励受制裁方改过自新。有以下五种制裁类型：有固定期限的除名、附条件解除除名、附条件不除名、谴责信以及返还赔偿。最常见的制裁是附条件解除除名，即受制裁方至少在若干期间内不得获得世行集团的融资，而在该期间经过后，受制裁方仍须满足某些条件（如实施合规计划）后才能被解禁。根据《交叉制裁协议》，超过一年的除名将延伸到其他几个多边开发银行（MDB），即亚洲开发银行、非洲开发银行集团、欧洲复兴开发银行和美洲开发银行集团。

制裁会导致被取消资格的公司和个人不得参与由世行贷款或资助的项目或获取项目下的合同，取消资格的范围会涵盖其"附属公司"，即由被取消资格的公司或个人直接或间接控制的任何法律实体。任何制裁的实施将适用于制裁对

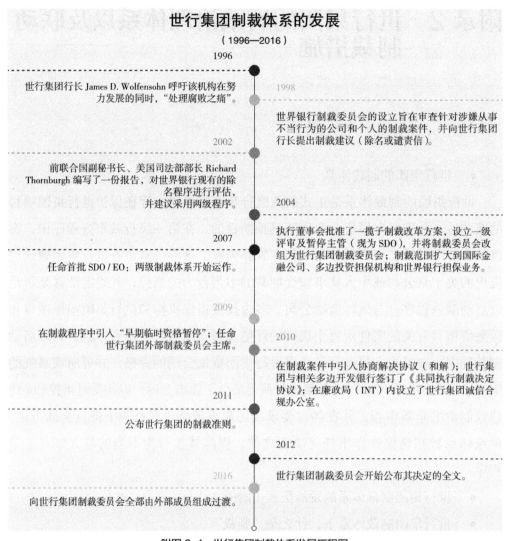

**附图 2-1 世行集团制裁体系发展历程图**

象的承继者和转让者。世行集团还将在网站上公布制裁对象的身份及相关制裁措施。自 1999 年以来，已有超过 600 个公司及个人受到世行集团的制裁。

世行集团不制裁会员国政府或政府官员。如果某政府内发生欺诈或腐败，世行集团会与该政府一道处理此问题；如果无法找到解决办法，世行集团可依照其与该国的法律协议采取行动。世行集团可暂停拨付贷款和 / 或注销未拨付贷款款项，并可要求提前偿还贷款。世行集团可在以下情况下采取此等行动：世行集团认定发生了与贷款资金有关的欺诈或腐败行为，而借款人未采取及时和适当的行动；借款人（如借款人不是会员国）在其他项目中受到了制裁；借款人或其他贷款资金接受者未遵守其在《反腐败指导方针》规定的义务。

- 世行集团对腐败行为的定义

根据《反腐败指导方针》，"应制裁行为"包括腐败、欺诈、胁迫、共谋和妨碍行为，具体的定义如下。

腐败行为系指直接或间接地提供、给予、接受或要求任何有价值物品，不正当地影响另一方的行为。

欺诈行为系指通过任何作为或不作为（包括错误表述）蓄意或肆意误导（或企图误导）某一方，以谋取财务等利益或逃避义务。结合行业实践，欺诈行为的表现方式往往包括：为了满足招标要求，提交虚假的文件以伪造以往的资质（合同价值、完成日期）、财务周转情况等；提交虚假的投标保函、履约保函或制造商授权等；以及不披露代理和佣金、分包商等。

胁迫行为系指直接或间接地危害或损害（或威胁危害或损害）任一方或该方的财产，不正当地影响某一方的行为。

共谋 / 串通行为系指双方或多方之间的共谋，旨在于实现一个不当目的，包括对第三方的行为产生不当影响。

妨碍行为系指故意破坏、伪造、改变或隐瞒调查所需的证据材料或向调查官提供虚假材料，实质妨碍世行集团对被指控的腐败、欺诈、胁迫或串通行为进行调查，和 / 或威胁、骚扰或胁迫任何一方使其不得透露与调查相关的所知信息或组织继续调查，或对世行集团行使其审计或检查或获取信息的合同权构成实质性妨碍。

《反腐败指导方针》并未规定违规行为必须已完成或达到其目的才构成应制裁行为。例如，提出向另一方支付腐败款项即构成腐败行为，无论对方是否接受或贿赂是否达到了目的，均可加以制裁。

- 世行集团的两级制裁体系

根据世行集团的制裁程序规定，世行集团的制裁体系是一种通过两级程序打击欺诈与腐败的行政程序。世行集团同其他多边发展银行（MDB）已达成协议，同意就某些形式的不当行为予以制裁。这些"应制裁行为"就是《反腐败指导方针》中规定的腐败、欺诈、共谋、胁迫和妨碍等行为，世行集团对应制裁行为的调查与审理流程如下。

- 世行集团制裁体系中的两级审理机构

（1）世行集团行政制裁程序第一级——资格暂停与取消主管办公室（SDO）/

评估及暂时除名官员（EO）

资格暂停与取消主管办公室（SDO）设在世行集团资格暂停和除名办公室内，其职能类似于行政法官，是高效、有效和公平的制裁程序的重要组成部分。SDO 审查案件，让案件得到有效和公正的处理，从而确保发展资金得到保护，同时使被指控方有机会对指控作出回应和 / 或向世行集团制裁委员会提出上诉。

资格暂停和除名官员的职责：

①在一份详细的书面认定中评估廉政局提交的证据的充分性。

②证据是否支持将被控之应制裁不当行为在盖然性优势证据标准下认定为发生，如果是，提出对答辩人适当的建议制裁。

③向每个答辩人发出制裁程序通知，其中包括指控、相应证据和建议制裁。

④在诉讼程序的最终结果发布之前，暂停答辩人获得世行集团资助合同的资格。

⑤审查答辩人回应制裁程序通知提交的书面解释。

⑥对未向制裁委员会提出上诉的答辩人实施建议制裁，并在世行集团的公共网站上公布无争议的制裁程序通知。

⑦审查世行集团（通过廉政局）与答辩人之间达成的和解协议，以确保其条款不明显违反世行集团的制裁准则。

制裁体系还包括与国际金融公司（IFC）、多边投资担保机构（MIGA）以及世行集团担保项目和碳融资项目相关的案件的平行程序。在这种情况下，廉政局将案件提交给该机构的评估及暂时除名官员（EO），该主管履行的职能与世行集团的 SDO 平行进行。

（2）世行集团行政制裁程序第二级——制裁委员会

如果调查对象对指控或建议的制裁措施提出异议，则案件交由世行集团制裁委员会处理。世行集团制裁委员会是一个独立的行政法庭，是整个世行集团所有有争议的制裁案件的最终决定者。制裁委员会由 7 名成员组成，他们都是顶级的法学家和发展专家，都是世行集团的外部人员。制裁委员会由秘书处支持，秘书处由制裁委员会执行秘书管理。

调查对象需要向制裁委员会递交"回应书"，制裁委员会审议"通知"中提出的指控和建议，并听取相关公司或个人的任何答辩，审核案件的所有证据，并可能举行听证会，然后对案件做出最终的决定。如果制裁委员会裁定调查对象存在一项或多项应制裁行为，将对调查对象实施适当的制裁，并在适当情况下对其分支机构实施制裁。制裁委员会的"决定"是终局的和即刻生效的，无论是廉政局还是调查对象，都不能对制裁委员会的"决定"进行申诉。这就是世行集团行政制裁程序的第二级，也是最终级（附图2-2）。

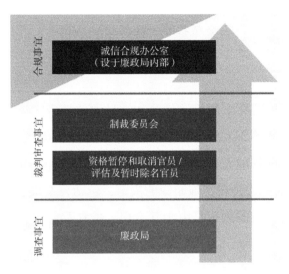

附图2-2　世行集团制裁系统的流程图

# 附录3 世行集团制裁委员会第115号决定（节选）

（制裁案件第 482 号）

IDA 信贷号：4347-VN

GEF 赠款号：TF058293-VN

**越南**

世行集团制裁委员会对制裁案件第 482 号中的被告实体（"被告公司"）及其某些关联公司（以下简称"关联公司"）实施制裁的决定，包括自本决定之日起，最低九年九个月的无条件禁令；以及对制裁案件第 482 号中的个人被告（"个人被告"）及其关联公司实施制裁的决定，包括自本决定之日起，四年六个月的禁令。对被告公司的制裁是由于其合谋、欺诈和妨碍行为，而对个人被告的制裁是由于其合谋行为。

Ⅰ.引言

1. 制裁委员会由 J. James Spinner（主席）、Olufunke Adekoya 和 Ellen Gracie Northfleet 组成，审查此案件。2018 年 10 月 2 日，制裁委员会在华盛顿特区的世行集团总部举行了听证会，制裁委员会主席根据制裁程序第Ⅲ.A 条第 6.01 款的规定，决定举行听证会。世行集团廉政局（"INT"）通过其代表亲自出席了听证会。被告公司和个人被告（统称"被告"）通过视频会议从世行集团在越南河内的办公室参加。被告公司由其首席执行官（"CEO"）、另一名官员和外部律师代表。个人被告由律师陪同。制裁委员会根据书面记录和听证会上提出的论点进行了审议并作出了决定。

2. 根据制裁程序第Ⅲ.A 条第 8.02（a）款的规定，制裁委员会审议的书面记录包括：

i. 2018 年 2 月 27 日，世行集团的暂停和取消资格官（"SDO"）向被告发出的制裁程序通知（"通知"），附有 INT 向 SDO 提交的指控和证据声明（"SAE"）；

ii. 被告于 2018 年 3 月 28 日向 SDO 提交的解释（单独称为"解释"）；

iii. 被告公司于 2018 年 4 月 1 日提交的答复，以及个人被告于 2018 年 4 月 2 日提交的答复（单独称为"答复"）；

iv. INT 于 2018 年 6 月 28 日向制裁委员会秘书提交的答复（"答复"）;

v. INT 于 2018 年 7 月 20 日向制裁委员会秘书提交的附加文件（"INT 的附加文件"）;

vi. 个人被告于 2018 年 7 月 30 日向制裁委员会秘书提交的附加文件（"个人被告的附加文件"）。

Ⅱ. 背景

5. 本案源于越南社会主义共和国（"受援国"或"借款人"）的河内城市交通发展项目（"项目"），该项目旨在（i）通过在特定走廊内增加公共交通的使用和减少河内不同区域之间的旅行时间，增加城市流动性；以及（ii）促进更加环保的交通方式和城市发展计划。2007 年 11 月 22 日，国际开发协会（IDA）与受援国签订了一份融资协议（"融资协议"），为该项目提供约 1.55 亿美元。同日，国际复兴开发银行（IBRD）作为全球环境基金（GEF）的执行机构，与受援国签订了一份 GEF 信托基金赠款协议（"GEF 赠款协议"），为该项目提供 980 万美元。项目于 2008 年 4 月 22 日生效，并于 2016 年 12 月 31 日结束。

Ⅲ. 案件摘要

6. 2014 年 10 月，项目管理单位（"PMU"）发布了 Lang Ha-Giang Vo 快速公交信号系统供应和安装合同（"CP06 合同"）的招标文件。2014 年 11 月，被告公司提交了 CP06 合同的投标（"CP06 投标"）。2015 年 3 月，被告公司与 PMU 签订了 CP06 合同。

7. 2015 年 3 月，PMU 发布了从 Kim Ma 到 Yen Nghia 的快速公交线路 1 的收费、车队管理、乘客信息和通信系统供应和安装合同（"CP07 合同"）的招标文件。2015 年 6 月，被告公司与合作伙伴实体组成的联合体（"JV"）提交了 CP07 合同的投标（"CP07 投标"）。2015 年 10 月，PMU 发布了一份投标评估报告，建议将 CP07 合同授予 JV。然而，世行集团多次拒绝表示无异议。

8. INT 指控被告与 PMU 和其他指定机构（统称为"客户"）达成安排，帮助 JV 获得 CP07 合同。此外，INT 指控被告公司在 CP06 和 CP07 投标中存在两项欺诈行为。最后，INT 指控被告公司通过阻碍与 CP06 和 CP07 合同相关的银行审计，从事妨碍行为。

Ⅳ. 审查标准

9. 根据制裁程序第Ⅲ.A 条第 8.02（b）（i）款，制裁委员会确定 INT 提出的证据是否支持"被告更有可能从事了制裁行为"。"更有可能"的定义是，在考虑所有相关证据后，证据的优势支持认定被告从事了制裁行为。

10. 根据制裁程序第Ⅲ.A 条第 8.02（b）(ⅱ) 款，INT 负有初步举证责任，证明被告其更有可能从事了制裁行为。在 INT 举证后，举证责任转移至被告，证明其行为不构成制裁行为。

11. 证据：根据制裁程序第Ⅲ.A 条第 7.01 款，正式证据规则不适用；制裁委员会有权决定提供的所有证据的相关性、重要性、重量和充分性。

12. 合谋、欺诈和妨碍行为的适用定义：融资协议和 GEF 赠款协议规定，适用世行集团的《IBRD 贷款和 IDA 信贷采购指南》（2004 年 5 月）。然而，CP06 和 CP07 合同的招标文件规定，适用世行集团的《IBRD 贷款和 IDA 信贷及赠款借款人采购商品、工程和非咨询服务指南》（2011 年 1 月），并根据相同版本的指南定义合谋、欺诈和妨碍行为。根据适用的法律框架以及公平考虑，在此类冲突情况下，适用借款国与被告之间商定的标准，而非借款国与银行商定的标准。因此，本案中指称的制裁行为具有 2011 年 1 月采购指南中的含义。合谋、欺诈和妨碍行为的适用定义在制裁委员会对每项 INT 指控的分析中（见第 V 节）详细阐述。

V. 制裁委员会的分析和结论

28. 制裁委员会首先将讨论本案的管辖权问题。然后，制裁委员会将考虑 INT 提出的证据是否支持被告从事了制裁行为的结论，并确定是否应对每项制裁行为承担责任。最后，制裁委员会将决定对每名被告应施加的制裁。

A. 管辖权

29. 当事人在其诉状中未提出管辖权问题。然而，制裁委员会认为有必要澄清银行对个人被告实施制裁的权力，因为 INT 声称个人被告利用其双重身份参与了合谋安排。因此，制裁委员会要求 INT 和个人被告在其附加文件和听证会上解决此问题。

30. 根据适用的《采购指南》，银行对个人被告有初步管辖权，因为他被指控作为竞争银行融资合同的实体的代表行事。然而，由于他被指控同时利用其作为政府官员的职务推动相同的合谋计划，因此出现了他的行为是否仍应受到制裁的问题。根据长期政策，政府官员免于银行的制裁制度，除非他们以个人身份从事制裁行为。此类管辖权例外并非为了个人利益，而是为了保护国家权力的合法行使。

31. 双重身份：证据表明，在涉嫌不当行为期间，个人被告担任两个并行职位——即在客户准备和进行 CP07 合同投标过程期间。各方均不争议，个人被告当时是公共机构内的主任。同时，证据表明，个人被告也是被告公司的代表和实际负责人，尽管在涉嫌不当行为前已放弃了其在公司的股份。被告公司自己承认，个人被告继续担任委员会主席，并在此背景下被称为"关联公司"。此外，个人被告承认，他当时经常被介绍为被告公司的"技术顾问"。尽管被告否认个人被告在管理层中拥有角色并有效控制公司的运作，但这些否认与记录相矛盾。例如，同时期的电子邮件显示，个人被告在 CP07 投标的战略决策中代表被告公司，包括寻找潜在合作伙伴、确定投标价格以及解决与合资伙伴的分歧。此外，大量文件证据——包括多封电子邮件、受援国发给被告公司的正式信函和一份咨询协议——显示，个人被告以"主席""主任"或"CEO"的身份向外部各方介绍自己，并在此期间拥有代表被告公司签署合同的权力。

32. 被指控的行为：考虑到各方的论点和案件的全部记录，制裁委员会认为对个人被告的指控涉及其作为被告公司代表的个人行为。INT 声称，个人被告及被告公司的工作人员利用与 CP07 合同相关的非公开信息（包括相关技术规范、投标要求和客户的预算）准备 CP07 投标，并影响客户以获得其他不正当优势。制裁委员会认识到，部分涉嫌行为是通过个人被告的公共职务实现的。根据 INT 的说法，个人被告通过其作为政府官员的职务，参与了 CP07 合同设计、成本估算和投标文件的准备，获取了上述非公开信息。虽然这些活动在一定程度上涉及国家权力的使用，并因此可以被认为是官方行为，但获取限制性数据本身并不是本案涉及的行为。INT 寻求制裁的是个人被告在 CP07 合同投标中的不正当使用此类信息——具体而言，为了在竞争对手之前找到合作伙伴，提前准备投标文件，并根据客户的机密预算制定合资投标价格。这些行为显然是私人行为，与个人被告的公共职能或政府权力无关。因此，按照银行的政策，个人被告的行为在本案中应受到制裁。

33. 基于上述原因，制裁委员会认为，银行可以对个人被告以其作为被告公司代表的个人身份所从事的行为行使管辖权。

B. 合谋行为的证据

34. 根据 2011 年 1 月《采购指南》第 1.16（a）（iii）款的定义，INT 需证明

被告（i）参与了两个或多个当事方之间的安排，（ii）旨在实现不正当目的，包括不正当影响另一方的行为。该条款的脚注规定，"当事方"指参与采购过程的参与者（包括公职人员），试图通过其他未参与采购过程的人或实体模拟竞争或建立人工、非竞争性的投标价格，或知晓彼此的投标价格或其他条件。

1）两个或多个当事方之间的安排

35. INT 声称，被告与客户在 CP07 合同的投标过程中达成了一项安排。根据 INT 的说法，个人被告通过其政府职位获取了 CP07 合同的技术规范、成本估算和投标要求，并在这些信息公开前与被告公司共享；被告公司利用这些非公开信息提前准备投标并人为设定合资投标价格；客户在被告的影响下，降低了资格后审要求并推荐将 CP07 合同授予合资企业。被告对此提出质疑并否认任何不当行为。

36. 鉴于以下原因，制裁委员会认为，被告与客户的某些代表参与了合谋计划，包括利用非公开信息准备 CP07 投标，并影响投标要求和评估过程。

37. 利用非公开信息：记录显示，被告利用非公开信息准备 CP07 投标。特别是，合资伙伴的销售经理向 INT 表示，被告公司在这些信息公开前向合资伙伴提供了 CP07 合同的技术规范，并且个人被告利用客户的机密预算设定合资投标价格。这一说法得到了大量文件证据的支持。例如，多次通信表明，被告公司的工作人员早在 2014 年 10 月就与潜在合作伙伴分享了 CP07 合同的技术规范和财务条件——在正式发布招标文件前几个月。此外，在 2015 年 5 月投标提交前两周，被告公司和合资伙伴的员工在邮件中流传了两份详细的成本明细表，发送者描述这些表格为"投标价格草案""上限价格文件"或"客户预先设定的价格"。这些表格与 PMU 的官方成本估算进行了对比，显示了 100 多项相同的明细以及相同的税前总价。此外，在投标提交后，个人被告和销售经理在邮件中公开讨论合资企业提供的价格"等于投标成本估算的上限价格"。制裁委员会认为，被告未能有效反驳这些证据。尽管被告公司提出了总体否认，个人被告提供了不可信的解释，声称 CP07 合同的技术规范在发布投标文件前并非机密，客户的"上限价格"可以根据投标保证金额轻易计算出来。考虑到所有证据，制裁委员会不认可这些论点。

38. 影响投标要求：记录支持被告影响客户代表修改投标要求，以有利于合资企业。例如，在 2014 年 12 月至 2015 年 2 月期间交换的多封电子邮件中，被告公司和合资伙伴的代表讨论了 CP07 合同招标文件草案中的资格后审要求。在此背景下，被告公司代表表示，合资伙伴未能满足当前草案中的所有技术要求，但有可能根据合资伙伴的资格修改这些要求。同时期的通信明确指出，合资伙伴将无法证明在 CP07 合同范围内的重要部分（即车队管理和乘客信息系统的实施）具有直接经验，这是所有工作版本的招标文件中始终要求的。记录显示，2015 年 2 月，客户代表修改了草案语言，排除了资格后审要求中具体的经验要求，且没有理由，并且这一修改在 2015 年 3 月发布的最终招标文件中得以保留。整体来看，这些记录表明，投标要求更可能是为了有利于合资企业而被修改的。被告未能令人满意地反驳这一结论。虽然个人被告没有直接回应这些证据，但被告公司声称客户不公平地设置了投标条件以有利于竞争对手而非合资企业。这一论点缺乏证据支持，制裁委员会认为不可信。

39. 影响投标评估过程：记录表明，被告影响了有利于合资企业的投标评估过程。PMU 推荐将 CP07 合同授予合资企业后，银行的工作小组指出，合资企业未能满足资格后审要求。至少有四次，银行发出正式信函要求 PMU 重新评估投标并修订相应结论。每次，PMU 的工作人员都表示不同意银行的发现，并重申将 CP07 合同授予合资企业的推荐。此外，根据一名银行采购官员的说法，在被告公司被提前暂时停职后，银行要求 PMU 将合同授予排名第二的合格投标人或推荐本次投标无中标人，但 PMU 的工作人员拒绝这样做。这名采购官员还向INT 表示，在这种情况下，一名 PMU 的代表声称，即使这导致采购失败并导致其失业，他也会继续推荐被告公司为获胜者。这些情况表明，被告在投标评估过程中影响了客户的某些代表。被告在其书面和口头陈述中间接反驳了这一结论，声称银行干预了此次投标，以排除国内公司或迫使评标小组选择排名第二的投标人。制裁委员会认为这些论点缺乏任何证据支持。

40. 鉴于上述情况，制裁委员会认为更可能的是，个人被告和被告公司的其他工作人员与客户的某些代表参与了合谋。

2）旨在实现不正当目的，包括不正当影响另一方的行为

41. INT 认为，相关安排旨在在 CP07 合同的投标中为合资企业争取不正当竞争优势。个人被告间接否认了任何不正当目的，称其从未利用其公共职位谋取私利，客户在合法的基础上选择了合资企业。被告公司没有具体回应此合谋指控的要素。

42. 证据表明，被告与客户代表之间的安排旨在在 CP07 合同的投标中有利于合资企业。第 37-39 段描述的行为——即利用非公开信息准备 CP07 投标，影响资格后审要求和投标评估——显示了明确的目的，即确保合资企业满足所有投标条件，提供最低价格，并获得 CP07 合同，不公平地胜过其他合格投标人。符合此目的，合资企业最终被推荐为获胜者。尽管银行拒绝表示无异议，被告最终未能实现其目标，但这对其过错没有影响。正如制裁委员会先前所观察到的，认定合谋行为并不需要证明所希望的结果实际实现。

43. 鉴于上述情况，制裁委员会认为更可能的是，相关安排旨在实现不正当目的，即压制公开竞争，并影响 CP07 合同的授予有利于合资企业。

C. 欺诈行为的证据

44. 本案中的欺诈指控依据 2011 年 1 月《采购指南》第 1.16（a）（ⅱ）款的定义进行分析。根据这一定义，INT 需证明被告公司（ⅰ）实施了某种行为或遗漏，包括虚假陈述，（ⅱ）该行为或遗漏在知道或应当知道的情况下误导或试图误导另一方，（ⅲ）以获取财务或其他利益或避免义务。脚注补充说明，"另一方"指公职人员；"利益"和"义务"与采购过程或合同执行有关；行为或遗漏旨在影响采购过程或合同执行。

1）欺诈指控 1：关于利益冲突的虚假陈述

a. 行为或遗漏，包括虚假陈述

45. INT 指控被告公司虚假声明合资企业在 CP07 合同投标中不存在利益冲突。根据 INT 的说法，个人被告直接参与了 CP07 合同招标文件的准备工作，这为被告公司带来了利益冲突，因为个人被告既是公司的实际负责人，又是公司首席执行官的姐夫。被告公司辩称，与个人被告的关系是公开的，并未构成冲突，因为个人被告并未参与此次投标。

46. 记录显示，被告公司的工作人员进行了虚假陈述。作为 CP07 合同投标的一部分，合资企业提交了一封由被告公司首席执行官签署的信，明确声明"我们符合资格要求，并且不存在《投标人须知》第 4 条定义的利益冲突。"根据上述条款，如果投标人与"借款人的专业人员"存在密切的业务或家庭关系，并且这些人员直接或间接参与了招标文件或合同规格的准备工作，则可认定投标人存在利益冲突。被告公司不争议个人被告是"借款人的专业人员"，也不争议在提交 CP07 投标时与其存在密切的业务或家庭关系。制裁委员会认为，声明关系的公开性与是否构成利益冲突无关。问题在于个人被告是否代表客户参与了此次投标。考虑到所有证据，制裁委员会认为他确实参与了。特别是，一名国际专家向 INT 表示，个人被告通过其在公共机构的职务，亲自审查并批准了 CP07 合同的技术设计和招标文件。与此证词一致，文件证据显示，个人被告在 2014 年 10 月修订了招标文件的早期草案，并且其建议的修改最终由客户实施。面对这些证据，被告提出了总体否认，并声称这些记录是伪造的。制裁委员会不认可这些论点。正如先前观察到的，声明必须有证据基础，否则仅为未证实的论点。

b. 误导或试图误导另一方

48. 根据制裁程序，制裁委员会可以根据间接证据推断被告的知情，并广泛规定任何类型的证据都可以作为制裁委员会得出结论的依据。在过去的案件中，制裁委员会发现，被告公司在未披露利益冲突的情况下进行了虚假陈述，其中记录显示管理层知道有冲突的个人同时担任两个角色。在本案中，证据显示被告公司的管理层知晓个人被告在此次投标中既是政府官员又是公司代表的双重角色。逻辑上，个人被告自己也知道自己的双重身份。此外，文件证据显示，在提交投标前，被告公司的几名代表——包括高级人员——收到了个人被告以政府官员身份提出修订的 CP07 合同招标文件草案。这些要素足以得出被告公司的员工知道个人被告的利益冲突，并因此故意作出虚假陈述以误导参与此次投标的公职人员。制裁委员会注意到，这一结论与上述合谋的发现一致。尽管被告公司的员工可能预期客户的某些代表知道该声明是虚假的，但对于未参与不正当安排的公职人员，误导的意图仍可推断。

c. 为获取财务或其他利益或避免义务

50. 制裁委员会一贯认为，如果记录显示虚假陈述是对投标要求的回应，则可推断其意图是获取利益或避免义务。在此，CP07 合同的招标文件指示投标人提交无利益冲突的声明作为资格证明，并规定如果发现投标人存在利益冲突，将被取消资格。被告公司的虚假陈述，即合资企业没有需要披露的利益冲突，直接与这些规定相关。因此，制裁委员会认为更可能的是，虚假陈述旨在确立合资企业的资格，以获取 CP07 合同。

2）欺诈指控 2：提交伪造的制造商授权书

a. 行为或遗漏，包括虚假陈述

51. INT 指控，被告公司在 CP06 投标中提交了一封伪造的制造商授权书。

被告公司承认该授权书不真实。在过去的决定中，制裁委员会主要依据被指名方或所谓签发方的书面声明、文件表面的伪造迹象以及被告方的自白，认定被告提交了伪造文件。在本案中，记录包含制造商员工（包括签署人）的电子邮件，否认签发授权书。这些电子邮件还指出文件表面的伪造迹象，例如奇怪的签名和制造商记录中不存在的参考编号。考虑到记录的全部内容，包括被告公司的陈述，制裁委员会认定，授权书更可能是伪造的，因此构成 CP06 投标中的虚假陈述。

b. 误导或试图误导另一方

52. INT 认为，记录支持推断被告公司的员工是故意为之。被告公司辩称，其员工不知道授权书是伪造的，错误地认为它是合法签发的。此外，被告公司承认其员工未能核实该文件的真实性或来源。在过去的案件中，制裁委员会认定知情的证据足够充分，例如，被告员工承认知道签名是伪造的或记录显示伪造文件的虚假性对被告代表来说显而易见。相比之下，在评估鲁莽行为时，制裁委员会考虑的因素包括被告是否应当意识到提交虚假或误导性投标文件的风险，但仍未采取措施减轻该风险。在本案中，证据不足以支持 INT 的知情论点。特别是，尚不清楚授权书是否具有伪造迹象，或这些迹象是否应当对被告公司的员工显而易见。然而，被告公司承认其员工未采取任何措施确认授权书的真实性，记录中也没有任何证据表明被告公司的投标准备过程中包含防止使用伪造记录的控制或其他机制。综合来看，这些情况表明被告公司的员工至少应当意识到虚假风险，但未采取任何预防措施。因此，制裁委员会认定，被告公司的员工在提交伪造授权书时至少表现出鲁莽行为。

c. 为获取财务或其他利益或避免义务

53. 如前所述，制裁委员会一贯认定，如果记录显示虚假陈述是对投标要求的回应，则可推断其意图是获取利益或避免义务。这里，CP06 合同的招标文件明确规定，如果投标人未生产或制造其供应的商品，必须提交相应的制造商授权书作为资格证明。因此，显然该授权书是响应投标资格要求提交的。在这种情况下，制裁委员会认定，虚假陈述更可能是为了确保被告公司获得 CP06 合同。

D. 妨碍行为的证据

54. 根据 2011 年 1 月《采购指南》第 1.16（a）（v）（bb）款的定义，INT 需要证明被告公司更有可能从事了旨在实质上阻碍银行行使其检查和审计权利的行为。INT 指控被告公司通过拒绝提供任何要求的财务记录和相关电子邮件，并未能使关键员工可供采访，故意和实质上阻碍了银行的检查和审计。被告公司辩称，他们尽力提交了详细材料给 INT。

55. CP06 和 CP07 合同的招标文件明确要求被告公司允许银行检查所有与投标和合同执行相关的账目和记录，并允许银行指定的审计人员审查这些文件。记录显示，INT 于 2016 年 6 月 24 日向被告公司发送了一封信，通知其银行将对这些合同进行检查，并指示被告公司提供详细的材料并使特定员工可供面谈。后续通信显示，被告公司同意在 2016 年 7 月 6 日之前电子形式提交一部分初步记录，并于 2016 年 7 月 25 日在被告公司的办公室与 INT 会面。2016 年 7 月 6 日，被告公司向 INT 发送了有限数量的文件。作为回应，INT 重申了其最初的请求。记录中没有显示被告公司的回复。2016 年 7 月 25 日，INT 访问了被告公司的场所进行现场检查。次日，INT 向 CEO 发送了一封电子邮件，详细描述了访问情况。根据这一当时的记录，被告公司的员工：（ⅰ）展示了有限的与公司运营和合同相关的文件，但不允许 INT 复制任何文件；（ⅱ）拒绝提供任何会计记录；（ⅲ）拒绝提供任何电子邮件，理由是公司遭到黑客攻击，公司政策不允许其要求员工提交任何电子邮件；（ⅳ）声称没有相关员工（包括 CEO 本人）可供面谈。在同一封给 CEO 的电子邮件中，INT 强调这种行为可能构成妨碍行为，并建议被告公司立即提交所有要求的记录。2016 年 8 月 10 日，INT 再次联系 CEO，提议在双方方便的时候通过电话进行面谈，并重申文件请求。记录显示，CEO 没有回应此邮件，被告公司也没有提供任何进一步的文件。在听证会上，被告公司声称其员工要求 INT 签署保密协议作为审计的条件，但 INT 拒绝满足这一要求。然而，被告公司未能证实其声明，INT 否认曾收到此类请求。总体来看，证据显示 INT 多次努力行使银行的审计权，而被告公司的员工无合理理由拒绝配合。

56. 鉴于上述原因，制裁委员会认为更可能的是，被告公司的员工从事了旨在阻碍银行行使检查和审计权利的行为。

E. 被告公司对其员工行为的责任

57. 在过去的案件中，制裁委员会认为，雇主可以根据"替代责任"原则对其员工的行为负责，特别是当员工在其工作范围和职责内行事，并至少部分出于为雇主服务的意图时。在本案中，记录支持被告公司的员工在其各自职责范围内从事了制裁行为，并旨在为公司服务。例如，证据显示，被告公司的代表获取并利用机密信息，在 CP07 合同投标过程中为合资企业争取不正当优势；准备并提交包含虚假陈述的 CP06 和 CP07 投标；并在预定的现场检查期间妨碍 INT 对被告公司记录的审计。没有证据表明员工是出于其他目的的行事。此外，被告公司也未提出任何"离经叛道员工"辩护。因此，制裁委员会认为被告公司应对其员工实施的制裁行为负责。

F. 制裁分析

1）制裁的确定一般框架

58. 当制裁委员会认定被告更有可能从事了制裁行为时，制裁程序第Ⅲ.A 节第 8.01（b）款要求制裁委员会从第Ⅲ.A 条第 9.01 款列出的可能制裁范围内选择并实施一种或多种适当的制裁。第Ⅲ.A 条第 9.01 款列出的制裁范围包括：（ⅰ）谴责，（ⅱ）有条件的不取消资格，（ⅲ）取消资格，（ⅳ）有条件的取消资格，以及（ⅴ）赔偿或补救。根据制裁程序第Ⅲ.A 条第 8.01（b）款，制裁委员会不受 SDO 建议的约束。

59. 正如制裁委员会先例所反映的那样，制裁委员会考虑所有情况以及所有潜在的加重和减轻因素，以确定适当的制裁。制裁的选择不是机械性的决定，而是根据每个案件的具体事实和情况进行的个案分析。

60. 制裁委员会需要考虑制裁程序第Ⅲ.A 条第 9.02 款中列出的各种因素，该款提供了一个非详尽的考虑因素列表。此外，制裁委员会参考《世行集团制裁指南》（"制裁指南"）中列出的因素和原则。虽然制裁指南本身声明其并非具有规范性，但其提供了关于制裁决定可能相关的考虑因素类型的指导。制裁指南还建议了相对于以有条件解除为可能的最低三年取消资格的基本制裁的可能增加或减少范围。

61. 当制裁委员会对被告实施制裁时，还可以根据制裁程序第Ⅲ.A 条第 9.04（b）款，对被告的任何关联公司实施适当的制裁。

2）多种制裁行为

62. 由于制裁委员会发现被告公司从事了多项不当行为，制裁委员会考虑制裁指南第Ⅲ节关于"累积不当行为"的规定。制裁指南相关部分规定：

"如果被告被认定从事了事实上不同的不当行为（例如，在同一投标中涉及腐败行为和合谋行为），或者在不同案件中涉及的不当行为（例如，在不同项目中或在同一项目下的合同中，但不当行为发生在显著不同的时间），则每个单独的不当行为可单独考虑并累积制裁。或者，考虑到被告从事了多次不当行为，可将其作为第Ⅳ.A.1节'重复行为模式'的加重因素。"

63. 在被告从事不相关的制裁行为时，制裁委员会分别考虑每项指控的严重性，并确定每个独立的不当行为应适用不同的基本制裁，即使所有不当行为都涉及同一项目或合同。相反，在不当行为密切相关的案件中，制裁委员会适用加重因素而不是单独制裁，例如欺诈行为旨在防止发现腐败行为，而对此进行的调查被妨碍。在本案中，记录显示，被告公司在CP07合同中从事了合谋和欺诈行为，在CP06合同中从事了一项欺诈行为，并在与CP06和CP07合同相关的银行审计中从事了妨碍行为。制裁委员会认为，与CP07合同相关的合谋和欺诈行为是相互关联的，因为关于被告公司与个人被告关系的虚假陈述旨在隐瞒并进一步推动被告的合谋安排。然而，其他两项不当行为是事实上的独立行为，必须分别考虑。因此，制裁委员会认定，被告公司的多项制裁行为需要就合谋、第二项欺诈和妨碍行为分别适用基本制裁，并就第一项欺诈行为适用加重因素。

3）本案中考虑的因素

a. 不当行为的严重性

64. 制裁程序第Ⅲ.A条第9.02（a）款要求制裁委员会在确定适当的制裁时考虑不当行为的严重性。制裁指南第Ⅳ.A节将参与不当行为的核心角色、管理层在不当行为中的作用和涉及公职人员作为严重性的示例。

i. 核心角色

65. 制裁指南第Ⅳ.A.3节指出，如果被告在两人或更多人中担任"组织者、领导者、策划者或主要推动者"，则该因素可能适用。制裁委员会在被告领导或发起了由两人或更多人实施的不当行为的情况下适用加重因素。在本案中，INT提交的证据表明，两名被告在与客户的合谋中均起到了核心作用，被告公司在其他三项制裁行为中也起到了核心作用。制裁委员会认为，根据定义，被告公司不可能在欺诈和妨碍行为中起到核心作用，因为这些不当行为中没有涉及其他方。然而，就合谋安排而言，记录支持被告是团队中的主要推动者。实际上，该计划显然是为了使被告受益，他们获取并利用了机密信息，在竞争对手之前找到合适的合作伙伴，领导合资企业，并影响客户的行为以服务于他们自己的利益。在这种情况下，制裁委员会对两名被告适用加重因素。

ii. 管理层在不当行为中的作用

66. 制裁指南第Ⅳ.A.4 节指出，如果公司内的高级人员参与、默许或对不当行为视而不见，则该因素可能适用。制裁委员会之前在被告公司管理层高级成员亲自参与不当行为的情况下适用加重因素。在本案中，证据显示，被告公司的高级人员参与了制裁行为。例如，正如上文所述，首席执行官亲自参与了被告公司妨碍银行审计的行为。因此，制裁委员会认为对被告公司适用加重因素是合理的。

iii. 涉及公职人员

67. 制裁指南第Ⅳ.A.5 节指出，如果被告与公职人员或世行集团工作人员合谋或涉及他们在不当行为中，则该因素可能适用。在过去的案件中，制裁委员会发现被告与公职人员合谋以获取合同的情况下适用加重因素。本案中，记录显示，合谋安排涉及客户的某些代表，他们都是与被告合谋的公职人员，目的是将 CP07 合同授予合资企业。基于此，且与先例一致，制裁委员会对两名被告适用加重因素。

b. 对项目的危害程度

68. 项目受损程度：制裁程序第Ⅲ.A 条第 9.02（b）款要求制裁委员会在确定制裁时考虑不当行为造成的危害程度。制裁指南第Ⅳ.B.2 节将通过合同实施不良或延误对项目造成的危害程度作为此类危害的示例。制裁委员会在之前的案件中对因不当行为导致招标取消或合同终止的情况下适用加重因素。相反，当不当行为未被发现是造成合同问题和延误的原因时，制裁委员会不适用加重因素。在本案中，INT 声称，由于被告的合谋安排，客户的员工拒绝接受银行建议将 CP07 合同授予其他投标人或重新招标，导致 CP07 合同最终被取消。尽管记录显示被告的合谋安排影响了投标评估过程，但制裁委员会注意到 INT 未能提供任何文件证据支持其关于 CP07 合同最终被取消的说法，或证明不当行为对项目造成了其他类似的危害。因此，制裁委员会决定不在此基础上适用加重因素。

c. 妨碍银行的调查

69. 妨碍调查过程：制裁程序第Ⅲ.A 条第 9.02（c）款要求考虑"被制裁方在银行调查中的干预"作为确定制裁的因素。制裁指南第Ⅳ.C.1 节将此因素描述为包括"旨在实质上阻碍银行行使其合同审计或信息访问权的行为"。在过去的案件中，制裁委员会在被告明确指示员工不配合 INT 或将不配合作为支付员工工资的条件时适用加重因素。相反，当被告拒绝提供信息的行为未构成阻碍INT调查的明显行为时，制裁委员会不适用加重因素。在本案中，INT指控被告公司阻碍银行行使审计权利，制裁委员会在证据中发现，被告公司无合理理由地拒绝配合INT的多次审计要求，因此适用加重因素。

d. 减轻因素

70. 自愿补救措施：根据制裁程序第Ⅲ.A条第9.02（d）款，制裁委员会在确定制裁时需考虑被制裁方在调查期间采取的任何自愿补救措施。尽管被告公司声称采取了某些补救措施，但未提供任何证据证明其有效实施了这些措施。因此，制裁委员会不适用任何减轻因素。

71. 合作态度：根据制裁程序第Ⅲ.A条第9.02（e）款，制裁委员会需考虑被制裁方在调查期间的合作态度。尽管被告公司声称其与INT合作，但证据表明其在审计过程中拒绝提供关键文件和人员供采访。因此，制裁委员会不适用减轻因素。

G. 制裁决定

72. 鉴于上述分析，制裁委员会决定对被告公司和个人被告分别施加以下制裁：

i. 被告公司：

禁令九年九个月，条件是被告公司需证明其已采取适当的补救措施，解决导致制裁的行为，并实施符合银行要求的诚信合规计划。

ii. 个人被告：

禁令四年六个月，条件是个人被告需证明其已采取适当的补救措施，解决导致制裁的行为，并完成相关培训或教育项目，展示其对个人诚信和商业道德的持续承诺。

# 附录 4　世行集团制裁委员会第 133 号决定（节选）

（制裁案件编号 669）

发布时间：2021 年 4 月 5 日

项目背景

IDA 贷款号：3831-DRC

刚果民主共和国

世行集团制裁委员会第 133 号决定

制裁委员会对制裁案件编号 669 中的被告人（以下简称"被告人"）及其某些关联方 2 实施了八年不得参与银行融资项目的制裁。此制裁期将叠加在制裁委员会第 125 号决定（2020 年）中对被告人先前实施的制裁期之上。本案中对被告人的制裁是因其从事了腐败行为。

Ⅰ. 引言

1. 制裁委员会于 2021 年 2 月召开了由卡文德·布尔（小组主席）、玛丽亚·维辛·米尔本和爱德华多·祖莱塔组成的小组会议，审查本案。被告人和世行集团廉政局（INT）均未请求举行听证会，小组主席也未决定自行召开听证会。因此，制裁委员会根据书面记录进行审议并作出决定。

2. 根据制裁程序第Ⅲ.A 条第 8.02（a）款的规定，制裁委员会审议的书面记录包括以下内容：

i. 世行集团暂停和除名官（SDO）于 2020 年 5 月 29 日向被告人发出的制裁程序通知（以下简称"通知"），其中附有 INT 提交给 SDO 的指控和证据声明（SAE）；

ii. 被告人于 2020 年 8 月 28 日向制裁委员会秘书提交的回应（以下简称"回应"）；

iii. INT 于 2020 年 10 月 14 日向制裁委员会秘书提交的回复（以下简称"回复"）；

iv. 被告人于 2020 年 10 月 21 日向制裁委员会秘书提交的附加材料（以下简称"附加材料"）；

v. INT 于 2020 年 11 月 6 日向制裁委员会秘书提交的对附加材料的评论（以下简称 "INT 的评论"）。

3. 2020 年 5 月 29 日，根据制裁程序第Ⅲ.A 条第 4.01 和 4.02 款的规定，SDO 发出通知，暂时暂停被告人及其直接或间接控制的任何关联方参与银行融资项目的资格，直至这些制裁程序的最终结果。通知指出，暂时暂停适用于世行集团的所有业务。此外，根据制裁程序第Ⅲ.A 条第 4.01（c）、9.01 和 9.04 款的规定，SDO 在通知中建议对被告人及其直接或间接控制的任何关联方实施有条件解除的除名制裁。SDO 建议最短不得参与期为四年，自 2020 年 2 月 25 日制裁委员会第 125 号决定（2020 年）开始的初始五年六个月期结束后连续计算。SDO 建议在累计九年六个月的除名期后，只有被告人向世行集团诚信合规官证明其采取了适当的补救措施，完成了相关培训，并且其直接或间接控制的任何关联方实施了有效的诚信合规计划后，才能解除其不得参与资格。

Ⅱ. 背景

4. 本案发生在刚果民主共和国的南部非洲电力市场项目第一阶段（"项目"）中，该项目旨在开发高效的区域电力市场，以促进电力部门的加速投资、增加竞争和促进区域经济一体化。2004 年 1 月 21 日，国际开发协会（IDA）和借款人签署了一份约 1786 万美元的发展信贷协议（"信贷协议"），以支持该项目。同一天，IDA 与项目实施单位（PIU）签署了一份项目协议（"项目协议"），其中包括项目执行的条款。该项目于 2004 年 5 月 17 日生效，并于 2016 年 9 月 30 日结束。

5. 2004 年 12 月 13 日，PIU 与一家公司（以下简称"顾问"）签订了两份银行融资的咨询服务协议（以下简称"顾问协议"），顾问为项目提供包括可行性研究、技术规范制定和招标过程协助在内的各种服务。当时，被告人作为顾问公司的工程师被任命为每份顾问协议下的"项目经理"。

6. 记录显示，一家空中检查服务公司（以下简称"承包商"）获得了以下项目合同：

a. 2009 年 6 月签署的现有走廊架空线路详细诊断的固定报酬合同（"合同 1"）；

b. 2010 年 6 月签署的在合同执行期间为 PIU 提供协助的固定报酬合同（"合同 2"）；

c. 2013 年 8 月签发的光探测和测距调查及数据处理的工作订单（"合同 3"）。

7. INT 指控被告人在合同 1、2 和 3 期间，通过关联公司向承包商索取和接受付款，以换取其提供的协助。

Ⅲ. 适用的审查标准

8. 证据标准：根据制裁程序第Ⅲ.A 条第 8.02（b）（ⅰ）款，制裁委员会确定 INT 提交的证据是否足以支持被告人从事了可制裁行为的结论，其证据标准为"更有可能"。该标准意味着在考虑所有相关证据后，证据的优势支持被告人从事了可制裁行为的结论。

9. 证明责任：根据制裁程序第Ⅲ.A 条第 8.02（b）（ⅱ）款，INT 承担最初的举证责任，提供足够的证据证明被告人更有可能从事了可制裁行为。在 INT 提供这种证据后，举证责任转移到被告人身上，被告人需证明其行为不构成可制裁行为。

Ⅳ. 双方的主要主张

A. INT 在 SAE 中的主要主张

12. INT 指控被告人通过与其有关的公司（"第一公司"）和其妻子拥有的公司（"第二公司"）从承包商处索取和接受付款，作为对其提供支持的回报，并为了在项目中为承包商提供进一步的协助。INT 主张，被告人通过起草和翻译提案和合同，并推动承包商在项目中获得更多业务，从而支持承包商。INT 认为，由于本案中的指控与制裁委员会第 125 号决定（2020 年）中的事实不同，因此应增加基本制裁。此外，INT 认为，被告人使用了复杂的手段，并在不当行为中起到了核心作用，因此应予以加重。INT 还主张，尽管被告人同意接受 INT 的采访并对其发出的解释信作出回应，但其未能表现出应有的坦诚和合作，因此不应减轻处罚。

B. 被告人在回应中的主要主张

13. 被告人声称，他自愿为承包商提供帮助，是出于"道德义务"，以确保承包商员工的安全和项目的成功。他否认索取或接受付款以换取其服务。然而，被告人主张，承包商向第一公司支付的款项是为了补偿其承担的安全费用，而他否认拥有第一公司。此外，被告人还认为，承包商提出向第二公司支付款项，是因为其妻子在承包商风力发电机项目中的服务，而不是为了补偿其过去的帮助。被告人未对制裁因素进行辩护。

C. INT 在回复中的主要主张

14. INT 表示，不争的事实是承包商向第一公司和第二公司支付了款项，而被告人"提供了非同寻常的支持"给承包商。除了重申 SAE 中的论点外，INT 还主张，被告人为其妻子的公司谋求商业机会，即使被认为是合法的，也是一种"有价值的东西"，因为他直接从中获利，而当时他正在为承包商提供重要的帮助。此外，INT 认为，被告人知道他与承包商的关系与其权力地位存在冲突，并且他通过虚假和回溯合同隐瞒了付款。

D. 被告人在附加材料中的主要主张

15. 被告人重申，为了项目的成功，他执行了超出其职责范围的任务。他声称"从未要求被支付非法款项"。

E. INT 对附加材料的评论中的主要主张

16. 在制裁委员会主席邀请评论的情况下，INT 主张，附加材料不应被采纳，并反映出被告人对明确的文件和证人证据提出异议。

V. 制裁委员会的分析与结论

17. 制裁委员会首先考虑 INT 是否能够证明被告人更有可能从事了所指控的腐败行为。然后，制裁委员会将确定是否对被告人实施制裁以及实施何种制裁。

A. 腐败行为的证据

18. 根据 2002 年 5 月顾问指南中的"腐败行为"定义，INT 必须证明被告人（i）提供、给予、接受或索取了任何有价值的东西，（ii）以影响公职人员在选择过程或合同执行中的行为。

1）索取或接受有价值的东西

19. INT 指控被告人通过与其相关的公司（"第一公司"）和其妻子拥有的公司（"第二公司"）从承包商处索取和接受了付款。INT 还认为，承包商与第二公司的合同本身就是一种"有价值的东西"，被告人向承包商索取并从中获利。被告人声称，承包商通过第一公司补偿了其发生的安全费用，他否认拥有第一公司，并且承包商向第二公司支付的款项是为了其妻子的服务，而不是为了他自己的服务。

a. 第一公司

20. 记录显示，被告人向承包商索取并接受了一笔付款。记录包含了一份 2009 年 5 月的协议副本，其中第一公司被要求提供"物流支持"，报酬为 1.5 万欧元（"第一公司合同"）。记录中还包含了一张日期为 2010 年 2 月的发票，金额为 1.5 万欧元，由第一公司向承包商开具。在接受 INT 采访时，承包商前董事解释了第一公司合同和相关发票的情况。具体来说，承包商前董事声称，在承包商完成合同1的任务后，被告人要求支付1.5万欧元作为报酬，要求通过第一公司支付，并由被告人起草并回溯至2009年5月的合同方式支付发票。制裁委员会给予这些证词足够的重视，因为这些证词对证人不利。

21. 被告人否认通过第一公司向承包商索取或接受任何付款，并坚持认为他不是第一公司的所有者，支付给第一公司的款项是出于合法目的。制裁委员会对此并不信服。如上所述，制裁委员会对承包商前董事提供的证词给予了高度重视，证实第一公司实际上是被告人的。此外，制裁委员会发现被告人关于第一公司提供服务的性质和他在第一公司合同中的参与的陈述存在矛盾。在对INT解释信的回应中，被告人声称1.5万欧元"专门用于支付由当地资源为承包商提供的当地服务费用"，他"没有参与此事"。然而，在回应中，被告人承认他负责承包商的安全，他"无法通过顾问公司的本地网络"进行，并且承包商后来通过第一公司补偿了发生的费用。无论如何，制裁委员会认为这些解释均没有得到记录的支持。首先，合同价格缺乏任何可信的依据，考虑到证据显示被告人只是简单地规定了价格，而1.5万欧元与当时市场上的物流服务费用严重不符。制裁委员会还认为，发票中所谓反映的合法发生的费用恰好与第一公司合同的价格相符，这也令人怀疑。虽然发票附有一张工作任务单，但列出的活动模糊不清，似乎与任何类型的安全服务无关。记录中未见其他详细的费用分解或任何其他支持文件。最后，除了承包商前董事提供的证词外，记录中的其他证人证词也与被告人的说法相悖。例如，承包商的直升机技师在接受INT采访时表示，（i）他从未听说过第一公司；（ii）承包商在合同1的合资伙伴（JV Partner）已将物流服务外包给另一家公司；（iii）如果第一公司确实执行了第一公司合同的服务，他会知道。此外，承包商的首席执行官在接受INT采访时表示，他从未听说过第一公司，并且合同1的物流工作由合资伙伴处理。虽然承包商的首席执行官后来在对INT解释信的回应中作出了矛盾的陈述，声称第一公司提供了当地的安全和物流人员，但制裁委员会对这一后续陈述给予了较低的权重，因为承包商首席执行官在INT采访中的证词是自发且坦诚的，而其对解释信的回应是在被告知潜在不当行为指控后准备的。

22. 综合考虑所有证据，制裁委员会认为，被告人更有可能通过第一公司向承包商索取并接受了一笔付款。

b. 第二公司

23. 记录包含了被告人向承包商索取并接受有价值物品的文件证据。例如，承包商与第二公司于2013年1月签订了一份协议，后者为前者的风力发电机发展业务关系并获得新市场份额，年报酬为4万欧元（"第二公司合同"）。2013年11月30日，被告人向承包商董事发送了一封电子邮件（"2013年11月电子邮件"），附件是第二公司合同的草稿，并请其"看看这个"。三天后，承包商董事回复："看起来不错。"记录中还包含了几张由第二公司开具并由承包商支付的发票，包括2013年12月23日开具的金额为2.6万欧元的发票。被告人的妻子于2015年1月向被告人发送的一封电子邮件中，附有2013年第二公司的收入和支出表，显示第二公司于2013年12月23日向被告人转账了27370欧元。

24. 制裁委员会还考虑了承包商董事的证词，他在接受INT采访时声称：（i）被告人准备并回溯第二公司合同至2013年1月；（ii）承包商董事知道被告人的妻子拥有第二公司；（iii）除了推销第二公司的风力发电机外，第二公司开具的发票和承包商支付的款项是为了补偿被告人为承包商提供的帮助，包括准备投标和合同，联系PIU、物流和翻译；（iv）至少有两张发票分别为24700美元和26750美元，特别是为了补偿被告人。

25. 被告人并不否认其妻子拥有第二公司，但声称他没有向承包商推荐第二公司的服务。相反，他声称，承包商董事要求其妻子协助承包商的风力发电机业务，直到2014年承包商董事才提出支付。制裁委员会认为被告人的辩护没有说服力。首先，如上所述，被告人发送给承包商董事的2013年11月电子邮件及其附带的第二公司合同草稿表明了被告人的索取行为。然而，被告人没有提供任何解释来反驳这一通信的含义。其次，被告人自己承认第二公司向其转账，最初解释说是为了"税务/保险目的的营业额平衡"，后来又声称是为了减少其妻子的利润。制裁委员会认为，这些解释都无法证明被告人在第二公司合同生效期间以及第二公司向承包商开具和支付发票时收到了第二公司的一笔款项。最后，即使假设第二公司合同纯粹是为了推销承包商的风力发电机，它仍然被视为一种有价值的东西，根据2013年11月电子邮件和承包商董事的证词，被告人代表其妻子向承包商索取并接受了这一价值。正如制裁委员会的先例所示，"有价值的东西"可以不是金钱，而可以是其他类型的利益或优势。

26. 综上所述，制裁委员会认为，记录中的证据足以表明，被告人更有可能通过第一公司和第二公司向承包商索取并接受了有价值的东西。

2）影响公职人员在选择过程或合同执行中的行为

27. INT 指控，被告人向承包商索取并接受付款，作为其在合同 1、2 和 3 中的支持回报，并为了获得承包商的进一步协助。被告人承认他为承包商提供了某些类型的帮助，如起草合同、发票和银行保函；负责与 PIU 的大部分通信接口；并组织当地的安全和物流。然而，他声称他提供这些服务是出于"道德义务"以确保项目成功，而不是为了任何报酬。

28. 根据 2002 年 5 月顾问指南的定义，腐败行为的第二个要素需要分析被告人是否作为公职人员，在选择或采购过程或合同执行中索取佣金以影响其自身行为。可以从被告人可能有兴趣参与采购或选择过程的第三方处索取有价值的东西的证据中推断出腐败意图，而被告人在银行资助的顾问协议中作为项目经理发挥了重要作用。

29. 被告人承认向承包商提供了超出其作为项目经理职责范围的服务。例如，他承认承包商投标合同 1 是因为他"最初鼓励他们这样做"。如第 20 段所述，被告人在承包商完成合同 1 的任务后，向承包商董事索取了 1.5 万欧元，并通过第一公司合同支付了这笔款项。随后，在被告人为承包商起草了与合同 2 相关的提案后，第一公司开具了一张金额为 1.5 万欧元的发票。此外，2012 年 3 月至 2013 年的几封电子邮件显示，被告人起草了要求 PIU 在合同 2 中增加月费率和可报销费用的信件，并推动承包商获得了 2013 年 8 月的合同 3。被告人随后发送了 2013 年 11 月电子邮件，第二公司在一个月后开始开具发票。正如制裁委员会在以往案件中所持的观点，某一涉嫌腐败行为相对于选择或采购过程或合同执行中的某些步骤的时间安排可能支持认定被告人具有所需的意图。因此，制裁委员会认为，被告人更有可能在选择或采购过程中，索取并接受了有价值的东西，以影响其在执行顾问协议中的行为。

B. 制裁分析

1）制裁决定的一般框架

30. 如果制裁委员会认定被告人更有可能从事了可制裁行为，根据制裁程序第Ⅲ.A 条第 8.01（ⅱ）款的规定，制裁委员会应从第Ⅲ.A 条第 9.01 款规定的可能制裁范围中选择并实施一种或多种适当的制裁。第Ⅲ.A 条第 9.01 款规定的制裁范围包括：（a）训诫，（b）有条件不除名，（c）除名，（d）有条件解除的除名和（e）赔偿。如第Ⅲ.A条第8.01（ⅱ）款所述，制裁委员会不受SDO建议的约束。

31. 正如制裁委员会的先例所反映的，制裁委员会考虑所有可能的加重和减轻因素，以确定适当的制裁。制裁选择不是机械性的决定，而是根据每个案件的具体事实和情况进行的个案分析。

32. 制裁委员会需要考虑第Ⅲ.A条第9.02款规定的因素类型，该条款提供了一个非详尽的考虑因素清单。此外，制裁委员会参考了世行集团制裁指南（"制裁指南"）中规定的因素和原则。尽管制裁指南本身声明其并不打算具有强制性，但它提供了有关可能影响制裁决定的考虑因素类型的指导。制裁指南还建议了可能适用的增加或减少基准制裁期限的范围。

33. 如果制裁委员会对被告人实施制裁，根据制裁程序第Ⅲ.A条第9.04（b）款的规定，制裁委员会还可以对被告人的任何关联方实施适当的制裁。

2）多重可制裁行为

34. 在涉及多重不当行为的案件中，制裁委员会考虑制裁指南第Ⅲ条关于"累积不当行为"的规定，该条款规定：

如果被告人被发现从事了事实上不同的不当行为（例如，在同一投标中存在腐败行为和串通行为）或在不同案件中存在不当行为（例如，在不同项目中或在同一项目下的合同中，但这些不当行为发生在显著不同的时间），每一单独的不当行为可分别考虑并累积制裁。作为替代，制裁指南第Ⅳ.A.1条"重复行为模式"中可将被告人从事了多重不当行为视为加重因素。

35. 在被告人从事不相关的可制裁行为的情况下，制裁委员会会分别考虑每项指控的严重性，并确定应对每项不同的不当行为分别应用的基本制裁。然而，制裁委员会在不当行为密切相关的情况下，倾向于应用加重因素而不是单独制裁。在任何情况下，制裁委员会只在当前审议的案件中评估累积性。在本案中，INT主张应对被告人在制裁委员会第125号决定（2020年）中的不当行为增加基准制裁。制裁委员会认为，当被告人的其他不当行为与已裁决的案件有关，并且他已因此受到制裁时，累积性不适用。在本案中对制裁委员会第125号决定中的不当行为应用不同的基本制裁，将导致对被告人的同一不当行为进行双重制裁。

3）本案中考虑的因素

a. 不当行为的严重性

36. 制裁程序第Ⅲ.A条第9.02（a）款要求制裁委员会在确定适当的制裁时考虑不当行为的严重性。制裁指南第Ⅳ.A条指出，重复行为模式、复杂手段和在不当行为中的核心角色是严重性的一些例子。

37. 重复行为模式：制裁指南第Ⅳ.A.1条指出，重复行为模式是加重处罚的一个潜在依据。在过去的案件中，制裁委员会在不当行为与不同的投标、合同或项目有关且持续一段时间的情况下应用了加重因素。在本案中，记录显示，被告人通过第一公司和第二公司向承包商索取和接受付款，与不同的合同有关，并且发生在超过五年的时间内。因此，制裁委员会在此因素下应用了加重。

38. 复杂手段：制裁指南第Ⅳ.A.2条指出，该因素可能包括"不当行为的复杂性（例如，计划的程度、应用技术的多样性、隐蔽程度）；涉及的人数和类型；计划是否持续时间长；是否涉及多个司法管辖区"。制裁委员会在之前的案件中考虑了不当行为中显而易见的"预见和计划"水平。因此，制裁委员会在不当行为涉及"多种策略"时应用了加重因素，包括使用中介进行贿赂支付。在本案中，INT主张应使用加重因素，因为被告人"采用了高度的计划和多种策略以避免被发现"。被告人未对此因素进行回应。考虑到记录显示，被告人通过与第一公司和第二公司回溯合同来隐瞒其向承包商索取的付款，制裁委员会在此因素下应用了加重。

39. 在不当行为中的核心角色：制裁指南第Ⅳ.A.3条指出，该因素适用于在一组两人或更多人中充当"组织者、领导者、策划者或主要推动者"的被告人。在本案中，INT认为应予以加重，因为被告人发起了腐败安排，利用了承包商缺乏经验和语言技能，并利用其职位推动对承包商有利的决定。被告人未对此因素进行回应。根据先例，制裁委员会认为在本案中应用加重是适当的，因为被告人通过索取和接收付款发起了腐败安排。

b. 合作

40. 协助和/或持续合作：制裁程序第Ⅲ.A条第9.02（e）项规定，如果被告人在案件调查或解决中"合作"，应予以减轻。制裁指南第Ⅴ.C.1条规定，如果INT表示被告人对调查提供了实质性协助，可以适当减轻处罚，同时考虑到信息或证词的真实度、完整性、可靠性，协助的性质和程度，以及协助的及时性。

在本案中，记录显示，被告人参加了 INT 进行的两次采访并回应了 INT 的解释信。虽然这种类型的合作可能值得减轻，但制裁委员会充分考虑了 INT 的陈述，即被告人提供了不可信的否认和无支持文件的主张。制裁委员会认可被告人的有限合作，但不认为其在调查期间的行为值得完全的减轻。

c. 暂时暂停期

41. 根据制裁程序第Ⅲ.A 条第 9.02（h）款，制裁委员会考虑了自 SDO 发出通知（2020 年 5 月 29 日）以来被告人的暂时暂停期。然而，制裁委员会注意到，本案中被告人的整个暂时暂停期被其在制裁委员会第 125 号决定（2020 年）中的除名期所涵盖。因此，制裁委员会拒绝为相同的不参与期在本案中给予额外的减轻。

d. 其他考虑因素

42. 根据制裁程序第Ⅲ.A 条第 9.02（i）款，制裁委员会可以考虑"任何其他合理认为与被制裁方在可制裁行为中的罪责或责任相关的因素"。

43. 时间的流逝：制裁委员会在考虑时间的流逝因素时，将其作为减轻因素。这种时间的流逝可能会影响制裁委员会对所提供证据的权重，以及对被告人的程序公平性。如第 20 段和第 23 段所述，通过第一公司向承包商索取和接受付款发生在 2009—2010 年，通过第二公司发生在 2013—2014 年。制裁委员会还注意到，根据记录，银行似乎在 2015 年 3 月首次得知潜在的不当行为。制裁委员会因此在此基础上应用了减轻。

C. 适当制裁的确定

44. 考虑到全部记录和上述所有因素，制裁委员会决定，被告人及其直接或间接控制的任何关联方在八年内不得参与银行融资的任何项目，不得被授予或受益于银行融资的合同，包括但不限于申请预审、表达咨询兴趣和投标，直接或作为提名的分包商、咨询顾问、制造商或供应商或服务提供商。此外，被告人及其关联方不得收到任何由银行提供的贷款或参与任何银行融资项目的准备或实施。此制裁期将叠加在制裁委员会第 125 号决定（2020 年）中对被告人实施的制裁期之上。

45. 银行还将通知其他多边开发银行（MDBs），这些银行已签署互相执行除名决定的协议（"交叉除名协议"），以便他们可以根据交叉除名协议和他们自己的政策和程序决定是否对其自身业务执行这些除名决定。

# 附录5 世行集团制裁委员会第141号决定（节选）

（制裁案件编号503）

发布时间：2023年6月30日

世行集团贷款号：7807-BR

桑托斯市

巴西联邦共和国

世行集团制裁委员会对制裁案件编号503中的被告实体（以下简称"被告公司"）及被告个人（以下简称"被告个人"）（统称"被告"）及其某些关联方实施有条件解除的除名制裁。每位被告人从本决定之日起至少九个月内被取消资格。对被告的制裁是因其从事了欺诈行为。

I.引言

1. 制裁委员会由玛丽亚·维辛·米尔本（主席）、迈克尔·奥斯特罗夫和阿德多因·罗德斯－维沃尔组成的小组审议此案。根据制裁程序第III.A条第6.01款的规定，主席决定自行召集听证会。听证会于2023年5月3日在世行集团位于华盛顿特区的总部举行。世行集团廉政局办公室（INT）的代表现场参加了听证会。被告个人代表其本人和被告公司，通过视频会议从巴西圣保罗的世行集团办公室参加了听证会。制裁委员会根据书面记录和听证会上提出的论点进行审议并作出决定。

2. 根据制裁程序第III.A条第8.02（a）款的规定，制裁委员会审议的书面记录包括以下内容：

i. 2022年5月18日世行集团暂停和除名官（SDO）向被告发出的制裁程序通知（以下简称"通知"），附有INT提交给SDO的指控和证据声明（SAE）；

ii. 被告于2022年9月23日向制裁委员会秘书提交的回应（以下简称"回应"）；

iii. INT于2022年11月23日向制裁委员会秘书提交的回复（以下简称"回复"）；

iv. 被告于2022年12月2日向制裁委员会秘书提交的附加材料（以下简称

"被告的附加材料"）；

v. 被告于 2023 年 5 月 11 日向制裁委员会秘书提交的听证后提交的材料（以下简称"被告的听证后提交材料"）；

vi. INT 于 2023 年 5 月 15 日向制裁委员会秘书提交的听证后提交的材料（以下简称"INT 的听证后提交材料"）。

Ⅱ. 第一层制裁体系的过程

3. 通知的发出和临时暂停：2022 年 5 月 18 日，根据制裁程序第Ⅲ.A 条第 4.01 和 4.02 款的规定，SDO 发出通知，暂时暂停被告及任何由被告直接或间接控制的实体的资格，直至这些制裁程序的最终结果。通知指出，临时暂停适用于世行集团的所有业务。

4. SDO 的建议：根据制裁程序第Ⅲ.A 条第 4.01（c）、9.01 和 9.04 款的规定，SDO 在通知中建议对每位被告及其直接或间接控制的任何实体实施有条件解除的除名制裁，最短不得参与期为四年四个月。SDO 建议被告公司只有在根据制裁程序第Ⅲ.A 条第 9.03 款规定向世行集团诚信合规官（ICO）证明其采取了适当的补救措施，并实施了诚信合规措施，才能解除其不得参与资格。SDO 建议被告个人只有在根据第Ⅲ.A 条第 9.03 款规定向 ICO 证明其采取了适当的补救措施，完成了培训或其他教育项目，并且任何由其直接或间接控制的实体实施了诚信合规措施，才能解除其不得参与资格。SDO 对被告的重复欺诈行为模式、管理层参与不当行为、在不当行为中的核心角色以及对项目的损害等因素进行了加重考虑。SDO 对被告的有限合作和不当行为发生后的时间流逝等因素进行了减轻考虑。

Ⅲ. 背景

5. 本案发生在巴西桑托斯市的"新桑托斯时代项目"（以下简称"项目"）中，该项目旨在改善某些城市地区的公共服务，并增强借款人在地方经济发展方面的能力。2010 年 2 月 8 日，国际复兴开发银行（IBRD）与借款人签署了一份贷款协议，提供 4400 万美元以支持该项目（以下简称"贷款协议"）。项目于 2010 年 4 月 19 日生效，并于 2015 年 6 月 30 日结束。

6. 2010 年 12 月 23 日，项目管理单位（PMU）发布了一份选择咨询公司监督某些建设工程执行并为 PMU 提供技术援助的招标请求（RFP）。PMU 将相应的咨询合同（合同 1）授予由被告公司和另一家公司组成的联合体（联合体）。

2011年8月5日,PMU与联合体签订了合同1。被告个人是被告公司的技术总监,也是联合体在合同1下的总协调员。

7. 合同1包括若干组成部分和补偿结构。联合体同意:在工程设计部分,为项目准备详细的工程设计,并获得一笔一次性付款("执行设计部分");在监督部分,监督建设工程的执行,并获得按时间计费的付款("监督部分")。建设工程包括由银行资助的项目范围和由其他机构分别资助的其他范围。2012年9月15日,PMU发布了由银行资助的范围的招标文件(合同2)。2013年1月22日,PMU发布了这些招标文件的修订版。2013年7月18日,PMU将合同2授予了一家承包商。2013年8月5日,PMU与该承包商签订了合同2。

8. 2013年12月1日,银行发出了一封关于增加合同1范围的拟议协议的不反对函。2013年12月20日,PMU与联合体签订了合同1的修正案。2014年10月3日,PMU取消了合同1。

9. INT指控被告在实施合同1期间,从通过向PMU提交的多份付款请求中虚报联合体提供的某些服务,从而从事了欺诈行为。

Ⅳ. 适用的审查标准

10. 证据标准:根据制裁程序第Ⅲ.A条第8.02(b)(i)款的规定,制裁委员会确定INT提交的证据是否足以支持被告从事了可制裁行为的结论,其证据标准为"更有可能"。这一标准意味着在考虑所有相关证据后,证据的优势支持被告从事了可制裁行为的结论。

11. 证明责任:根据制裁程序第Ⅲ.A条第8.02(b)(ii)款,INT承担最初的举证责任,提供足够的证据证明被告更有可能从事了可制裁行为。在INT提供这种证据后,举证责任转移到被告身上,被告需证明其行为不构成可制裁行为。

12. 证据:根据制裁程序第Ⅲ.A条第7.01款,正式的证据规则不适用;制裁委员会有权决定所有提供的证据的相关性、重要性、权重和充分性。

13. 欺诈行为的适用定义:贷款协议规定,项目下咨询公司的选择应遵循世行集团《借款人选择和雇用咨询公司指南》(2004年5月,2006年10月1日修订)(以下简称"2006年10月咨询指南")。RFP参考了世行集团《借款人选择和雇用咨询公司指南》(2004年5月,2006年10月1日修订,2010年5月1日修订)(以下简称"2010年5月咨询指南"),并根据2006年10月和2010年5月咨询指南的通用定义定义了"欺诈行为"。合同1未明确提及任何版本的指南，但其对"欺诈行为"的定义与RFP一致。在这种情况下，本案中的指控具有2006年10月和2010年5月咨询指南中的定义。每个版本的指南第1.22（a）（ii）段定义了"欺诈行为"为"任何行为或不作为，包括虚假陈述，故意或鲁莽地误导或试图误导一方，以获得财务或其他利益或避免义务。"该定义的脚注解释了"当事人"指的是公职人员；"利益"和"义务"与选择过程或合同执行有关；"行为或不作为"旨在影响选择过程或合同执行。

Ⅴ. 双方的主要主张

A. INT 在 SAE 中的主要主张

14. 欺诈指控：INT指控被告个人代表被告公司，在向PMU提交的多份付款请求和相关支持文件中虚报了联合体的三位咨询顾问（"咨询顾问A""咨询顾问B"和"咨询顾问C"）提供的某些服务。INT认为，被告故意进行这些虚假陈述，以在合同1下获得不当补偿。为便于审查和分析，这些虚假陈述可以分为三种行为模式（"虚假陈述1-3"）。

15. 首先，INT认为咨询顾问A和B在执行设计部分提供了某些一次性服务，而被告将这些服务不当计入监督部分，以获得不应有的按时间计费的付款（"虚假陈述1"）。其次，INT认为被告夸大了咨询顾问B的工作时间（"虚假陈述2"）。最后，INT认为被告基于估算的月平均时间，夸大了咨询顾问C的服务时间，并且至少部分服务由其他个人完成（"虚假陈述3"）。

16. 制裁因素：INT认为应对两位被告加重处罚，理由是重复的不当行为模式、不当行为中的核心角色、管理层参与不当行为、对项目的损害和缺乏坦诚。INT认为，考虑到被告的有限合作和不当行为发生后的时间流逝，可以适当减轻处罚。

B. 被告在回应中的主要主张

17. 初步事项：被告似乎主张，银行追究本程序的行为与合同1不一致。被告认为，根据适用的合同条款，任何可制裁行为应由PMU通过特定的合同救济措施解决。

18. 欺诈指控：被告对INT的指控提出异议。总体而言，被告认为其计费做法得到了合同1的支持，并且在建设工程的复杂性和挑战下是合理的。具体到虚假陈述1，被告声称执行设计部分完全由联合体的分包商负责详细设计。并且咨询顾问 A 和 B 审核并修订了分包商的详细设计，此外还执行了其他服务，所有这些活动都正确地计入了监督部分。此外，被告认为相关当局接受了这些计费做法，PMU 同意，银行也未对合同 1 的修正案提出异议。对于虚假陈述 2，被告否认夸大了咨询顾问 B 的工作时间。对于虚假陈述 3，被告似乎承认其虚报了咨询顾问 C 的工作时间，但认为这些行为不构成"故意的不当行为"。

C. INT 在回复中的主要主张

20. 初步事项：INT 未对被告在第 17 段中的论点作出回应。

21. 欺诈指控：关于虚假陈述 1，INT 认为这些计费做法未得到合同 1 的支持，被告对相关条款的解释不合理。INT 进一步认为，建设工程的意外复杂性不构成被告的不当行为的理由；银行和 PMU 在当时并不知道这些虚假陈述；合同 1 的修正案未能追溯性地证明被告的不当计费。此外，INT 重申了其关于虚假陈述 2 和 3 的早期论点。

D. 被告在附加材料中的主要主张

23. 主席在行使其酌情权时，根据制裁程序第 III.A 条第 5.01（c）款，将被告的附加材料纳入记录。在附加材料中，被告声称建设工程带来了不可预见的挑战，所有相关方——包括银行和 PMU——都需要适应这些情况。被告还重申，咨询顾问 A 和 B 的服务不属于执行设计部分，因为这些个人并未直接起草详细设计，而只是监督了分包商的工作。

E. 听证会上的陈述

24. 初步事项：被告澄清第 17 段中提到的论点并不构成管辖权挑战，而是为其行为提供额外背景。被告明确接受银行在本案中对其实施制裁的权力。

25. 欺诈指控：被告明确承认，被告个人以其作为被告公司技术总监和联合体总协调员的身份，亲自审核、批准并提交了付款请求给 PMU。

26. 关于虚假陈述 1，INT 提交称咨询顾问 A 和 B 在合同 1 下提供了各种服务；其中一些服务按时间计费的活动是合理的；指控涉及的是这些咨询顾问对详细设计的贡献。被告重申其立场，即分包商单独负责在执行设计部分下的详细设计，并且具体论证了这些设计可能未完成或不适用。根据被告的说法，咨询顾问 A 和 B 在监督部分中监督了分包商的工作，确保详细设计完整且适合投标和施工。被告承认，根据合同 1，提供详细设计是联合体的义务，而不是分包商的义务。被告主张，在合同 1 签署之前，PMU 口头授权联合体将这些活动计入监督部分。被告还认为，在合同 1 执行期间，银行可以访问联合体的测量表，显示每位咨询顾问的总工作时间；但他们承认银行无法访问描述提供服务的详细时间表。

27. 关于虚假陈述 2，INT 主张被告在咨询顾问 B 对其自身工作量和雇佣期的陈述与被告计费不符，这表明行为是故意的或至少是鲁莽的。被告认为这些差异可以解释为咨询顾问 B 在与 INT 交谈时无法回忆起确切的细节。被告还声称，除了联合体的时间表外，他们没有任何其他同期证据来证明咨询顾问 B 的实际时间和对项目的贡献。

28. 对于虚假陈述 3，被告承认在虚报咨询顾问 C 的时间和产出时故意误导银行，并对这种行为承担全部责任。被告个人还承认亲自指示联合体合作伙伴伪造证据以掩盖被告的不当行为，但他坚持认为 PMU 知晓这些行为。

29. 制裁因素：INT 提供了额外的背景信息，以证明从不当行为发生到 SAE 提交期间的时间流逝的合理性。INT 撤回了早期因被告缺乏坦诚而要求的加重。被告重申其立场，认为他们完全配合 INT 的调查，并自愿暂停参与银行资助的合同投标。

F. 听证会后的提交材料

30. 根据主席的邀请，依据制裁程序第Ⅲ.A 条第 5.01（c）款，双方提交了各自的听证会后材料。被告提供了额外的澄清和证据，以支持因合作和自愿约束而减轻处罚的请求。INT 重申其立场，认为被告在每一个制裁因素下都应部分减轻。

Ⅵ. 制裁委员会的分析与结论

31. 制裁委员会首先考虑 INT 是否能够证明被告更有可能从事了所指控的欺诈行为，并确定每位被告是否对不当行为负有责任。然后，制裁委员会将确定是否应对每位被告实施制裁以及应实施何种制裁。

A. 欺诈行为的证据

32. 根据 2006 年 10 月和 2010 年 5 月咨询指南中的"欺诈行为"定义，INT 需首先证明被告：（i）实施了行为或不作为，包括虚假陈述，（ii）故意或鲁莽地误导或试图误导一方，（iii）以获得财务或其他利益或避免义务。

1）行为或不作为，包括虚假陈述

33. INT 主张被告在付款请求中对合同 1 下提供的某些服务进行了多次虚假

陈述（即虚假陈述1–3）。INT认为，并且被告承认，被告个人以其被告公司技术总监和联合体总协调员的身份，审核、批准并提交了付款请求给PMU。同样，被告公司其他代表也参与了付款请求和相关支持文件的准备。被告否认参与了虚假陈述1和2，但承认虚假陈述3。

34. 如下所述，记录充分证明虚假陈述1–3的发生，从而确立了欺诈行为的第一个要素。

35. 虚假陈述1：INT认为，在2011年8月至2013年5月期间，咨询顾问A和B在执行设计部分提供了某些服务，而被告将这些服务不当计入监督部分。具体来说，这些服务涉及这些个人对联合体为项目编制的详细设计的贡献。被告认为，付款请求如实地将这些服务归类为监督部分。

36. 记录显示，双方一致认为，咨询顾问A和B参与了项目详细设计的完成。被告自己指出，这些顾问在详细设计最终确定并提交给PMU之前提供了实质性的输入，包括验证其质量和完整性；向分包商提出调整和修改要求；确保最终设计清晰、正确、足以进行投标和施工。被告对这些顾问活动的事实描述与联合体的时间表以及在INT采访中的几位证人的证词——包括被告个人的证词—— 一致。

37. 在法律上，双方争论这些服务是否属于执行设计部分或监督部分。合同1的任务说明（TOR）在相关部分规定了以下内容：

i. 执行设计部分包括为项目编制详细工程设计。TOR规定，详细设计应包括允许完美施工的所有必要元素，包括图纸、技术规范和计算表。

ii. 监督部分包括对设计的初步分析，提供服务的质量控制，以及根据施工期间更好识别的当地情况向借款人推荐的变更。这一部分包括计划，即在施工开始之前的阶段，包含收集、一致性、分析和解释项目元素，以及施工跟进、监督和检查的规划。

38. INT认为，根据执行设计部分，联合体同意以一次性付款的方式提供包含所有必要详细信息的完整设计，允许"完美施工"，所有内部修改和质量控制都已完成。INT认为，在向PMU提交详细设计后，联合体可以在监督部分进行额外的初步分析，以时间计费。INT认为，这种时间计费的分析只有在投标期结束后和即将施工的情况下才是合理的，因为联合体需要获得监督施工所需的知识，并考虑对最终设计的任何必要修改。根据这种解释，INT主张这些服务不可能构成 TOR 意义上的监督，因为它们是在投标期之前提供的，且在施工开始前的两年内提供。

39. 被告辩称，执行设计部分仅限于"编制"详细设计，这一术语在被告看来仅包括分包商对这些文件的起草。被告认为，咨询顾问 A 和 B 对设计的审查和修改构成了对分包商工作的初步分析和质量控制，属于监督部分的规划阶段。根据这种解释，被告在听证会上争辩说：(i) 在执行设计部分，分包商可以准备不可行或"不可建"的设计，联合体将获得一次性付款；(ii) 在监督部分，联合体自己的顾问可以修正这些设计，以确保它们清晰、适合投标和施工，获得按时间计费的补偿。

40. 记录支持结论认为这些服务属于执行设计部分。首先，一般而言，一次性合同用于服务范围明确的任务，付款与明确的交付成果相关联并在交付时支付。在这里，根据执行设计部分，联合体同意以一次性付款的方式提供包括所有必要详细信息和适合"完美施工"的设计。这一语言直接与被告的理论相矛盾，被告基于对"编制"一词的狭义解释，认为分包商可以交付有缺陷的设计，并满足执行设计部分。其次，在监督部分，联合体被允许在施工期之前的阶段进行对设计的初步分析。TOR 中没有任何内容表明这一活动包括联合体在最终确定并提交给 PMU 之前对设计的改进或修改。相反，这一分析作为监督服务的背景，假定施工将在完整设计的基础上开始。最后，在监督部分，联合体被要求监督施工，而不是编制详细设计。被告自己承认，完成并交付完全完工的设计是联合体的义务，无论是由内部团队还是分包商履行。在这种情况下，联合体为确保其一次性交付成果的质量而获得额外的按时间计费的补偿是不合理的。

41. 因此，记录充分证明付款请求在分类咨询顾问 A 和 B 的相关服务时存在虚假陈述。

42. 虚假陈述 2：INT 主张被告夸大了咨询顾问 B 在 2011 年 11 月至 2013 年 3 月期间的工作时间。根据 INT 的说法，咨询顾问 B "坚决否认"在整个期间内在合同 1 下工作，并"承认"被告申请了她未提供的服务的付款。被告对这一指控提出异议，质疑 INT 对记录的解释。综合来看，证据总量支持 INT 的说法。

43. 记录包括联合体的测量表，这些表是向 PMU 提交的付款请求的基础，以及证明咨询顾问 B 活动和工作时间的内部时间表。这些文件显示，咨询顾问 B 从 2011 年 8 月至 2012 年 1 月全职或接近全职工作，并在 2012 年 2 月至 2013

年 3 月期间每个月持续工作了相当长的时间。与 INT 的断言相反，咨询顾问 B 并未明确否认这些陈述。然而，制裁委员会发现，咨询顾问 B 对其在合同 1 下参与的描述与付款请求中报告的时间和工作量不一致。尽管咨询顾问 B 在 INT 调查期间和本次程序中对其参与合同 1 的描述存在某些矛盾，但她的各种陈述都未表明她在 2011 年 12 月后持续参与项目——在某些月份中工作了 80 小时或更多——如时间表所报告的那样。例如，在与 INT 的访谈中，她没有回忆起在 2011 年 12 月之后以任何身份参与联合体。具体来说，她声称在 2011 年 8 月或 9 月至 2011 年 12 月期间在项目下服务。在她的访谈中，她描述了她在开始时的工作时间为"全职"或"非常紧张"（"前几个月"或"前两个月"或"前三个月"），之后为"正常时间"或"半工作半休息"，因为她转向了另一家公司的项目。在她的后续陈述中，咨询顾问 B 将其从 2012 年 1 月起的参与描述为"零星"或"按需"。制裁委员会认为，这些描述与付款请求中反映的持续工作时间表和工作量不一致。此外，咨询顾问 B 的总体叙述得到了咨询公司提供的会计记录的支持，显示咨询顾问 B 在 2012 年 2 月至 2013 年 3 月期间稳步参与了其他多个项目。总体而言，这些证据支持 INT 的指控。

44. 被告未能令人信服地反驳上述结论。特别是，被告未能提供任何其他同期证据证明咨询顾问 B 在整个声称的期间内参与了项目。相反，被告质疑 INT 对咨询顾问 B 证词的依赖。他们声称，INT 误解了咨询顾问 B 的陈述；由于时间的流逝，咨询顾问 B 无法记住某些细节；在访谈期间使用翻译导致了误解。制裁委员会对这些论点并不信服。INT 在 2016 年 4 月对咨询顾问 B 进行了采访——在她据称停止参与项目后仅三年。制裁委员会不相信，在那时她会未能回忆起通过 2013 年 3 月与联合体的持续合作。无论如何，无论这次访谈及任何断言的误解如何，咨询顾问 B 的后续书面陈述同样与付款请求不一致——如第 43 段所述。在这些情况下，记录支持结论认为付款请求夸大了咨询顾问 B 的实际工作时间。

45. 虚假陈述 3：INT 主张付款请求虚报了咨询顾问 C 提供的某些服务。INT 提交称，咨询顾问 C 常驻葡萄牙，以联合体合作伙伴代表的身份在合同 1 下工作。根据 INT 的说法，被告通过声称估算的月平均时间而不是准确的工作时间来申请咨询顾问 C 的时间，并且至少部分服务实际上是由巴西的其他个人完成的。被告承认这些指控。此外，记录包括证明 INT 案情的证人和文件证据，包括联合体合作伙伴代表的承认；联合体的测量表，这些表一致报告咨询顾问 C 在 2011 年 9 月至 2013 年 9 月期间每月工作 120 小时；以及被告与联合体合作伙伴之间的内部电子邮件通信，表明咨询顾问 C 没有实质性参与项目，并且归功于她的一份文件由巴西的其他人编制。因此，记录充分证明付款请求要求支付的服务并非由咨询顾问 C 提供。

46. 由于第 35–45 段所述原因，制裁委员会发现更有可能是被告公司代表，包括被告个人，参与了虚假陈述 1–3。

2）故意或鲁莽地误导或试图误导一方

47. INT 主张被告个人故意进行虚假陈述 1–3，并且他的知识可归因于被告公司。被告否认在虚假陈述 1 中有必要的意图；对于虚假陈述 2 没有直接回应这一要素；并承认在虚假陈述 3 中有故意行为。

48. 如下所述，记录充分证明虚假陈述 1–3 中的第二个欺诈行为要素。

49. 虚假陈述 1：INT 认为，被告个人知道付款请求基于对咨询顾问 A 和 B 服务的虚假分类。根据 INT 的说法，被告个人在准备联合体提案、担任联合体总协调员和参与合同 1 的谈判和签署过程中，已注意到正确的付款条款。被告主张，（ⅰ）在合同 1 签署之前，PMU 口头授权联合体将这些服务计入监督部分；（ⅱ）银行知道这种做法并隐含接受了这一做法，因为银行没有对合同 1 的修正案提出异议。

50. 制裁程序承认制裁委员会有权根据间接证据推断被告的知识，并广泛指出任何类型的证据都可以作为制裁委员会得出结论的基础。在过去涉及虚假陈述的案件中，当被告对相关投标或合同条款提出不合理或与记录中明确证据不一致的解释时，制裁委员会推断其具有知识。同样，制裁委员会认为被告对 TOR 的解释是不合理的。如第 39–40 段所述，被告的立场不仅与文本的字面含义相反，而且与联合体在合同 1 下的整体权利和义务不一致。在这种情况下，制裁委员会推断，被告公司代表，包括被告个人，知道联合体的计费与 TOR 不一致，并且付款请求具有误导性。

51. 被告未能令人信服地反驳这些结论。根据适用的欺诈行为定义，是否被告"故意或鲁莽地误导或试图误导一方"应在虚假陈述作出时确定。被告似乎否认有误导任何相关方的意图，前提是联合体以 PMU 授权和银行接受的方式计费。然而，如下所述，记录未显示所有相关当局在提交付款请求时知晓并理解这种计费的基础。

52. 关于银行，记录直接驳斥了被告的主张。首先，被告承认，在提交和处理付款请求时，银行无法访问联合体的详细时间表——只能访问显示每位咨询顾问总工作时间的测量表。这些情况表明，银行当时并不了解这种计费的具体基础，包括联合体采用的服务分类。其次，虽然银行发出了一封关于合同 1 修正案的不反对函，但这并不构成对被告的豁免。文件证据显示，在修正案执行之前，银行进行了合同 1 的独立采购审查（IPR）。IPR 旨在澄清联合体在合同 1 的前两年中为何使用了超过 60% 的按时间计费部分。IPR 报告指出，问题的根本原因之一是联合体将"管理准备执行项目的活动（按时间计费的合同）作为项目管理支持活动之一计费，这没有意义"。IPR 报告还提出了在合同 1 修正案中解决这一问题的具体措施，例如：减少额外时间的数量，通过精确扣减联合体在未招标或未签约的情况下用于工作监督活动的时间数量；加强 PMU 对联合体的操作控制，以防止未来类似的不当行为。与被告的主张相反，这些证据表明，银行仅在事后得知这些计费做法，并在发现后建议停止和补救这些做法。最后，即使银行没有明确拒绝联合体的立场，这也不排除欺诈行为的认定。在制裁框架下，银行没有义务在咨询顾问实施不当行为时识别并反对这种行为。相反，咨询顾问有义务确保其行为始终合规并符合所有适用要求。

53. 关于 PMU，某些证据表明，至少某些公共官员在某些时候同意了被告的计费做法——尽管尚不清楚这些个人在何时得知相关行为。例如，在银行的 IPR 背景下，PMU 试图追溯证明联合体在施工期之前使用了大量监督时间。在 2013 年 10 月和 11 月提交给银行的官方文件中，PMU 提出的解释与被告在本次程序中的说法一致，包括详细设计的编制。然而，这些文件是在事后创建的，作为 PMU 为获得合同 1 修正案支持的努力的一部分。它们没有澄清 PMU 在当时是否知晓这些做法。另一个例子是，PMU 的一位高级代表（"PMU 协调员"）向 INT 表示，他曾口头授权联合体在施工期之前进行某些按时间计费的活动。然而，PMU 协调员明确指出，这些活动与合同 2 的技术投标文件的准备有关。如第 26 和 36 段所述，这些活动并非本案所涉服务。此外，PMU 协调员的声明未得到任何同期书面证据的支持。在这些情况下，考虑到记录的总量，制裁委员会不认为 PMU 特别授权联合体以违反 TOR 的方式计费。

54. 因此，记录充分证明虚假陈述 1 是故意作出的。

55. 虚假陈述2：INT认为被告个人故意或至少鲁莽地申请了咨询顾问B未提供的服务的补偿。根据INT的说法，可以推断被告个人的知识，因为他对联合体有紧密的操作控制，并且他亲自参与了付款请求和相关测量表的创建、批准和提交。被告未直接回应这一指控要素。

56. 在过去的案件中，制裁委员会推断知识的依据是被告的虚假陈述过于重大或过于系统，以至于不可能在没有意识到其虚假的情况下作出。在本案中，如第42–44段所述，被告被发现持续夸大了咨询顾问B一年多的工作时间。制裁委员会认为，这种行为模式过于显著和系统化，不可能在被告公司任何工作人员不知情的情况下发生。特别是关于被告个人，记录显示，他对联合体的人员配置和日常操作有完全的了解和理解，因为他负责协调联合体的所有活动，是PMU的联络点，管理人员，并审核和批准活动报告和付款文件。这些证据表明，在被告个人批准并提交付款请求时，他个人知晓咨询顾问B的实际雇佣期和对项目的真实贡献。在这些情况下，制裁委员会推断被告个人知道并理解他在提供虚假信息并误导相关当局。因此，记录支持结论认为虚假陈述2具有必要的意图。

57. 虚假陈述3：INT认为被告故意申请了咨询顾问C未提供的服务的补偿。被告最初主张这些行为不构成"故意的不当行为"。然而，在听证会上，他们承认故意误导银行，并对这种行为承担全部责任。无论这一承认如何，被告声称PMU知晓并同意联合体关于咨询顾问C的计费做法。

58. 记录中包括支持这一指控要素的明确文件证据。例如，同时期的电子邮件显示被告个人一贯指示联合体合作伙伴根据被告公司确定的虚假信息计费，包括声称的工作时间和归于咨询顾问C的服务描述。其他通信显示，被告在事后采取了协调步骤，以掩盖这种虚假陈述，证明他们意识到不当行为。具体来说，在准备IPR时，被告个人指示联合体合作伙伴伪造和篡改将提交给银行的记录，包括调整虚报归功于咨询顾问C的一份文件，并创建回溯日期的时间表以支持以她名义开具的发票。在一封特别严肃的交流中，联合体合作伙伴的一位代表指出，这些指示的目的是"采取预防措施应对世行集团的审计"，被告个人建议他"删除这些信息，以免我们做出这些'事后'的行为"。制裁委员会观察到某些通信还似乎表明PMU知晓至少部分相关行为。在一封电子邮件中，被告个人向联合体合作伙伴表示，"客户"因IPR而"恐慌"；客户要求联合体将

2011 年与联合体合作伙伴达成的协议修改为每月标准工作时间从 120 小时减少到 80 小时；客户建议对为 IPR 创建的文件进行具体修改。无论 PMU 是否也被欺骗，综合考虑所有证据，包括被告的承认，支持结论认为虚假陈述 3 具有故意误导银行的意图。

59. 由于上述原因，制裁委员会认为更有可能是被告公司代表，包括被告个人，故意误导一方进行了虚假陈述 1–3。

3）以获得财务或其他利益或避免义务

60. INT 认为被告进行虚假陈述 1–3 以从 PMU 获得不当付款。被告未具体回应这一指控要素，但对虚假陈述 3 承担全部责任。

61. 记录充分确立了虚假陈述 1–3 的第三个欺诈行为要素。正如第 33–59 段所述，被告故意申请了已包括在预定一次性金额内的服务的额外按时间计费的付款（虚假陈述 1），并故意申请了夸大或未提供的服务的补偿（虚假陈述 2 和 3）。这些行为模式中的每一种都是通过向 PMU 提交虚假的付款请求和支持文件来实施的，并且每一种都涉及使用直接增加联合体收入的虚假信息。在这种情况下，逻辑上可以推断，这些行为的目的是在合同 1 下获得不当补偿。

62. 因此，制裁委员会认为更有可能是被告公司代表，包括被告个人，为在合同 1 下获得财务利益而进行虚假陈述 1–3。

B. 被告公司对其员工行为的责任

63. 制裁委员会一贯认为，雇员在其雇佣范围内行动，并部分意图为其雇主服务的情况下，雇主可以根据代理责任原则对其雇员的行为承担责任。在这里，记录支持结论认为被告公司的代表在其职责范围内，并为服务被告公司的利益从事了欺诈行为。如上所述，证据表明被告公司的员工，包括被告个人，为联合体获取财务利益故意误导了相关当局。被告还明确承认，被告个人在批准并提交付款请求给 PMU 时，作为被告公司技术总监和联合体总协调员的身份在行动。此外，被告公司未提出，也没有记录提供任何"流氓雇员"辩护的依据。因此，制裁委员会认为被告公司对其员工的不当行为承担责任。

C. 制裁分析

1）制裁决定的一般框架

64. 如果制裁委员会认定被告更有可能从事了可制裁行为，根据制裁程序第 Ⅲ.A 条第 8.01（ⅱ）款的规定，制裁委员会应从第 Ⅲ.A 条第 9.01 款规定的可能制裁范围中选择并实施一种或多种适当的制裁。第Ⅲ.A条第9.01款规定的制裁范围包括：（a）训诫，（b）有条件不除名，（c）除名，（d）有条件解除的除名和（e）赔偿。如第Ⅲ.A条第8.01（ⅱ）款所述，制裁委员会不受SDO建议的约束。

65. 正如制裁委员会的先例所反映的，制裁委员会考虑所有可能的加重和减轻因素，以确定适当的制裁。制裁选择不是机械性的决定，而是根据每个案件的具体事实和情况进行的个案分析。

66. 制裁委员会需要考虑第Ⅲ.A条第9.02款规定的因素类型，该条款提供了一个非详尽的考虑因素清单。此外，制裁委员会参考了世行集团制裁指南（"制裁指南"）中规定的因素和原则。尽管制裁指南本身声明其并不打算具有强制性，但它提供了有关可能影响制裁决定的考虑因素类型的指导。制裁指南还建议了可能适用的增加或减少基准制裁期限的范围。

67. 如果制裁委员会对被告实施制裁，根据制裁程序第Ⅲ.A条第9.04（b）款的规定，制裁委员会还可以对被告的任何关联方实施适当的制裁。

2）本案中考虑的因素

a. 不当行为的严重性

68. 制裁程序第Ⅲ.A条第9.02（a）款要求制裁委员会在确定适当的制裁时考虑不当行为的严重性。制裁指南第Ⅳ.A条指出，重复行为模式、复杂手段和在不当行为中的核心角色是严重性的一些例子。

69. 重复行为模式：制裁指南第Ⅳ.A.1条指出，重复行为模式是加重处罚的一个潜在依据。在过去的案件中，制裁委员会在不当行为与不同的投标、合同或项目有关且持续一段时间的情况下应用了加重因素。在本案中，INT主张应予以加重，因为被告在一段时间内向PMU提交了多次虚假的付款请求和支持文件。被告对此提出异议。记录显示，被告进行了多次虚假的付款申请，但这些行为密切相关，反映了在同一合同下获取不当补偿的单一方案。在这些情况下，制裁委员会根据先例，拒绝应用加重。

70. 在不当行为中的核心角色：制裁指南第Ⅳ.A.3条建议将这一因素适用于在一组两人或更多人中充当组织者、领导者、策划者或主要推动者的被告。与这一定义一致，制裁委员会在涉及两人或更多人或实体的不当行为中，应用了加重因素。在这里，INT主张应予以加重，因为被告个人是这一不当行为的组织者、领导者、策划者和主要推动者。被告反对应用这一因素，认为被告个人的不当行为仅限于虚假陈述 3。记录支持结论认为，被告个人在本案中起到了核心角色，包括协调准备和提交给 PMU 的付款请求和支持文件，并亲自指示联合体合作伙伴在发票中包含虚假信息并伪造记录以掩盖被告的欺诈行为。基于此，制裁委员会认为对被告个人应用加重是合理的。

71. 管理层在不当行为中的角色：制裁指南第Ⅳ.A.4 条建议对参与、纵容或故意无视可制裁行为的高级员工进行加重处罚。因此，制裁委员会在记录显示被告实体的高级管理人员亲自参与不当行为的情况下，应用了加重因素。在涉及被告实体和高级被告个人的不当行为的案件中，制裁委员会通常仅将个人的职位作为被告实体的潜在加重因素，而不作为被告个人的加重因素。在这里，INT 认为应予以加重，因为被告个人在担任被告公司管理职位和联合体总协调员期间亲自参与了不当行为。被告未具体回应这一因素。如第 63 段所述，毋庸置疑，在参与这些不当行为时，被告个人是作为被告公司高级成员的身份在行动。在这些情况下，基于先例，制裁委员会认为对被告公司应用加重是合理的。

b. 对项目的损害程度

72. 对项目的损害程度：制裁程序第Ⅲ.A 条第 9.02（b）款要求制裁委员会考虑不当行为造成的损害程度。制裁指南第Ⅳ. B.2 条将通过不当合同执行或延迟对项目造成的损害作为此类损害的一个例子。在过去，制裁委员会在可制裁行为直接损害采购或选择过程或合同执行的情况下，如造成财务损失；使银行或成员国面临严重的操作和声誉风险；或导致合同终止时，应用了加重处罚。相反，在记录未建立不当行为与 INT 主张的具体损害之间的因果关系时，制裁委员会拒绝应用加重。在这里，INT 要求加重，因为被告对项目造成了有形和无形的损害，包括（i）造成直接财务损失，对应于多计费用、银行 IPR 的成本和合同 1 修正案下的实质性价格上涨;（ii）掩盖建设工程实施中的潜在问题，剥夺了银行及早采取行动并可能避免合同 1 取消的机会。被告对此提出异议，认为价格上涨是由于建设工程的意外复杂性，需要大幅扩大合同 1 的范围而合理的。制裁委员会考虑了 IPR 的成本和被告多计费用所固有的财务损失。然而，制裁委员会发现 INT 未能充分证明欺诈行为与合同价格上涨之间的因果关系，特别是在 IPR 建议从合同 1 修正案中扣除多计时间的情况下。此外，INT 未能有说服力地证明所谓的机会损失或在本案中合理地应用这一因素。因此，制裁委员会拒绝基于这一点应用加重。

c. 合作

73. 制裁程序第Ⅲ.A 条第 9.02（e）款规定，在被告"在案件调查或解决中合作"的情况下，可以减轻处罚。作为合作的例子，制裁指南第Ⅴ.C 条指出，被告对 INT 调查的协助、承认或接受过失或责任以及自愿约束。

74. 协助和 / 或持续合作：制裁指南第Ⅴ.C.1 条规定，基于 INT 的声明，如果被告在调查中提供了实质性协助，可以适当减轻处罚，并考虑信息或证词的真实度、完整性、可靠性，协助的性质和程度以及协助的及时性。制裁委员会一贯在被告与 INT 多次会面并提供相关信息和文件，或回复 INT 的解释信和后续询问的情况下给予减轻处罚。此外，制裁委员会根据被告的合作行为程度，给予相应的减轻处罚。在被告被发现隐瞒、销毁或未能提供证据的情况下，制裁委员会拒绝因合作而减轻处罚，或单独因干扰而应用加重处罚。

75. 在本案中，记录显示被告协助了 INT 的调查，包括同意采访、提供某些文件并回复 INT 的解释信。然而，INT 认为只能部分减轻处罚，因为被告未能分享重要证据——包括 INT 最终通过其他方式获得的特别重要的电子邮件——并且在调查期间缺乏坦诚。在这些程序期间，被告提出了不同的理由来解释其记录中的空白。在回应和听证会上，被告声称某些通信在 INT 调查之前已丢失，因为被告公司的硬盘在 2015 年受到损坏。在听证会后提交材料中，被告主张实际上这些记录是由于 2013 年以来实施的文件保留政策而被丢弃的。制裁委员会对这些主张并不信服。首先，被告的不一致解释削弱了其立场的可信度。其次，被告未能提交同期证据来证实其事件叙述，而是依赖于当代证人的声明，这些声明的证明价值有限。最后，被告在当前程序中首次提出这些所谓的技术问题。如果在 INT 调查期间被告提供文件的能力确实受到损害，他们应在当时通知 INT，以确保完全透明。在这些情况下，制裁委员会认为记录未反映被告完全配合 INT 的调查。因此，仅在此基础上适当给予部分减轻处罚。

76. 承认 / 接受过失 / 责任：制裁指南第Ⅴ.C.3 条承认合作形式中的被告承认或接受过失或责任，条件是早期承认或接受应比在调查或制裁程序后期的承认或接受给予更大权重。在考虑承认是否值得减轻处罚时，制裁委员会查看承认的时间和调查价值以及其范围。在 INT 调查期间未接受过失但在回应中完全承认指控的情况下，制裁委员会给予有限的减轻处罚。在本案中，被告要求根据其对虚假陈述 3 的承认减轻处罚。制裁委员会注意到，在听证会上，被告承认并对这部分行为承担全部责任。然而，这一承认是迟来的，范围有限。在整个调查和大部分当前程序期间，虽然被告承认虚报了咨询顾问 C 的工作时间，但他们继续否认这构成"故意的不当行为"。此外，被告未对虚假陈述 1 或 2 的任何要素作出承认。在这些情况下，制裁委员会仅在此基础上给予部分减轻处罚。

77. 自愿约束：制裁指南第 V.C.4 条规定，在调查结果出来之前，被告自愿约束不参与银行资助的投标行为将作为协助和（或）合作一种形式。在过去的案例中，制裁委员会以这些理由适用或拒绝减轻处罚的决定取决于所主张的约束是否得到相关证据的支持。例如，如果被告提供了正式公司政策或做法的同期证据，或在 INT 的调查结果出来之前撤回银行融资合同投标的证据，制裁委员会就批准给予减轻处罚。相反，如果被告声称，但在任何临时暂停资格之前未能证明自愿约束的政策或做法，制裁委员会拒绝减轻处罚。尽管如此，制裁委员会在没有确凿证据的情况下批准了减轻处罚，因为 INT 明确接受了被告在特定时间段内自愿约束的事实。

78. 在本案中，被告要求在此因素下减轻处罚。然而，制裁委员会注意到，被告就其所谓约束的确切期限提供了相互矛盾的陈述。例如，在调查和当前诉讼的不同阶段，被告声称已于 2016 年、2017 年、2018 年和 2019 年开始以这种方式进行合作。这种前后矛盾妨碍了他们立场的可信度。此外，被告坚持认为，他们口头拒绝了几次参与银行融资投标的邀请，但他们没有提供任何形式的证据来证实这些说法。尽管如此，INT 明确承认，在和解谈判开始（2018 年 7 月）和被告各自的临时停职（2022 年 5 月）之间，被告自愿受到约束。在这种情况下，与先例一致，制裁委员会考虑到当事方无争议的期限，准予减轻处罚。

D. 适当制裁的确定

85. 考虑到完整记录和上述所有因素，制裁委员会决定并宣布：

i. 被告公司

被告公司以及被告公司直接或间接控制的任何附属公司，均无资格（i）获得银行融资合同或以其他方式从银行融资合同中获益；（ii）是被授予银行融资合同的其他合格公司的指定分包商、顾问、制造商或供应商，或服务提供商；以及（iii）接收银行提供的任何贷款的收益，或以其他方式进一步参与任何银行融资项目的准备或实施，但前提是，自本决定之日起至少九个月的无资格期后，只有根据制裁程序第 III.A 条 9.03 款的规定，被告公司以令世行集团满意的方式通过并实施了有效的诚信合规措施，才可以解除无资格。

ii. 个人被告

被告个人以及由其直接或间接控制的任何关联方实体均无资格（ⅰ）在财务上或以任何其他方式获得银行融资合同或从中受益；（ⅱ）是被授予银行融资合同的其他合格公司的指定分包商、顾问、制造商或供应商或服务提供商；以及（ⅲ）接收银行提供的任何贷款的收益，或以其他方式进一步参与任何银行融资项目的准备或实施，但前提是，自本决定之日起至少九个月的无资格期后，只有根据制裁程序第Ⅲ.A 条 9.03 款的规定，被告已采取适当的补救措施解决其受到制裁的可制裁行为，包括完成培训和 / 或其他教育计划，证明其对个人诚信和商业道德的持续承诺，并对直接或间接关联的任何实体采取和实施有效的诚信合规措施，才能解除被申请人的无资格。

# 参考文献

[1]   Transparency International. Global corruption report 2005: Corruption in construction and post-conflict reconstruction[R]. Berlin: Transparency International, 2005.

[2]   PwC. Fighting corruption and bribery in the construction industry[R]. London: PwC, 2014.

[3]   Sohail M, Cavill S. Accountability to prevent corruption in construction projects[J]. Journal of Construction Engineering and Management, 2008, 134 (9): 729-738.

[4]   PwC. Economic Crime Survey Nederland 2019[R]. Amsterdam: PwC, 2019.

[5]   CIOB. Corruption in the UK Construction Industry[R]. Berkshire: CIOB, 2013.

[6]   Wells J. Corruption in the constrution of public infrastructure: Critical issues in project preparation[R]. Bergen: Anti-Corruption Resource Centre, 2015.

[7]   The World Bank. Benchmarking public procurement 2015[R]. Washington D.C.: The World Bank, 2015.

[8]   Sikka P, Lehman G. The supply-side of corruption and limits to preventing corruption within government procurement and constructing ethical subjects[J]. Critical Perspectives on Accounting, 2015, 28: 62-70.

[9]   Locatelli G, Mariani G, Sainati T, et al. Corruption in public projects and megaprojects: There is an elephant in the room![J]. International Journal of Project Management, 2017, 35 (3): 252-268.

[10]  David-Barrett E, Fazekas M. Anti-corruption in aid-funded procurement: Is corruption reduced or merely displaced?[J]. World Development, 2020, 132: 1-13.

[11]  Hobbs N. Corruption in World Bank financed projects: Why bribery is a tolerated anathema?[R]. Washington D.C.: The World Bank, 2005.

[12]  张三保, 张志学, 陈小鹏. 企业腐败及其动因, 效应与治理: 国际视野与中国路径 [J]. 管理学季刊, 2016 (4): 111-138.

[13] Dimant E, Schulte T. The nature of corruption: An interdisciplinary perspective[J]. German Law Journal, 2016, 17（1）: 53–72.

[14] Jancsics D. Interdisciplinary perspectives on corruption[J]. Sociology Compass, 2014, 8（4）: 358–372.

[15] Luo Y. An organizational perspective of corruption[J]. Management and Organization Review, 2005, 1（1）: 119–154.

[16] Ameyaw E E, Pärn E, Chan A P, et al. Corrupt practices in the construction industry: Survey of Ghanaian experience[J]. Journal of Management in Engineering, 2017, 33（6）: 5–17.

[17] Lee W-S, Guven C. Engaging in corruption: The influence of cultural values and contagion effects at the microlevel[J]. Journal of Economic Psychology, 2013, 39: 287–300.

[18] Sampath V S, Rahman N. Bribery in MNEs: The dynamics of corruption culture distance and organizational distance to core values[J]. Journal of Business Ethics, 2019, 159（3）: 817–835.

[19] Fazekas M, Cingolani L, Tóth B. A comprehensive review of objective corruption proxies in public procurement: risky actors, transactions, and vehicles of rent extraction[R]. Budapest: Government Transparency Institute, 2016.

[20] Shan M, Chan A P, Le Y, et al. Measuring corruption in public construction projects in China[J]. Journal of Professional Issues in Engineering Education and Practice, 2015, 141（4）: 5–15.

[21] Recanatini F: Anti-corruption authorities: an effective tool to curb corruption?[M]// Rose-Ackerman S, Soreide T, International handbook of the economics of corruption. Northampton: Edward Elgar, 2011.

[22] Potter J D, Tavits M: Curbing corruption with political institutions[M]// Rose-Ackerman S, Soreide T, International handbook on the economics of corruption. Northampton: Edward Elgar, 2011.

[23] Sööt M L, Rootalu K. Institutional trust and opinions of corruption[J]. Public Administration and Development, 2012, 32（1）: 82–95.

[24] De Jong G, Tu P A, Van Ees H. The impact of personal relationships on bribery incidence in transition economies[J]. European Management Review, 2015, 12（1）: 7–21.

[25] Dimant E, Tosato G. Causes and effects of corruption: What has past decade's empirical research taught us? A survey[J]. Journal of Economic Surveys, 2018, 32(2): 335–356.

[26] Araral E, Pak A, Pelizzo R, et al. Neo-patrimonialism and Corruption: Evidence from 8, 436 firms in 17 countries in Sub-Saharan Africa[J]. Public Administration Review, 2019, 79 (4): 580–590.

[27] Rose-Ackerman S, Palifka B J. Corruption and government: Causes, consequences, and reform[M]. Cambridge university press, 2016.

[28] Tavits M. Clarity of responsibility and corruption[J]. American Journal of Political Science, 2007, 51 (1): 218–229.

[29] 汪伟, 胡军, 宗庆庆, 等. 官员腐败行为的地区间策略互动: 理论与实证 [J]. 中国工业经济, 2013 (10): 31–43.

[30] Spencer J, Gomez C. MNEs and corruption: The impact of national institutions and subsidiary strategy[J]. Strategic Management Journal, 2011, 32 (3): 280–300.

[31] Bahoo S, Alon I, Paltrinieri A. Coruption in international business: A review and research angenda[J]. International Business Review, 2020, 29 (4): 101660.

[32] Martin K D, Cullen J B, Johnson J L, et al. Deciding to bribe: A cross-level analysis of firm and home country influences on bribery activity[J]. Academy of Management Journal, 2007, 50 (6): 1401–1422.

[33] Bauhr M, Czibik Á, De Fine Licht J, et al. Lights on the shadows of public procurement: Transparency as an antidote to corruption[J]. Governance, 2020, 33 (3): 495–523.

[34] 崔晶晶, 邓晓梅. 工程项目腐败交易阶段模型的建立与量测 [J]. 工程管理学报, 2014, 28 (1): 61–65.

[35] Cuervo-Cazurra A. Corruption in international business[J]. Journal of World Business, 2016, 51 (1): 35–49.

[36] Frei C, Muethel M. Antecedents and consequences of MNE bribery: A multilevel review[J]. Journal of Management Inquiry, 2017, 26 (4): 418–432.

[37] Brown J, Loosemore M. Behavioural factors influencing corrupt action in the Australian construction industry[J]. Engineering, Construction and Architectural Management, 2015, 22 (4): 372–389.

[38] Gorsira M, Denkers A, Huisman W. Both sides of the coin: Motives for corruption

among public officials and business employees[J]. Journal of Business Ethics, 2018, 151（1）: 179–194.

[39] David–Barrett E, Fazekas M, Hellmann O, et al. Controlling corruption in development aid: New evidence from contract–level data[R]. Brighton: Sussex Centre for the Study of Corruption, 2017.

[40] Voliotis S. Abuse of ministerial authority, systemic perjury, and obstruction of justice: Corruption in the shadows of organizational practice[J]. Journal of Business Ethics, 2011, 102（4）: 537–562.

[41] Le Y, Shan M, Chan A P C, et al. Overview of corruption research in construction[J]. Journal of Management in Engineering, 2014, 30（4）: 02514001.

[42] Chan A P C, Owusu E K. Corruption forms in the construction industry: Literature review[J]. Journal of Construction Engineering and Management, 2017, 143（8）: 4–17.

[43] Owusu E K, Chan A P, Shan M. Causal factors of corruption in construction project management: An overview[J]. Science and engineering ethics, 2019, 25（1）: 1–31.

[44] Anti–Corruption Resource Centre. Glossary[R]. Anti–Corruption Resource Centre, 2015.

[45] Global Infrastructure Anti–Corruption Centre. What is corruption?[R]. Buckinghamshire: Global Infrastructure Anti–Corruption Centre, 2014.

[46] World Economic Forum. Building foundations against corruption project: Partnering against corruption initiative in the infrastructure industry[R]. Geneva: World Economic Forum, 2014.

[47] Transparency International. Bribe payers index 2011[R]. Berlin: Transparency International, 2011.

[48] World Economic Forum. The Global Competitiveness Report 2009–2010[R]. Geneva: World Economic Forum, 2009.

[49] 张兵, 乐云, 王予红, 等. B2G 关系视角下的招投标腐败研究: 基于 90 个典型案例 [J]. 公共行政评论, 2015（1）: 141–163.

[50] Williams–Elegbe S. Systemic corruption and public procurement in developing countries: Are there any solutions?[J]. Journal of Public Procurement, 2018, 18（2）: 131–147.

[51] Fazekas M. Red tape, bribery and government favouritism: Evidence from Europe[J].

Crime, Law and Social Change, 2017, 68（4）: 403-429.

[52] Owusu E K, Chan A P. Barriers affecting effective application of anticorruption measures in infrastructure projects: Disparities between developed and developing countries[J]. Journal of Management in Engineering, 2019, 35（1）: 40-56.

[53] Alon A, Hageman A M. An institutional perspective on corruption in transition economies[J]. Corporate Governance: An International Review, 2017, 25（3）: 155- 166.

[54] Baughn C, Bodie N L, Buchanan M A, et al. Bribery in international business transactions[J]. Journal of Business Ethics, 2010, 92（1）: 15-32.

[55] Cameron L, Chaudhuri A, Erkal N, et al. Propensities to engage in and punish corrupt behavior: Experimental evidence from Australia, India, Indonesia and Singapore[J]. Journal of Public Economics, 2009, 93（7-8）: 843-851.

[56] Scott W R. The institutional environment of global project organizations[J]. Engineering Project Organization Journal, 2012, 2（1-2）: 27-35.

[57] Stansbury N. Exposing the foundations of corruption in construction[R]. Washington D.C.: The World Bank, 2005.

[58] Hayes A F. Introduction to mediation, moderation, and conditional process analysis: A regression-based approach[M]. New York: Guilford Publications, 2017.

[59] Shleifer A, Vishny R W. Corruption[J]. The Quarterly Journal of Economics, 1993, 108（3）: 599-617.

[60] Pellegrini L. Corruption, Development and the Environment[M]. New York: Springer, 2011.

[61] Pinto J, Leana C R, Pil F K. Corrupt organizations or organizations of corrupt individuals? Two types of organization-level corruption[J]. Academy of Management Review, 2008, 33（3）: 685-709.

[62] Elliott K A. Corruption as an international policy problem: Overview and recommendations[M]. Washington DC: Institure for International Econnomics, 1997.

[63] Rodriguez P, Uhlenbruck K, Eden L. Government corruption and the entry strategies of multinationals[J]. Academy of Management Review, 2005, 30（2）: 383-396.

[64] Kouznetsov A, Kim S, Pierce J. A longitudinal meta-analysis of corruption in international business and trade: Bridging the isolated themes[J]. The International Trade Journal, 2018, 32（5）: 414-438.

[65] Zhou X, Han Y, Wang R. An empirical investigation on firms' proactive and passive motivation for bribery in China[J]. Journal of Business Ethics, 2013, 118（3）: 461–472.

[66] 崔晶晶. 工程项目腐败致因模型与廉洁管理体系的开发应用 [D]. 北京：清华大学, 2013.

[67] Heywood P M. Rethinking corruption: Hocus–pocus, locus and focus[J]. Slavonic & East European Review, 2017, 95（1）: 21–48.

[68] Van Veldhuizen R. The influence of wages on public officials' corruptibility: A laboratory investigation[J]. Journal of Economic Psychology, 2013, 39: 341–356.

[69] Pitesa M, Thau S. Compliant sinners, obstinate saints: How power and self–focus determine the effectiveness of social influences in ethical decision making[J]. Academy of Management Journal, 2013, 56（3）: 635–658.

[70] Rabl T, Kühlmann T M. Understanding corruption in organizations–development and empirical assessment of an action model[J]. Journal of Business Ethics, 2008, 82（2）: 477.

[71] Liu X. Corruption culture and corporate misconduct[J]. Journal of Financial Economics, 2016, 122（2）: 307–327.

[72] Lopatta K, Jaeschke R, Tchikov M, et al. Corruption, corporate social responsibility and financial constraints: International firm–level evidence[J]. European Management Review, 2017, 14（1）: 47–65.

[73] Keig D L, Brouthers L E, Marshall V B. Formal and informal corruption environments and multinational enterprise social irresponsibility[J]. Journal of Management Studies, 2015, 52（1）: 89–116.

[74] Biswas M. Are they efficient in the middle? Using propensity score estimation for modeling middlemen in Indian corporate corruption[J]. Journal of Business Ethics, 2017, 141（3）: 563–586.

[75] Lambsdorff J G. The institutional economics of corruption and reform: Theory, evidence and policy[M]. Cambridge, Eng.: Cambridge University Press, 2007.

[76] Gelbrich K, Stedham Y, Gäthke D. Cultural discrepancy and national corruption: Investigating the difference between cultural values and practices and its relationship to corrupt behavior[J]. Business Ethics Quarterly, 2016, 26（2）: 201–225.

[77] López J a P, Santos J M S. Does corruption have social roots? The role of culture and

social capital[J]. Journal of Business Ethics, 2014, 122（4）: 697–708.

[78] Mensah Y M. An analysis of the effect of culture and religion on perceived corruption in a global context[J]. Journal of Business Ethics, 2014, 121（2）: 255–282.

[79] Weitzel U, Berns S. Cross-border takeovers, corruption, and related aspects of governance[J]. Journal of International Business Studies, 2006, 37（6）: 786–806.

[80] Treisman D. The causes of corruption: a cross-national study[J]. Journal of Public Economics, 2000, 76（3）: 399–457.

[81] Deng X, Wang Y, Zhang Q, et al. Analysis of fraud risk in public construction projects in China[J]. Public Money & Management, 2014, 34（1）: 51–58.

[82] Yu Y, Martek I, Hosseini M R, et al. Demographic variables of corruption in the chinese construction industry: Association rule analysis of conviction records[J]. Science and engineering ethics, 2019, 25（4）: 1147–1165.

[83] 李永奎, 乐云, 张兵, 等. 权力和行为特征对工程腐败严重程度的影响: 基于 148 个典型案例的实证 [J]. 管理评论, 2013, 25（8）: 21–31.

[84] Arewa A O, Farrell P. The culture of construction organisations: the epitome of institutionalised corruption[J]. Construction Economics and Building, 2015, 15（3）: 59–71.

[85] Wang R, Lee C-J, Hsu S-C, et al. Corporate misconduct prediction with support vector machine in the construction industry[J]. Journal of Management in Engineering, 2018, 34（4）: 4–18.

[86] Lee C-J, Wang R, Lee C-Y, et al. Board structure and directors' role in preventing corporate misconduct in the construction industry[J]. Journal of Management in Engineering, 2018, 34（2）: 4–17.

[87] Van Den Heuvel G. The parliamentary enquiry on fraud in the Dutch construction industry collusion as concept between corruption and state-corporate crime[J]. Crime, Law and Social Change, 2005, 44（2）: 133–151.

[88] Zhang B, Le Y, Xia B, et al. Causes of business-to-government corruption in the tendering process in China[J]. Journal of Management in Engineering, 2017, 33（2）: 5–16.

[89] Le Y, Shan M, Chan A P, et al. Investigating the causal relationships between causes of and vulnerabilities to corruption in the Chinese public construction sector[J]. Journal of Construction Engineering and Management, 2014, 140（9）: 5–14.

[90] Shan M, Le Y, Yiu K T, et al. Investigating the underlying factors of corruption in the public construction sector: Evidence from China[J]. Science and Engineering Ethics, 2017, 23（6）: 1643–1666.

[91] 乐云, 张兵, 关贤军, 等. 基于 SNA 视角的政府投资项目合谋关系研究 [J]. 公共管理学报, 2013, 10（3）: 29–40.

[92] Kraay A, Kaufmann D, Mastruzzi M. The worldwide governance indicators: methodology and analytical issues[R]. Washington D.C.: The World Bank, 2010.

[93] Transparency International. Corruption Perceptions Index[R]. Berlin: Transparency International, 2019.

[94] Olken B A. Monitoring corruption: evidence from a field experiment in Indonesia[J]. Journal of Political Economy, 2007, 115（2）: 200–249.

[95] Cai H, Fang H, Xu L C. Eat, drink, firms, government: An investigation of corruption from the entertainment and travel costs of Chinese firms[J]. The Journal of Law and Economics, 2011, 54（1）: 55–78.

[96] 过勇, 宋伟. 腐败测量: 基于腐败、反腐败与风险的视角 [J]. 公共行政评论, 2016（3）: 73–88.

[97] 任建明. 廉政风险水平测量方法的研究 [J]. 北京航空航天大学学报（社会科学版）, 2013, 26（1）: 6–11.

[98] Owusu E K, Chan A P, Ameyaw E. Toward a cleaner project procurement: Evaluation of construction projects' vulnerability to corruption in developing countries[J]. Journal of Cleaner Production, 2019, 216: 394–407.

[99] Fazekas M, Tóth I J, King L P. An objective corruption risk index using public procurement data[J]. European Journal on Criminal Policy and Research, 2016, 22（3）: 369–397.

[100] Goel R K, Rich D P. On the economic incentives for taking bribes[J]. Public Choice, 1989, 61（3）: 269–275.

[101] 聂辉华, 全志辉. 治理 "一把手" 腐败, 核心在限权 [J]. 国家治理, 2014（12）: 7–15.

[102] Kaptein M. Business codes of multinational firms: what do they say?[J]. Journal of Business Ethics, 2004, 50（1）: 13–31.

[103] Osuji O. Fluidity of regulation-CSR nexus: The multinational corporate corruption example[J]. Journal of Business Ethics, 2011, 103（1）: 31–57.

[104] Lange D. A multidimensional conceptualization of organizational corruption Control[J]. Academy of Management Review, 2008, 33（3）: 710-729.

[105] Misangyi V F, Weaver G R, Elms H. Ending corruption: The interplay among institutional logics, resources, and institutional entrepreneurs[J]. Academy of Management Review, 2008, 33（3）: 750-770.

[106] Owusu E K, Chan A P, Degraft O-M, et al. Contemporary review of anti-corruption measures in construction project management[J]. Project Management Journal, 2019, 50（1）: 40-56.

[107] Tabish S, Jha K N. The impact of anti-corruption strategies on corruption free performance in public construction projects[J]. Construction Management and Economics, 2012, 30（1）: 21-35.

[108] 张兵, 乐云, 李永奎, 等. 工程腐败的网络结构特征与打击策略选择: 基于动态元网络视角的分析[J]. 公共管理学报, 2015, 12（3）: 33-44.

[109] North D C. Institutions[J]. Journal of Economic Perspectives, 1991, 5（1）: 97-112.

[110] Scott W R. Institutions and Organizations[M]. Thousand Oaks: Sage Publications, 2001.

[111] 李学. 制度化组织: 塞尔兹尼克组织与公共行政思想述评[J]. 公共行政评论, 2014, 7（2）: 141-161.

[112] North D C, Institutions I C. Institutions, institutional change and economic performance[M]. Cambridge: Cambridge University Press, 1990.

[113] Fligstein N, Dauber K. Structural change in corporate organization[J]. Annual Review of Sociology, 1989, 15（1）: 73-96.

[114] Dimaggio P J, Powell W W. The iron cage revisited: Institutional isomorphism and collective rationality in organizational fields[J]. American Sociological Review, 1983: 147-160.

[115] Deephouse D L. Does isomorphism legitimate?[J]. Academy of Management Journal, 1996, 39（4）: 1024-1039.

[116] Suchman M C. Managing legitimacy: Strategic and institutional approaches[J]. Academy of Management Review, 1995, 20（3）: 571-610.

[117] Meyer J W, Rowan B. Institutionalized organizations: Formal structure as myth and ceremony[J]. American Journal of Sociology, 1977, 83（2）: 340-363.

[118] Meyer J W, Scott W R. Organizational environments: Ritual and rationality[M].

Thousand Oaks：Sage Publications，1992.

[119] Oliver C. Sustainable competitive advantage：Combining institutional and resource-based views[J]. Strategic Management Journal, 1997, 18（9）：697–713.

[120] 陈嘉文，姚小涛．组织与制度的共同演化：组织制度理论研究的脉络剖析及问题初探[J]. 管理评论，2015，27（5）：135.

[121] Suddaby R，Greenwood R. Rhetorical strategies of legitimacy[J]. Administrative Science Quarterly, 2005, 50（1）：35–67.

[122] 冯天丽，井润田．制度环境与私营企业家政治联系意愿的实证研究[J]. 管理世界，2009（8）：81–91.

[123] Scott W R. Institutions and organizations：Ideas，interests，and identities[M]. Thousand Oaks：Sage Publications，2013.

[124] Oliver C. Strategic responses to institutional processes[J]. Academy of Management Review, 1991, 16（1）：145–179.

[125] Tost L P. An integrative model of legitimacy judgments[J]. Academy of Management Review, 2011, 36（4）：686–710.

[126] Hannan M T，Freeman J. The population ecology of organizations[J]. American Journal of Sociology, 1977, 82（5）：929–964.

[127] 宋铁波，张雅，吴小节，等．组织同形的研究述评与展望[J]. 华东经济管理，2012（5）：140–145.

[128] Bourdieu P. Systems of education and systems of thought[M].London：Collier-macmillan，1971.

[129] Dörhöfer S，Minnig C，Pekruhl U，et al. Contrasting the footloose company：social capital，organizational fields and culture[J]. European Planning Studies，2011，19（11）：1951–1972.

[130] 谢琳琳，褚海涛，韩婷，等．重大工程组织场域的结构化与变迁：以港珠澳大桥珠海口岸工程为例[J]. 工程管理学报，2018，32（6）：92–97.

[131] Marcus A A，Anderson M H. Commitment to an emerging organizational field：An enactment theory[J]. Business & society, 2013, 52（2）：181–212.

[132] Söderlund J，Sydow J. Projects and institutions：Towards understanding their mutual constitution and dynamics[J]. International Journal of Project Management，2019，37（2）：259–268.

[133] Mahalingam A，Levitt R E. Institutional theory as a framework for analyzing conflicts

on global projects[J]. Journal of Construction Engineering and Management, 2007, 133（7）: 517–528.

[134] Javernick–Will A, Levitt R E. Mobilizing institutional knowledge for international projects[J]. Journal of Construction Engineering and Management, 2010, 136（4）: 430–441.

[135] Miterev M, Engwall M, Jerbrant A. Mechanisms of isomorphism in project–based organizations[J]. Project Management Journal, 2017, 48（5）: 9–24.

[136] Biesenthal C, Clegg S, Mahalingam A, et al. Applying institutional theories to managing megaprojects[J]. International Journal of Project Management, 2018, 36（1）: 43–54.

[137] Wang H, Lu W, Söderlund J, et al. The interplay between formal and informal institutions in projects: A social network analysis[J]. Project Management Journal, 2018, 49（4）: 20–35.

[138] Opara M, Elloumi F, Okafor O, et al. Effects of the institutional environment on public–private partnership（P3）projects: Evidence from Canada[J]. Accounting Forum, 2017, 41（2）: 77–95.

[139] Wang G, He Q, Xia B, et al. Impact of institutional pressures on organizational citizenship behaviors for the environment: Evidence from megaprojects[J]. Journal of Management in Engineering, 2018, 34（5）: 4–18.

[140] Cao D, Li H, Wang G. Impacts of isomorphic pressures on BIM adoption in construction projects[J]. Journal of Construction Engineering and Management, 2014, 140（12）: 4–14.

[141] Qiu Y, Chen H, Sheng Z, et al. Governance of institutional complexity in megaproject organizations[J]. International Journal of Project Management, 2019, 37（3）: 425–443.

[142] Greenwood R, Raynard M, Kodeih F, et al. Institutional complexity and organizational responses[J]. Academy of Management Annals, 2011, 5（1）: 317–371.

[143] Dille T, Söderlund J. Managing inter–institutional projects: The significance of isochronism, timing norms and temporal misfits[J]. International Journal of Project Management, 2011, 29（4）: 480–490.

[144] Hall D M, Scott W R. Early stages in the institutionalization of integrated project delivery[J]. Project Management Journal, 2019, 50（2）: 128–143.

[145] Van Den Ende L, Van Marrewijk A. Teargas, taboo and transformation: A neo–

institutional study of community resistance and the struggle to legitimize subway projects in Amsterdam 1960—2018[J]. International Journal of Project Management, 2019, 37（2）: 331–346.

[146] Badewi A, Shehab E. The impact of organizational project benefits management governance on ERP project success: Neo-institutional theory perspective[J]. International Journal of Project Management, 2016, 34（3）: 412–428.

[147] Lieftink B, Smits A, Lauche K. Dual dynamics: Project-based institutional work and subfield differences in the Dutch construction industry[J]. International Journal of Project Management, 2019, 37（2）: 269–282.

[148] Matinheikki J, Aaltonen K, Walker D. Politics, public servants, and profits: Institutional complexity and temporary hybridization in a public infrastructure alliance project[J]. International Journal of Project Management, 2019, 37（2）: 298–317.

[149] Derakhshan R, Mancini M, Turner J R. Community's evaluation of organizational legitimacy: Formation and reconsideration[J]. International Journal of Project Management, 2019, 37（1）: 73–86.

[150] Biygautane M, Neesham C, Al-Yahya K O. Institutional entrepreneurship and infrastructure public-private partnership（PPP）: Unpacking the role of social actors in implementing PPP projects[J]. International Journal of Project Management, 2019, 37（1）: 192–219.

[151] Stensöta H, Wängnerud L, Svensson R. Gender and corruption: The mediating power of institutional logics[J]. Governance, 2015, 28（4）: 475–496.

[152] Peng M W, Wang D Y, Jiang Y. An institution-based view of international business strategy: A focus on emerging economies[J]. Journal of International Business Studies, 2008, 39（5）: 920–936.

[153] Cuervo-Cazurra A. Who cares about corruption?[J]. Journal of International Business Studies, 2006, 37（6）: 807–822.

[154] Williams C C, Martinez-Perez A. Evaluating the impacts of corruption on firm performance in developing economies: An institutional perspective[J]. International Journal of Business and Globalisation, 2016, 16（4）: 401–422.

[155] Hauser C, Hogenacker J. Do firms proactively take measures to prevent corruption in their international operations?[J]. European Management Review, 2014, 11（3–4）: 223–237.

[156] Gao Y. Isomorphic effect and organizational bribery in transitional China[J]. Asian Business & Management, 2011, 10 (2): 233–257.

[157] Yi J, Teng D, Meng S. Foreign ownership and bribery: Agency and institutional perspectives[J]. International Business Review, 2018, 27 (1): 34–45.

[158] Schleiter P, Voznaya A. Party system institutionalization, accountability and governmental corruption[J]. British Journal of Political Science, 2018, 48 (2): 315–342.

[159] Charron N. Party systems, electoral systems and constraints on corruption[J]. Electoral Studies, 2011, 30 (4): 595–606.

[160] Gerring J, Thacker S C. Political institutions and corruption: The role of unitarism and parliamentarism[J]. British Journal of Political Science, 2004, 34 (2): 295–330.

[161] Zhu J, Zhang D. Does corruption hinder private businesses? Leadership stability and predictable corruption in China[J]. Governance, 2017, 30 (3): 343–363.

[162] Orr R, Levitt R. Local embeddedness of firms and strategies for dealing with uncertainty in global projects[J]. Global Projects: Institutional and Political Challenges, 2011: 183–246.

[163] Hosseini M R, Martek I, Banihashemi S, et al. Distinguishing characteristics of corruption risks in Iranian construction projects: a weighted correlation network analysis[J]. Science and Engineering Ethics, 2019: 1–27.

[164] Yeh I–C, Lien C–H. The comparisons of data mining techniques for the predictive accuracy of probability of default of credit card clients[J]. Expert Systems with Applications, 2009, 36 (2): 2473–2480.

[165] Bishop C M. Pattern recognition and machine learning[M]. Cambridge: Springer, 2006.

[166] Lima M S M, Delen D. Predicting and explaining corruption across countries: A machine learning approach[J]. Government Information Quarterly, 2020, 37 (1): 101–407.

[167] Fazekas M, Tóth B. The extent and cost of corruption in transport infrastructure. New evidence from Europe[J]. Transportation Research Part A: Policy and Practice, 2018, 113: 35–54.

[168] Judge W Q, Mcnatt D B, Xu W. The antecedents and effects of national corruption: A meta–analysis[J]. Journal of World Business, 2011, 46 (1): 93–103.

[169] Goel R K, Saunoris J W. Political uncertainty and international corruption[J]. Applied Economics Letters, 2017, 24（18）: 1298–1306.

[170] Park H. Determinants of corruption: A cross - national analysis[J]. Multinational Business Review, 2003, 11: 29–48.

[171] Pelizzo R, Araral E, Pak A, et al. Determinants of bribery: Theory and evidence from Sub–Saharan Africa[J]. African Development Review, 2016, 28（2）: 229–240.

[172] Billger S M, Goel R K. Do existing corruption levels matter in controlling corruption?: Cross–country quantile regression estimates[J]. Journal of Development Economics, 2009, 90（2）: 299–305.

[173] Goel R K, Nelson M A. Causes of corruption: History, geography and government[J]. Journal of Policy Modeling, 2010, 32（4）: 433–447.

[174] Shaheer N, Yi J, Li S, et al. State–Owned Enterprises as bribe payers: The role of institutional environment[J]. Journal of Business Ethics, 2019, 159（1）: 221–238.

[175] Charron N. The impact of socio–political integration and press freedom on corruption[J]. The Journal of Development Studies, 2009, 45（9）: 1472–1493.

[176] Elbahnasawy N G. E–government, internet adoption, and corruption: An empirical investigation[J]. World Development, 2014, 57: 114–126.

[177] Montinola G R, Jackman R W. Sources of corruption: A cross–country study[J]. British Journal of Political Science, 2002, 32（1）: 147–170.

[178] Ferraz C, Finan F. Electoral accountability and corruption: Evidence from the audits of local governments[J]. American Economic Review, 2011, 101（4）: 1274–1311.

[179] Pillay S, Kluvers R. An institutional theory perspective on corruption: The case of a developing democracy[J]. Financial Accountability & Management, 2014, 30（1）: 95–119.

[180] Lederman D, Loayza N V, Soares R R. Accountability and corruption: Political institutions matter[J]. Economics & Politics, 2005, 17（1）: 1–35.

[181] Gong T, Zhou N. Corruption and marketization: Formal and informal rules in Chinese public procurement[J]. Regulation & Governance, 2015, 9（1）: 63–76.

[182] Vuković D, Babović M. The Trap of Neo–patrimonialism: Social Accountability and Good Governance in Cambodia[J]. Asian Studies Review, 2018, 42（1）: 144–160.

[183] Iwasaki I, Suzuki T. The determinants of corruption in transition economies[J]. Economics Letters, 2012, 114（1）: 54–60.

[184] Sanyal R. Determinants of bribery in international business: The cultural and economic factors[J]. Journal of Business Ethics, 2005, 59（1–2）: 139–145.

[185] 王程韡. 腐败的社会文化根源: 基于模糊集的定性比较分析 [J]. 社会科学, 2013（10）: 28–39.

[186] Goel R K. Business regulation and taxation: Effects on cross–country corruption[J]. Journal of Economic Policy Reform, 2012, 15（3）: 223–242.

[187] Malesky E J, Nguyen T V, Bach T N, et al. The effect of market competition on bribery in emerging economies: An empirical analysis of Vietnamese firms[J]. World Development, 2020, 131: 10–49.

[188] Lewellyn K B. The role of national culture and corruption on managing earnings around the world[J]. Journal of World Business, 2017, 52（6）: 798–808.

[189] Woodside A G, Chang M–L, Cheng C–F. Government Regulations of Business, Corruption, Reforms, and the Economic Growth of Nations[J]. International Journal of Business and Economics, 2012, 11（2）: 127.

[190] Goel R K, Ram R. Economic uncertainty and corruption: Evidence from a large cross–country data set[J]. Applied Economics, 2013, 45（24）: 3462–3468.

[191] Aggarwal R, Goodell J W. Markets and institutions in financial intermediation: National characteristics as determinants[J]. Journal of Banking & Finance, 2009, 33（10）: 1770–1780.

[192] Knack S, Biletska N, Kacker K. Deterring kickbacks and encouraging entry in public procurement markets: Evidence from firm surveys in 88 developing countries[R]. The Washington D.C.: The World Bank, 2017.

[193] Fang X, Xu Y, Li X, et al. Locality and similarity preserving embedding for feature selection[J]. Neurocomputing, 2014, 128: 304–315.

[194] Cui L, Bai L, Wang Y, et al. P2P lending analysis using the most relevant graph–based features[C]. Joint IAPR International Workshops on Statistical Techniques in Pattern Recognition（SPR）and Structural and Syntactic Pattern Recognition（SSPR）, 2016: 3–14.

[195] Bai L, Rossi L, Bunke H, et al. Attributed graph kernels using the jensen–tsallis q–differences[C]. Joint European Conference on Machine Learning and Knowledge Discovery in Databases, 2014: 99–114.

[196] He X, Cai D, Niyogi P. Laplacian score for feature selection[C]. Advances in Neural

Information Processing Systems, 2006: 507–514.

[197] Zhang Z, Bai L, Liang Y, et al. Joint hypergraph learning and sparse regression for feature selection[J]. Pattern Recognition, 2017,（63）: 291–309.

[198] 胡鞍钢, 过勇. 公务员腐败成本 – 收益的经济学分析 [J]. 经济社会体制比较, 2002（4）: 33–41.

[199] 周黎安, 陶婧. 政府规模, 市场化与地区腐败问题研究 [J]. 经济研究, 2009（1）: 57–69.

[200] Choi J W. Governance structure and administrative corruption in Japan: An organizational network approach[J]. Public Administration Review, 2007, 67（5）: 930–942.

[201] Jain A K. Corruption: A review[J]. Journal of Economic Surveys, 2001, 15（1）: 71–121.

[202] 肖滨, 黄迎虹. 发展中国家反腐败制度建设的政治动力机制: 基于印度制定 "官员腐败调查法" 的分析 [J]. 中国社会科学, 2015（5）: 125–144.

[203] Mainwaring S, Scully T. Building democratic institutions: Party systems in Latin America[M]. Stanford: Stanford University Press Stanford, 1995.

[204] Hassan M. Determinants of party system institutionalisation in new democracies: A cross–national study[D]. Oxford: Oxford University, 2011.

[205] Mainwaring S: Party system institutionalization, predictability, and democracy, Mainwaring S, editor, Party systems in Latin America: Institutionalization, decay, and collapse[M]. Cambridge: Cambridge University Press, 2018.

[206] Achury S. Political corruption: Accountability and party system institutionalization[D]. Texas: University of Texas at El Paso, 2013.

[207] Lyrio M V L, Lunkes R J, Taliani E T C. Thirty years of studies on transparency, accountability, and corruption in the public sector: The state of the art and opportunities for future research[J]. Public Integrity, 2018, 20（5）: 512–533.

[208] Hopper T. Neopatrimonialism, good governance, corruption and accounting in Africa[J]. Journal of Accounting in Emerging Economies, 2017, 7（2）: 225–248.

[209] Lindberg S I. "It's our time to 'chop'": Do elections in Africa feed neo–patrimonialism rather than Counter–Act It?[J]. Democratization, 2003, 10（2）: 121–140.

[210] Kimchoeun P, Horng V. Accountability and neo–patrimonialism in Cambodia: A critical literature review[R]. Phnom Penh: Cambodia Development Resource Institute, 2007.

[211] Oxford Bibliographies. Party System Institutionalization in Democracies[EB/OL]. (2020-8-24) [2020-8-30]. https://www.oxfordbibliographies.com/view/document/obo-9780199756223/obo-9780199756223-0248.xml.

[212] Keefer P. Collective Action, Political Parties, and Pro-Development Public Policy[J]. Asian Development Review, 2011, 28 (1): 94-118.

[213] Dávid-Barrett E, Fazekas M. Corrupt contracting: Partisan favouritism in public procurement Hungary and the United Kingdom Compared[R]. Budapest: Government Transparency Institute, 2016.

[214] Pinilla J P. Party System Institutionalization and Accountability for Corruption in Latin America: The Cases of Brazil and Chile[D]. Corvallis: Oregon State University, 2018.

[215] Coppedge M. The evolution of Latin American party systems[M]// Mainwaring S, Valenzuela A. Politics, Society, and Democracy: Latin Amercian Boulder: Westview Press, 1998.

[216] Geddes B. How the cases you choose affect the answers you get: Selection bias in comparative politics[J]. Political Analysis, 1990: 131-150.

[217] Tirole J. A theory of collective reputations (with applications to the persistence of corruption and to firm quality) [J]. The Review of Economic Studies, 1996, 63 (1): 1-22.

[218] 包刚升. 政治学通识 [M]. 北京: 北京大学出版社, 2015.

[219] Gailmard S. Accountability and principal-agent models[M]// Bovens M, Goodin R E, Schillemans T. The Oxford Handbook of Public Accountability. Oxford: Oxford University Press, 2012.

[220] Birch S. Electoral systems and political transformation in post-communist Europe[M]. Basingstoke: Palgrave, 2003.

[221] Powell G B, Powell Jr G B. Elections as instruments of democracy: Majoritarian and proportional visions[M]. London: Yale University Press, 2000.

[222] Ferraz C, Finan F. Exposing corrupt politicians: the effects of Brazil's publicly released audits on electoral outcomes[J]. The Quarterly Journal of Economics, 2008, 123 (2): 703-745.

[223] Zielinski J, Slomczynski K M, Shabad G. Electoral control in new democracies: The perverse incentives of fluid party systems[J]. World Politics, 2005, 57 (3): 365-395.

[224] Cavill S, Sohail M. Improving public urban services through increased accountability[J]. Journal of Professional Issues in Engineering Education and Practice, 2005, 131（4）: 263–273.

[225] Bratton M: Neo-Patrimonialism, Badie B, Berg-Schlosser D, Morlino L. International Encyclopedia of Political Science[M]. Thousand Oaks: Sage Publications, 2011.

[226] Bratton M, Van De Walle N. Neopatrimonial regimes and political transitions in Africa[J]. World Politics, 1994, 46（4）: 459.

[227] 李鹏涛, 黄金宽. 非洲研究中的"新恩庇主义"[J]. 西亚非洲, 2014（4）: 148–160.

[228] Van De Walle N. African economies and the politics of permanent crisis, 1979–1999[M]. Cambridge: Cambridge University Press, 2001.

[229] 程多闻. "国家"视角下的"失败国家"成因研究: 以非洲国家为研究中心 [J]. 国际关系研究, 2014（5）: 106–120.

[230] 温忠麟, 叶宝娟. 中介效应分析: 方法和模型发展 [J]. 心理科学进展, 2014, 22（5）: 731–745.

[231] 温忠麟, 侯杰泰, 张雷. 调节效应与中介效应的比较和应用 [J]. 心理学报, 2005, 37（2）: 268–274.

[232] Baron R M, Kenny D A. The moderator-mediator variable distinction in social psychological research: Conceptual, strategic, and statistical considerations[J]. Journal of Personality and Social Psychology, 1986, 51（6）: 1173.

[233] 温忠麟, 张雷, 侯杰泰, 等. 中介效应检验程序及其应用 [J]. 心理学报, 2004, 36（5）: 614–620.

[234] Beets S D. Understanding the demand-side issues of international corruption[J]. Journal of Business Ethics, 2005, 57（1）: 65–81.

[235] Ufere N, Gaskin J, Perelli S, et al. Why is bribery pervasive among firms in sub-Saharan African countries? Multi-industry empirical evidence of organizational isomorphism[J]. Journal of Business Research, 2020, 108: 92–104.

[236] Westphal J D, Gulati R, Shortell S M. Customization or conformity? An institutional and network perspective on the content and consequences of TQM adoption[J]. Administrative Science Quarterly, 1997: 366–394.

[237] 李彬, 谷慧敏, 高伟. 制度压力如何影响企业社会责任: 基于旅游企业的实证

研究 [J]. 南开管理评论, 2011（6）: 67-75.

[238] Kostova T, Zaheer S. Organizational legitimacy under conditions of complexity: The case of the multinational enterprise[J]. Academy of Management review, 1999, 24（1）: 64-81.

[239] Dimaggio P J, Powell W W. The new institutionalism in organizational analysis[M]. Chicago: Univeisty of Chicago Press, 1991.

[240] 许钢祥. 中国企业对外投资的动因与序贯选择研究 [D]. 杭州: 浙江大学, 2016.

[241] 赵子溢. 后发企业的研发同构与企业绩效: 在探索式创新的情境下 [D]. 杭州: 浙江大学, 2018.

[242] Martinez R J, Dacin M T. Efficiency motives and normative forces: Combining transactions costs and institutional logic[J]. Journal of Management, 1999, 25（1）: 75-96.

[243] Venard B. Organizational isomorphism and corruption: An empirical research in Russia[J]. Journal of Business Ethics, 2009, 89（1）: 59-76.

[244] Venard B, Hanafi M. Organizational isomorphism and corruption in financial institutions: Empirical research in emerging countries[J]. Journal of Business Ethics, 2008, 81（2）: 481-498.

[245] Mizruchi M S, Fein L C. The social construction of organizational knowledge: A study of the uses of coercive, mimetic, and normative isomorphism[J]. Administrative Science Quarterly, 1999, 44（4）: 653-683.

[246] Ufere N, Perelli S, Boland R, et al. Merchants of Corruption: How Entrepreneurs Manufacture and Supply Bribes[J]. World Development, 2012, 40（12）: 2440-2453.

[247] Sutton J R, Dobbin F, Meyer J W, et al. The legalization of the workplace[J]. American Journal of Sociology, 1994, 99（4）: 944-971.

[248] Baucus M S. Pressure, opportunity and predisposition: A multivariate model of corporate illegality[J]. Journal of Management, 1994, 20（4）: 699-721.

[249] La Porta R, Lopez-De-Silanes F, Shleifer A, et al. The quality of government[J]. The Journal of Law, Economics, and Organization, 1999, 15（1）: 222-279.

[250] Fredriksson P G, Svensson J. Political instability, corruption and policy formation: the case of environmental policy[J]. Journal of Public Economics, 2003, 87（7-8）: 1383-1405.

[251] Barkemeyer R, Preuss L, Ohana M. Developing country firms and the challenge of corruption: Do company commitments mirror the quality of national-level institutions?[J]. Journal of Business Research, 2018, 90: 26-39.

[252] Whitley R. Societies, firms and markets: the social structuring of business systems[M]. London: Sage Publications, 1994.

[253] Deligonul S, Elg U, Cavusgil E, et al. Developing strategic supplier networks: An institutional perspective[J]. Journal of Business Research, 2013, 66 (4): 506-515.

[254] Amburgey T L, Miner A S. Strategic momentum: The effects of repetitive, positional, and contextual momentum on merger activity[J]. Strategic Management Journal, 1992, 13 (5): 335-348.

[255] Baum J A, Korn H J. Dynamics of dyadic competitive interaction[J]. Strategic Management Journal, 1999, 20 (3): 251-278.

[256] Haunschild P R, Miner A S. Modes of interorganizational imitation: The effects of outcome salience and uncertainty[J]. Administrative Science Quarterly, 1997: 472-500.

[257] Czinkota M R, Skuba C J. Contextual analysis of legal systems and their impact on trade and foreign direct investment[J]. Journal of Business Research, 2014, 67 (10): 2207-2211.

[258] Depoers F, Jérôme T. Coercive, normative, and mimetic isomorphisms as drivers of corporate tax disclosure[J]. Journal of Applied Accounting Research, 2019, 21 (1): 90-105.

[259] Hannan M T, Freeman J. Structural inertia and organizational change[J]. American Sociological Review, 1984, 49 (2): 149-164.

[260] Vaughan D. Controlling unlawful organizational behavior: Social structure and corporate misconduct[M].Chicago: University of Chicago Press, 1985.

[261] Ades A, Di Tella R. Rents, competition, and corruption[J]. American Economic Review, 1999, 89 (4): 982-993.

[262] Clarke G R, Xu L C. Privatization, competition, and corruption: how characteristics of bribe takers and payers affect bribes to utilities[J]. Journal of Public Economics, 2004, 88 (9-10): 2067-2097.

[263] Celentani M, Ganuza J-J. Corruption and competition in procurement[J]. European Economic Review, 2002, 46 (7): 1273-1303.

[264] Chen Y, Yaşar M, Rejesus R M. Factors influencing the incidence of bribery payouts by firms: A cross-country analysis[J]. Journal of Business Ethics, 2008, 77 ( 2 ): 231–244.

[265] Liu B, Lin Y, Chan K C, et al. The dark side of rent-seeking: The impact of rent-seeking on earnings management[J]. Journal of Business Research, 2018, 91: 94–107.

[266] Zyglidopoulos S, Hirsch P, Martin De Holan P, et al. Expanding research on corporate corruption, management, and organizations[J]. Journal of Management Inquiry, 2017, 26: 247–253.

[267] Zyglidopoulos S, Dieleman M, Hirsch P. Playing the game: Unpacking the rationale for organizational corruption in MNCs[J]. Journal of Management inquiry, 2020, 29 ( 3 ): 338–349.

[268] Svensson J. Who Must Pay Bribes and How Much? Evidence from a Cross Section of Firms[J]. The Quarterly Journal of Economics, 2003, 118 ( 1 ): 207–230.

[269] Carney M, Dieleman M, Taussig M. How are institutional capabilities transferred across borders?[J]. Journal of World Business, 2016, 51 ( 6 ): 882–894.

[270] Lawrence T B, Suddaby R: Institutions and institutional work, Clegg S R, Hardy C, Lawrence T B, Nord W R, editor, The Sage handbook of organization studies, London: Sage Publication, 2006.

[271] Lawrence T B, Suddaby R, Leca B. Institutional work: Actors and agency in institutional studies of organizations[M]. Cambrige, Eng.: Cambridge university press, 2009.

[272] Marquis C, Raynard M. Institutional strategies in emerging markets[J]. Academy of Management Annals, 2015, 9 ( 1 ): 291–335.

[273] Tan D. The Effect of Institutional Capabilities on E-Business Firms' International Performance[J]. Management International Review, 2019, 59 ( 4 ): 593–616.

[274] Oliver C, Holzinger I. The effectiveness of strategic political management: A dynamic capabilities framework[J]. Academy of Management Review, 2008, 33 ( 2 ): 496–520.

[275] Siegel J. Contingent political capital and international alliances: Evidence from South Korea[J]. Administrative Science Quarterly, 2007, 52 ( 4 ): 621–666.

[276] Sun P, Mellahi K, Wright M. The contingent value of corporate political ties[J].

Academy of Management Perspectives, 2012, 26（3）: 68–82.

[277] Williamson O E. The economic institutions of capitalism. Firms, markets, relational contracting[M].New York: Free Press, 1985.

[278] Zietsma C, Mcknight B: Building the iron cage: institutional creation work in the context of competing proto-institutions[M]// Lawrence B, Suddaby R, Leca B. Institutional work: Actors and agency in institutional studies of organizations. Cambridge: Cambridge University Press, 2009.

[279] Sheng S, Zhou K Z, Li J J. The effects of business and political ties on firm performance: Evidence from China[J]. Journal of Marketing, 2011, 75（1）: 1–15.

[280] Shin H, Kim J. Is Bribing a Good Strategy? Imbalanced Interdependence and Hazard Of Opportunism In Bribery[C]. Academy of Management Proceedings, 2018.

[281] Porter M E. Competitive strategy[M].New York: Free Press, 1980.

[282] Peng M W, Luo Y. Managerial ties and firm performance in a transition economy: The nature of a micro-macro link[J]. Academy of Management Journal, 2000, 43（3）: 486–501.

[283] Karmann T, Mauer R, Flatten T C, et al. Entrepreneurial orientation and corruption[J]. Journal of Business Ethics, 2016, 133（2）: 223–234.

[284] Fornell C, Bookstein F L. Two structural equation models: LISREL and PLS applied to consumer exit-voice theory[J]. Journal of Marketing Research, 1982, 19（4）: 440–452.

[285] Hsu C, Lee J-N, Straub D W. Institutional influences on information systems security innovations[J]. Information Systems Research, 2012, 23（3–part–2）: 918–939.

[286] Hair Jr J F, Hult G T M, Ringle C, et al. A primer on partial least squares structural equation modeling（PLS–SEM）[M]. Thousand Oaks: Sage publications, 2016.

[287] Werts C E, Linn R L, Jöreskog K G. Intraclass reliability estimates: Testing structural assumptions[J]. Educational and Psychological Measurement, 1974, 34（1）: 25–33.

[288] Nunnally J C, Bernstein I H. Psychometric Theory[M]. New York: McGraw–Hill, 1994.

[289] Fornell C, Larcker D F. Evaluating structural equation models with unobservable variables and measurement error[J]. Journal of Marketing Research, 1981, 18（1）: 39–50.

[290] Cronbach L J. Coefficient alpha and the internal structure of tests[J]. Psychometrika，1951，16（3）：297–334.

[291] Chin W W：The partial least squares approach to structural equation modeling[M]// Marcoulides G A. Modern methods for business research. Mahwah：Lawrence Erlbaum Associates，1998.

[292] Lohmöller J–B. Latent variable path modeling with partial least squares[M]．London：Springer Science & Business Media，2013.

[293] Cassel C M，Hackl P，Westlund A H. On measurement of intangible assets：a study of robustness of partial least squares[J]. Total Quality Management，2000，11（7）：897–907.

[294] Diamantopoulos A，Siguaw J A. Formative versus reflective indicators in organizational measure development：A comparison and empirical illustration[J]. British Journal of Management，2006，17（4）：263–282.

[295] Basco R，Hernández–Perlines F，Rodríguez–García M. The effect of entrepreneurial orientation on firm performance：A multigroup analysis comparing China，Mexico，and Spain[J]. Journal of Business Research，2020，113：409–421.

[296] Kühn F，Lichters M，Krey N. The touchy issue of produce：Need for touch in online grocery retailing[J]. Journal of Business Research，2020，117：244–255.

[297] Geisser S. The predictive sample reuse method with applications[J]. Journal of the American Statistical Association，1975，70（350）：320–328.

[298] Hair J F，Ringle C M，Sarstedt M. PLS–SEM：Indeed a silver bullet[J]. Journal of Marketing Theory and Practice，2011，19（2）：139–152.

[299] Li S，Ouyang M. A dynamic model to explain the bribery behavior of firms[J]. International Journal of Management，2007，24（3）：605.

[300] Søreide T. Corruption in public procurement. Causes，consequences and cures[M]. Bergen：Chr Michelsen Intitute，2002.

[301] Gurgur T，Shah A. Localization and corruption：panacea or Pandora's box?[R]. The Washington D.C.：The World Bank，2005.

[302] Fazekas M，Kocsis G. Uncovering high–level corruption：cross–national objective corruption risk indicators using public procurement data[J]. British Journal of Political Science，2017：1–10.

[303] 张驰，郑晓杰，王凤彬．定性比较分析法在管理学构型研究中的应用：述评与

展望 [J]. 外国经济与管理, 2017, 39（4）: 68 83.

[304] Ragin C. The Comparative Method: Moving Beyond Qualitative and Quantitative Strategies[M]. Berkeley: University of Califonia Press, 1987.

[305] Ragin C. Fuzzy-set Social Science[M]. Chicago: University of Chicago Press, 2000.

[306] Fiss P C. Building Better Causal Theories: A Fuzzy Set Approach to Typologies in Organization Research[J]. Academy of Management Journal, 2011, 54（2）: 393-420.

[307] 王凤彬, 江鸿, 王璁. 央企集团管控架构的演进: 战略决定、制度引致还是路径依赖?[J]. 管理世界, 2014（12）: 92-114; 187-188.

[308] Fiss P C. A set-theoretic approach to organizational configurations[J]. Academy of Management Review, 2007, 32（4）: 1180-1198.

[309] Grandori A, Furnari S. A chemistry of organization: Combinatory analysis and design[J]. Organization Studies, 2008, 29（3）: 459-485.

[310] Skaaning S-E. Assessing the robustness of crisp-set and fuzzy-set QCA results[J]. Sociological Methods & Research, 2011, 40（2）: 391-408.

[311] Ragin C C, Fiss P C. Redesigning social inquiry: Fuzzy sets and beyond[M]. Chicago: University of Chicago Press, 2008.

[312] 程建青, 罗瑾琏, 杜运周, 等. 制度环境与心理认知何时激活创业?: 一个基于 QCA 方法的研究 [J]. 科学学与科学技术管理, 2019, 40（2）: 114-131.

[313] Misangyi V F, Acharya A G. Substitutes or complements? A configurational examination of corporate governance mechanisms[J]. Academy of Management Journal, 2014, 57（6）: 1681-1705.

[314] Bell R G, Filatotchev I, Aguilera R V. Corporate governance and investors' perceptions of foreign IPO value: An institutional perspective[J]. Academy of Management Journal, 2014, 57（1）: 301-320.